高等职业教育机电类专业系列教材
江苏省机电类专业名师工作室组织编写

本书提供配套教学资源
可登录出版社网站查看

UG NX 基础与案例教程

主　编　蒋修定　戴丽华
副主编　虞　敏　陈良发
主　审　沈宝国

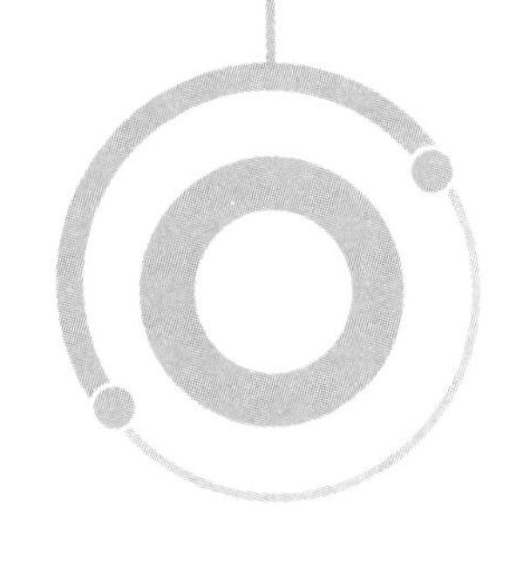

课程资源

西安电子科技大学出版社

内 容 简 介

UG 软件的造型设计、模具制造、编程加工等模块功能强大，在众多应用领域得到广泛认可。本书以项目为主线，以造型为基础，以应用为根本，通过多个精选案例详细讲解了 UG 技术在机械设计与加工制造领域的应用。全书共七个项目，包括零件二维草图的绘制、零件造型技术、零件工程制图技术、台钳装配与运动仿真、曲面设计技术、肥皂盒凹凸模的设计与加工、曲轴连杆机构综合实例等内容，可帮助读者在了解基础知识的同时提高对知识的实际应用能力，学会 UG 这一典型 CAD/CAM 软件的操作。除匹配各院校 CAD/CAM 教学专用需求外，本书还精选了能力测试内容，以使 UG 爱好者对 UG 软件功能有更加深入的了解。

本书可作为职业院校数控技术、模具、机电一体化等工科类相关专业的教材，也可作为机械设计与制造领域工程技术人员岗位培训用书或自学用书。

图书在版编目(CIP)数据

UG NX 基础与案例教程 / 蒋修定，戴丽华主编. --西安：西安电子科技大学出版社，2024.3
ISBN 978-7-5606-7196-3

Ⅰ. ①U… Ⅱ. ①蒋… ②戴… Ⅲ. ①计算机辅助设计—应用软件—案例—教材
Ⅳ. ①TP391.72

中国国家版本馆 CIP 数据核字(2024)第 048672 号

策　　划　李惠萍
责任编辑　李惠萍
出版发行　西安电子科技大学出版社(西安市太白南路 2 号)
电　　话　(029)88202421　88201467　　邮　　编　710071
网　　址　www.xduph.com　　电子邮箱　xdupfxb001@163.com
经　　销　新华书店
印刷单位　咸阳华盛印务有限责任公司
版　　次　2024 年 3 月第 1 版　2024 年 3 月第 1 次印刷
开　　本　787 毫米×1092 毫米　1/16　印张 11
字　　数　259 千字
定　　价　29.00 元
ISBN 978-7-5606-7196-3 / TP
XDUP 7498001-1

前言

CAD/CAM 技术是制造业与信息化技术高度融合的代表性技术。随着加工制造业的迅猛发展、市场需求的不断增长，西门子公司推出了一款功能强大的CAD/CAM/CAE 集成软件 UG(Unigraphics)，并已广泛应用于通用机械、航空航天、汽车、船舶等行业。

本书以 UG NX 8 软件为载体，以项目的方式组织编写。全书共七个项目，具体按草图设计、零件造型、工程制图、装配仿真、模具编程、曲面技术、综合实例的顺序进行编排。本书简明实用，适合理论与实践一体化教学。书中根据相关岗位工作的实际需要，合理确定学生应具备的能力和知识结构，避免内容偏难、偏深，突出重点，并增加了实践性内容。

本书具有以下特点：

(1) 坚持“以就业为导向”的教学理念，切实贯彻“做中学”的指导方针；本着易学、够用的原则，将理论与实践有机结合，使“教”“学”“做”统一于项目的整个进程；渗透职业道德和职业意识，体现以就业为导向，有助于学生树立正确的择业观，培养学生的爱岗敬业精神、团队协作精神和创新精神，树立安全意识和环保意识。

(2) 着眼于对学生基本功的培养，突出基本技能和基本知识的传授；以案例引领、任务驱动的方式将软件学习和生产实践相结合，按照必学、够用设置教学任务，由易到难、由浅到深，循序渐进地组织教学内容。

(3) 以职业能力为本，注重将理论知识和技能训练相结合，以应用为核心，紧密联系生活、生产的实际要求，并与相应的职业资格标准相互衔接。

(4) 精心设计形式，激发学生学习兴趣。通过任务要求、任务分析和知识链接等形式，引导学生明确各任务的学习目标，学习任务相关的知识和技能，强调在操作过程中应注意的问题；较多地利用图片、实物照片和表格等将知识生动、明确地展示出来，力求让学生更直观地理解和掌握所学内容。

本书提供配套的素材资源和视频资源，有需要的读者可登录西安电子科技大学出版社网站免费下载，也可扫描书中的二维码查看相关资源。

本书由镇江高等职业技术学校蒋修定和江苏省淮安工业中等专业学校戴丽华任主编，江苏省浦口中等职业学校虞敏和镇江高等职业技术学校陈良发任副主编；镇江高等职业技术学校徐俩俩，江苏省宜兴中等职业学校李玉梅，江苏省镇江技师学院王前锋，广州市机电技师学院滕超参加编写。其中，蒋修定、陈良发、李玉梅编写项目二、项目五、项目七，戴丽华、徐俩俩、王前锋编写项目一、项目三、项目六，虞敏、滕超编写项目四。江苏航空职业技术学院沈宝国担任本书主审，常州工业职业技术学院朱和军教授和常州刘国钧高等职业技术学院蔡舒旻教授对本书提出了很多宝贵建议，在此一并致谢。

由于编者学术水平有限，书中难免存在疏漏之处，敬请读者批评指正。

编　者

2023 年 11 月

目 录

项目一　零件二维草图的绘制

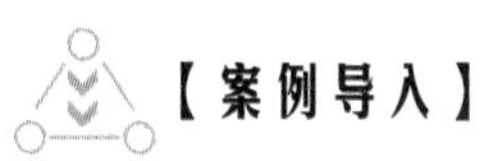

【案例导入】

宋朝时期，我国发明了集天文观测、天文演示和报时系统为一体的仪器——水运仪象台，如图 1.0.1 所示。苏颂(1020 年 12 月—1101 年 6 月)编写的《新仪象法要》一书中详细介绍了浑仪、浑象和水运仪象台的设计与制作情况。

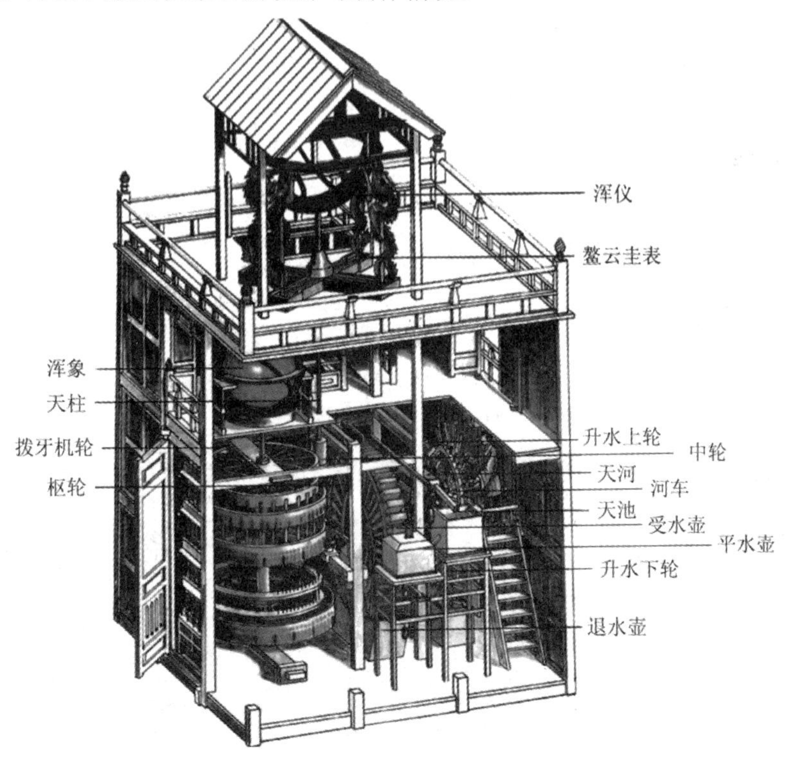

图 1.0.1　水运仪象台模型

水运仪象台的出现是中国古代天文仪器制造史上的巅峰，堪称世界上最早的天文钟，也是中国古代科技成就代表之一。无论是其规模还是精度，都达到了让人叹为观止的科技水平。尤其重要的是，《新仪象法要》中还附有这三种天文仪器的全图、分图、详图 60 多幅，图中绘有机械零件 150 多种。这是一套中国现存最早的十分珍贵的机械设计图纸。

零件二维草图绘制是 UG 产品设计的基础，也是创建拉伸、旋转和扫掠等特征时，绘制所建特征的基本剖面(截面)的基础。本项目主要介绍草图绘制基本环境的设置，草图的创建、编辑与约束等内容。通过对本项目的学习，读者可以基本掌握草图绘制的实用知识和绘图技巧，为后面的学习打下扎实的基础。

任务一　金属垫片草图的绘制

金属垫片

任务要求

要求学生养成严谨的作图规范，通过对金属垫片外形草图的绘制，熟悉 UG NX 8 软件的操作界面以及鼠标和键盘的功能，并能正确运用草图工具绘制一般草图，对使用 UG NX 8 进行项目设计有一个初步的应用体验。

任务分析

本任务绘制的是一个金属垫片草图，其绘制的思路是：首先确定整个草图的定位中心，接着根据由内向外、由主定位中心到次定位中心的绘图步骤逐步绘制出草图曲线。

知识链接

一、UG NX 8 的操作界面及基本操作

1. UG NX 8 的操作界面

启动 UG NX 8 软件后，选择“文件”→“新建”命令，再选择文件类型为“模型”，即可进入“建模”模块，其操作界面如图 1.1.1 所示。

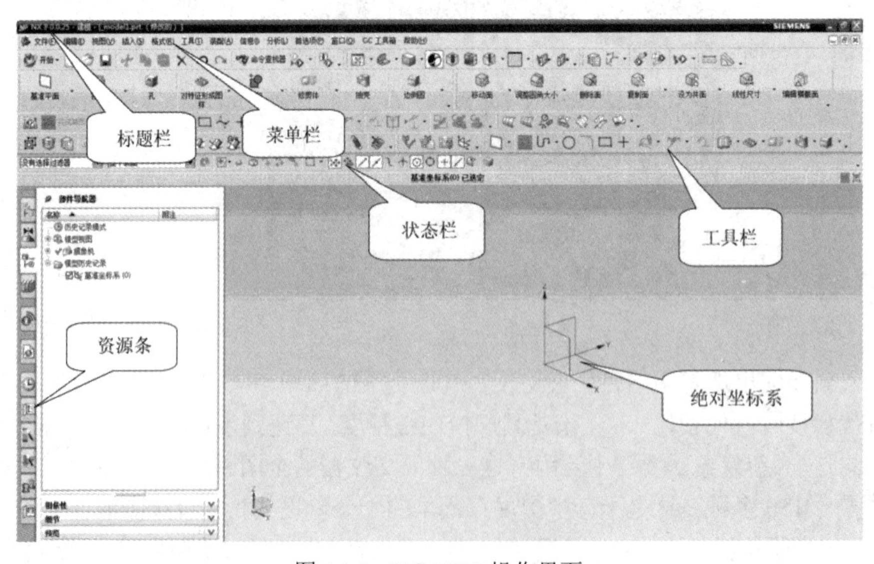

图 1.1.1　UG NX 8 操作界面

2. 鼠标和键盘的使用

(1) 鼠标键的各功能说明如图 1.1.2 所示。

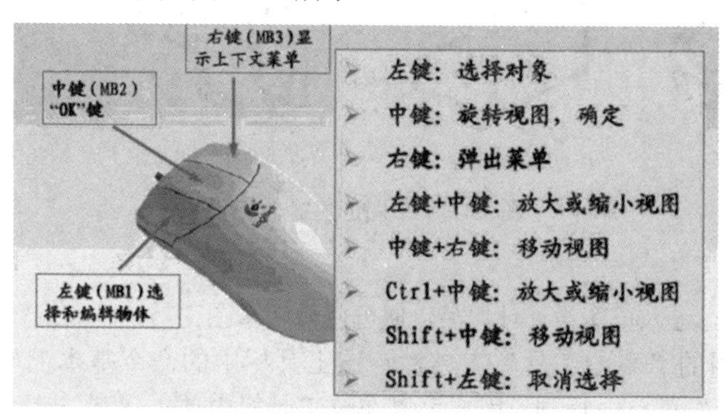

图 1.1.2　鼠标键各功能说明

(2) 键盘的各功能键说明见表 1.1.1。

表 1.1.1　键盘的各功能键说明

按　键	功　能	按　键	功　能
Ctrl + N	新建文件	Ctrl + J	改变对象的显示属性
Ctrl + O	打开文件	Ctrl + T	几何变换
Ctrl + S	保存文件	Ctrl + D	删除
Ctrl + R	旋转视图	Ctrl + B	隐藏选定的几何体
Ctrl + F	满屏显示	Ctrl + Shift + B	置换显示和隐藏
Ctrl + Z	撤销	Ctrl + Shift + U	显示所有隐藏的几何体

二、草图的基本知识

1. 概述

草图是组成零件轮廓曲线的二维图形的集合，通常与实体模型相关联。草图命令与后续章节中介绍的曲线命令功能相似，都是用来创建二维轮廓曲线的工具。草图最大的特征是绘制二维图形时只需要先绘制出一个大致的轮廓，然后通过约束条件来精确定义图形，因而使用草图功能可以快速、完整地表达设计者的意图。

此外，草图是参数化的二维成形特征，具有特征的操作性和可修改性，因此可以方便地对曲线进行参数化控制。

2. 草图的作用

草图是二维几何形状，每个草图都是驻留于指定平面的 2D 曲线和点的命名集合。在三维造型中，草图的主要作用如下：

(1) 利用草图，用户可以快速地勾画出零件的二维轮廓曲线；

(2) 通过扫掠、拉伸或旋转草图到实体或片体以创建零件特征，如图 1.1.3 所示；

(3) 草图具有参数化的特点，可以最大限度地满足用户的设计要求。

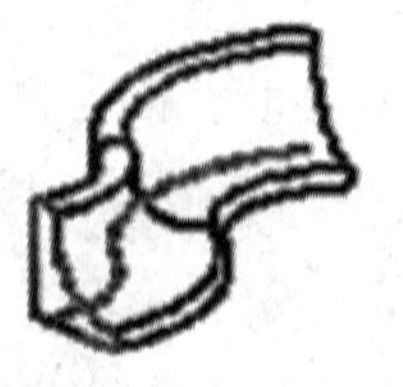
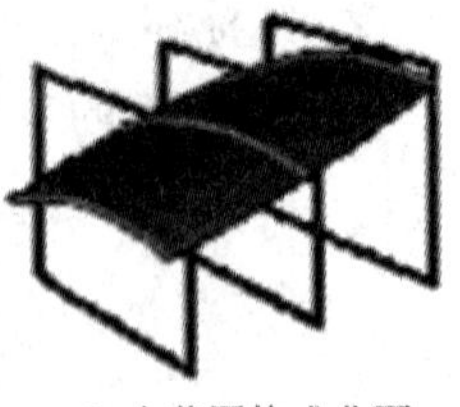

(a) 由草图旋转成形　(b) 由草图拉伸成形　(c) 由草图扫掠成形　(d) 由草图构成曲面

图 1.1.3　草图创建零件特征

3. 草图工具

指定草图平面，进入草图设计环境后，便可以使用草图工具绘制和编辑草图了。UG NX 8 中提供了非常实用的“草图工具”工具栏，该工具栏中的命令基本上可以从相应的“插入”菜单和“编辑”菜单中找到。用户可以在该工具栏中单击 ▼ 按钮，然后在下拉菜单中单击“添加或移除按钮”命令，以设置相关工具使其出现在工具栏中，如图 1.1.4 所示(在命令前打钩的为添加到工具栏中的工具按钮)。

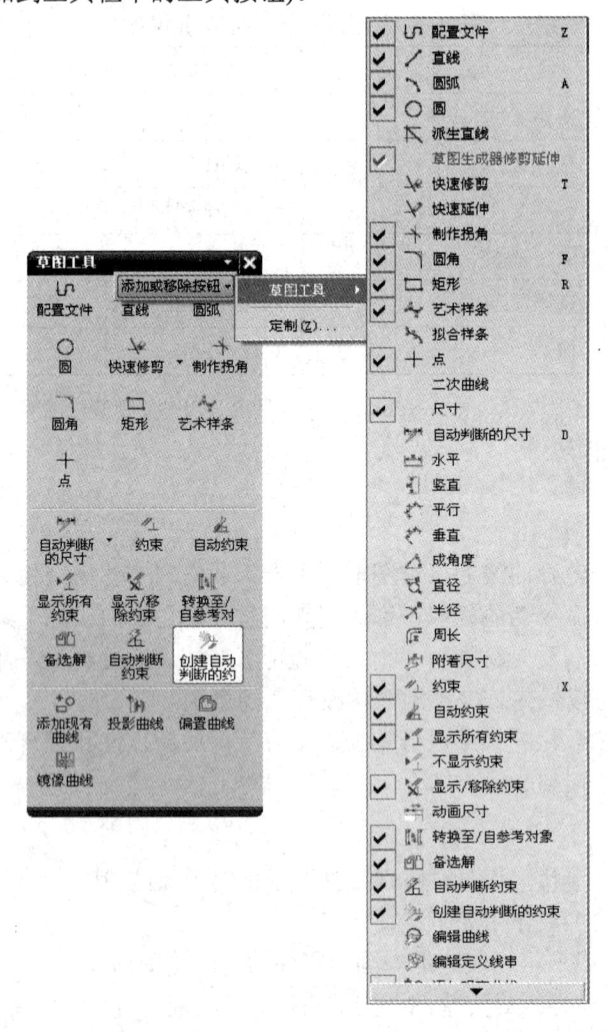

图 1.1.4　“草图工具”工具栏及“添加或移除按钮”工具

任务实施

本任务绘制的是一个金属垫片草图，如图 1.1.5 所示(图中尺寸单位为 mm，下同)。

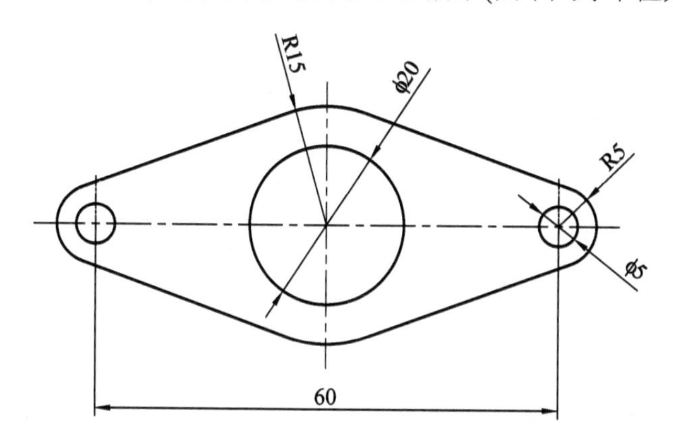

图 1.1.5　金属垫片草图

Step1　新建所需的文件。

(1) 选择“文件”→“新建”命令，或者在工具栏上单击“新建”按钮，打开“新建”对话框。

(2) 在“模型”选项卡的“模板”列表中选择第一行的“模型”模板，在“新文件名”选项组的文本框中输入名称并指定要保存到的文件夹。

(3) 单击“新建”对话框中的“确定”按钮。

Step2　指定草图平面。

(1) 单击“特征”工具栏上的“任务环境中的草图”命令，或者选择“插入”菜单下的“任务环境中的草图”命令打开“创建草图”对话框。

(2) 系统默认的草图平面为 XC-YC 平面，单击“确定”按钮，进入草图绘制环境。

Step3　绘制定位圆。

单击“草图工具”工具栏上的“圆”命令，以基准坐标系原点为圆心绘制一个直径为 20 mm 的圆，如图 1.1.6 所示。

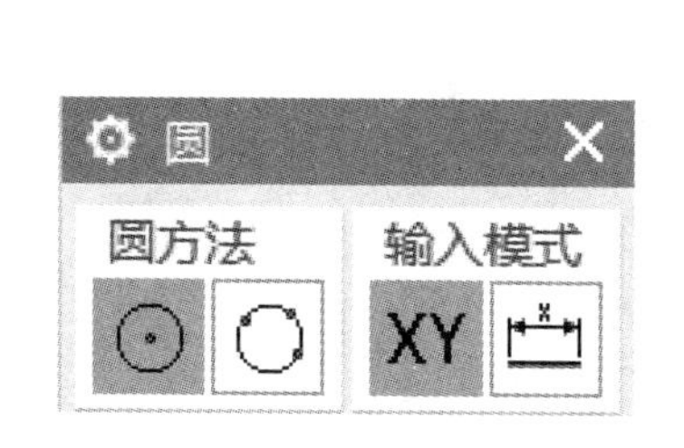

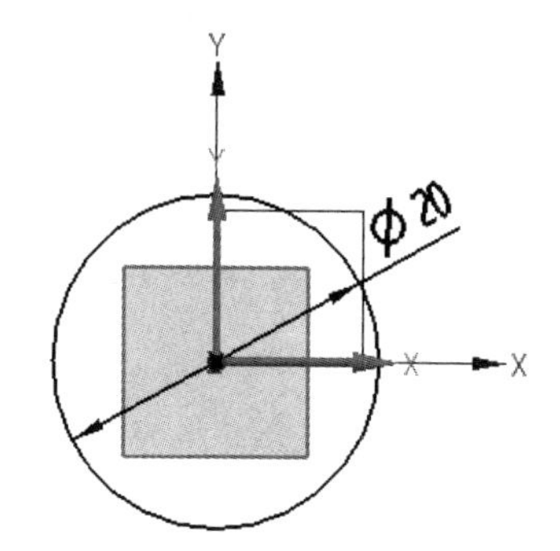

图 1.1.6　“圆”命令对话框

Step4　绘制同心圆。

以同样方式绘制一个同心圆，其直径为 30 mm，如图 1.1.7 所示。

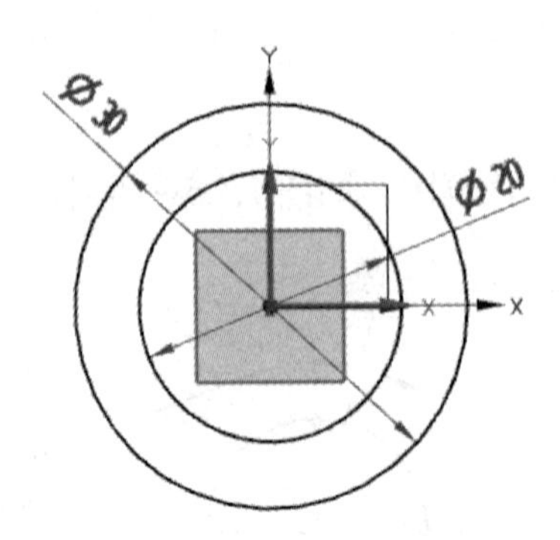

图 1.1.7 绘制一个同心圆

Step5 确定次定位中心，绘制两个同心圆。

(1) 继续执行“圆”命令，在 X 轴延长线上绘制两个同心圆，直径分别设置为“5”和“10”，单击 MB2。

(2) 标注尺寸，选择“草图工具”工具栏中的“自动判断尺寸”按钮，标注圆和中心尺寸，如图 1.1.8 所示。

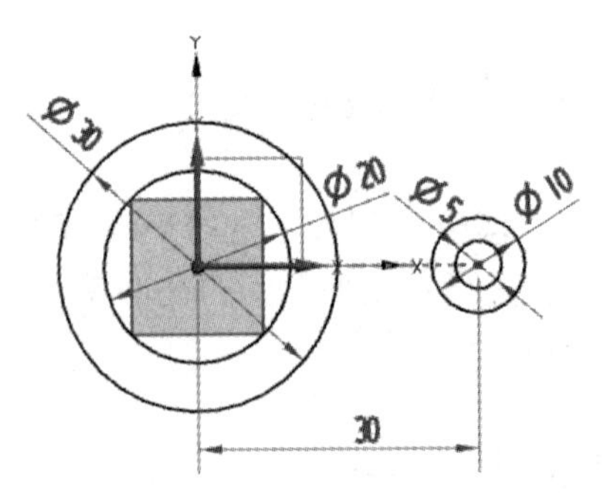

图 1.1.8 绘制两个同心圆

Step6 镜像同心圆。

(1) 单击“草图工具”工具栏中的“镜像曲线”命令，弹出如图 1.1.9 所示的“镜像曲线”对话框。

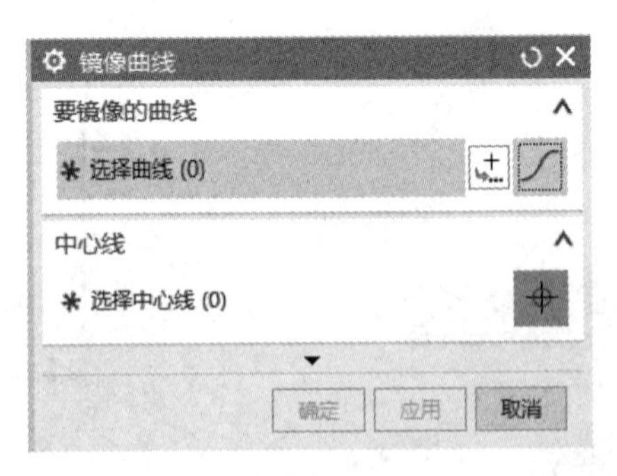

图 1.1.9 “镜像曲线”对话框

(2) 在选择对象项中分别单击刚才绘制的两个同心圆为镜像对象，完成后单击 MB2。

(3) 在选择中心线项中单击基准坐标系的 Y 轴，再单击“确定”按钮或单击 MB2，完成镜像曲线，结果如图 1.1.10 所示。

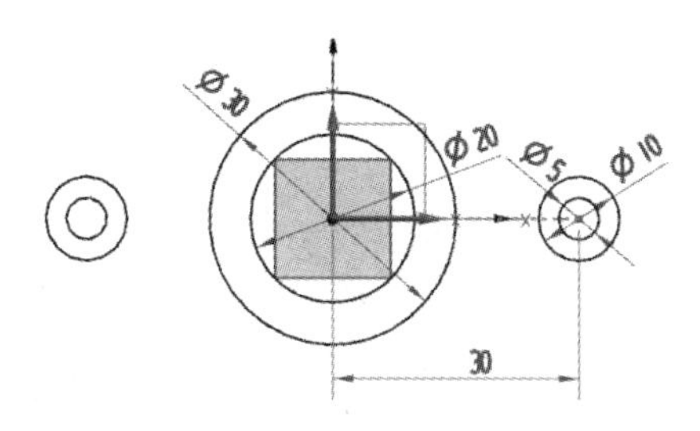

图 1.1.10　镜像同心圆

Step7　绘制相切线。

使用“直线”工具绘制 4 条相切线，如图 1.1.11 所示。

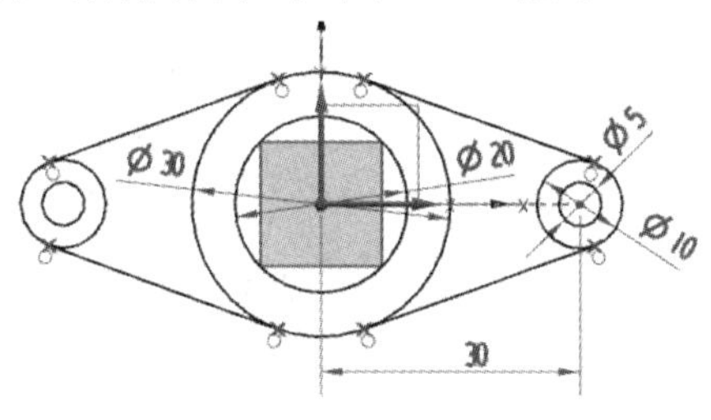

图 1.1.11　绘制相切线

Step8　整理草图。

(1) 单击“草图工具”工具栏上的“快速修剪”按钮，在需要修剪的部分单击 MB1，即可剪去多余曲线。

(2) 检查尺寸是否正确，检查无误后，所绘金属垫片草图的最终结果如图 1.1.12 所示。

(3) 单击“草图”工具栏上的“完成草图”按钮，退出草图环境，如图 1.1.13 所示。

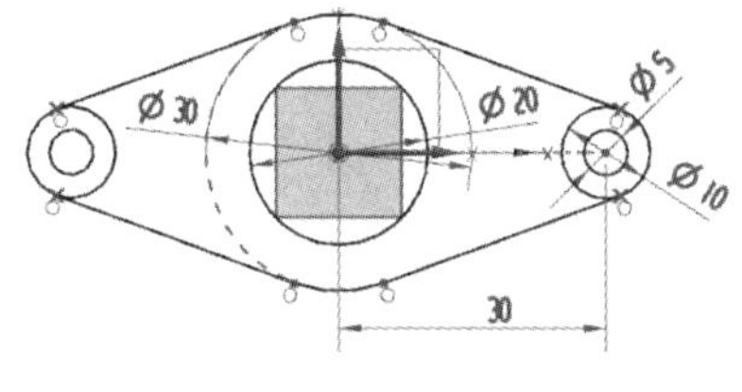

图 1.1.12　金属垫片草图

图 1.1.13　“草图”工具栏

能力测试

分别绘制如图 1.1.14～图 1.1.16 所示的草图。

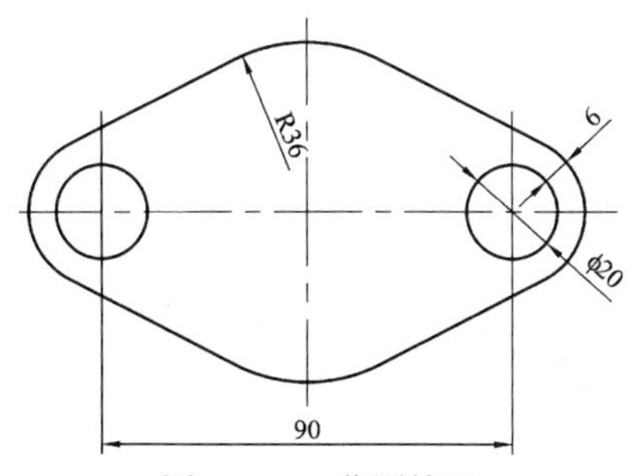

图 1.1.14　草图练习 1

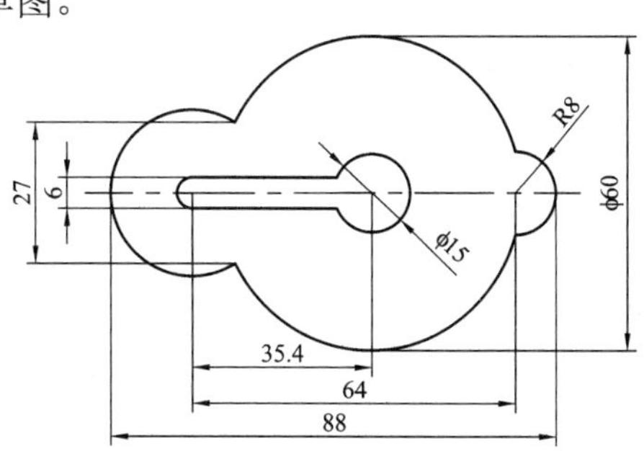

图 1.1.15　草图练习 2

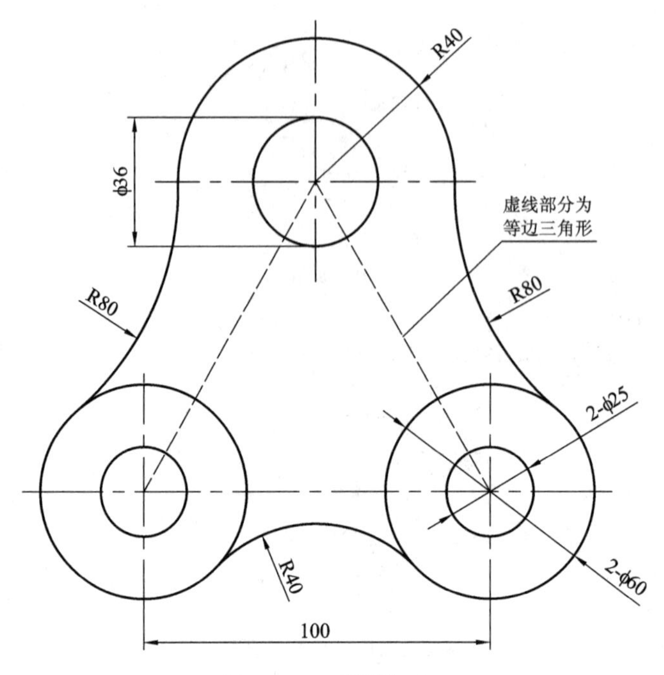

图 1.1.16 草图练习 3

任务二 带槽零件草图的绘制

带槽零件

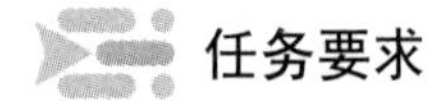

任务要求

通过对带槽零件草图的绘制，要求学生能正确运用草图工具对草图进行编辑，以及对 UG NX 8 草图设计有进一步的了解。

任务分析

本任务绘制的是一个带槽零件草图，其绘制的思路是：首先确定整个草图的定位中心，接着根据相互位置关系逐步绘制出草图曲线。

知识链接

一、偏置曲线

偏置曲线是指在距已有曲线或边缘一恒定距离处创建曲线，并生成偏置约束，如图 1.2.1 所示。可偏置的曲线包括基本绘制的曲线、投影曲线以及边缘曲线等。修改原曲线将会更新偏置的曲线。

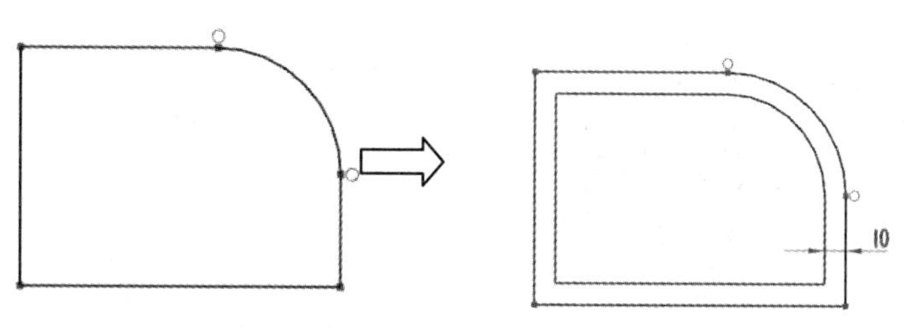

图 1.2.1　创建偏置曲线

二、镜像曲线

镜像曲线是指通过指定的草图直接创建草图几何体的镜像副本，并将此镜像中心线转换为参考线，且作为镜像几何约束作用到所有与镜像操作相关的几何体，如图 1.2.2 所示。

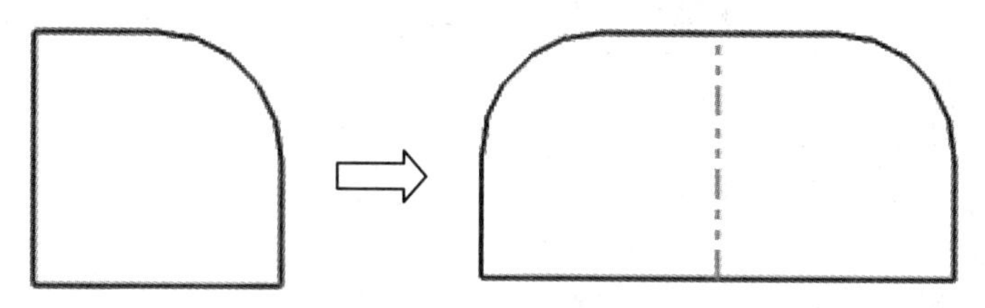

图 1.2.2　创建镜像曲线

任务实施

本任务要绘制的是如图 1.2.3 所示的带槽零件草图。

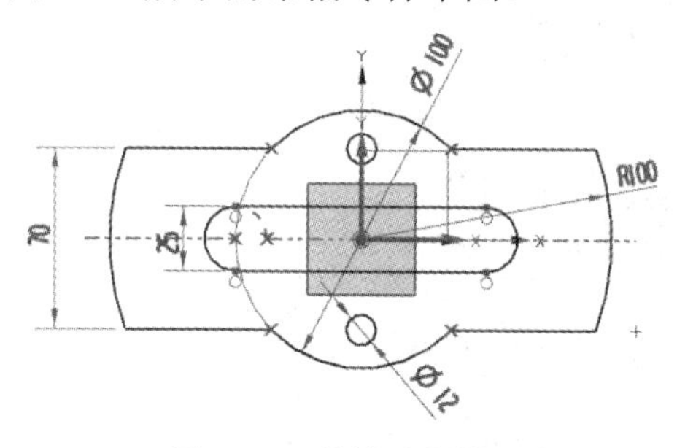

图 1.2.3　带槽零件草图

Step1　新建所需的文件，创建草图(方法同前)。

Step2　绘制定位同心圆。单击“草图工具”工具栏上的“圆”按钮，以基准坐标系原点为圆心分别绘制直径为 100 mm 和 200 mm 的两个圆，如图 1.2.4 所示。

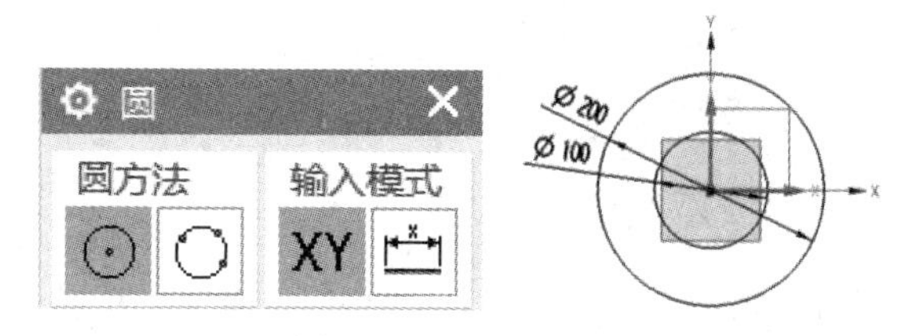

图 1.2.4　创建同心圆

Step3 绘制水平线段。

(1) 在“草图工具”工具栏中单击“直线”按钮，弹出“直线”对话框，如图 1.2.5 所示。

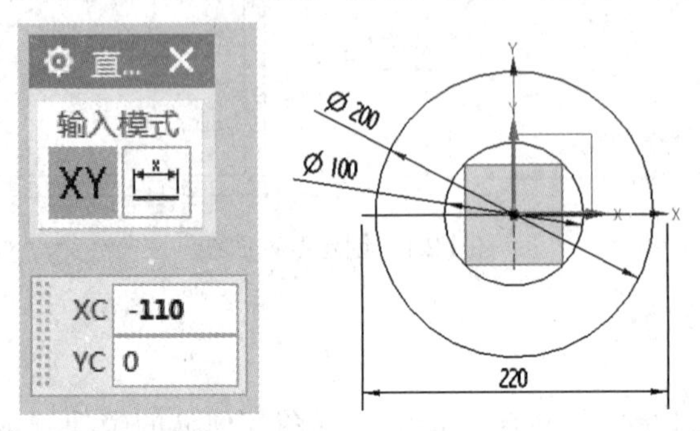

图 1.2.5 创建直线

(2) 输入“XC”的值为“–110”，“YC”的值为“0”，该点作为线段的第 1 点。

(3) “输入模式”选择“参数模式”，输入长度为 220 mm，按 Enter 键，接着输入角度 0°，完成该直线段的创建。

Step4 创建偏置曲线。

(1) 在“草图工具”工具栏中单击“偏置曲线”按钮，弹出“偏置曲线”对话框。

(2) 在“偏置曲线”对话框的“偏置”选项组中，设置“距离”为“35”，取消选中“创建尺寸”复选框，选中“对称偏置”复选框，如图 1.2.6 所示。

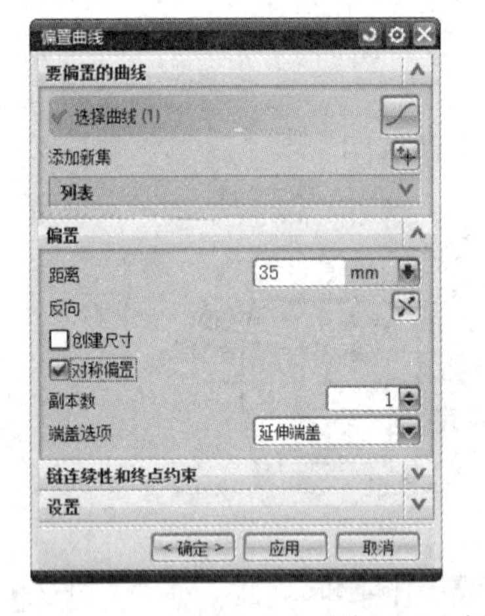

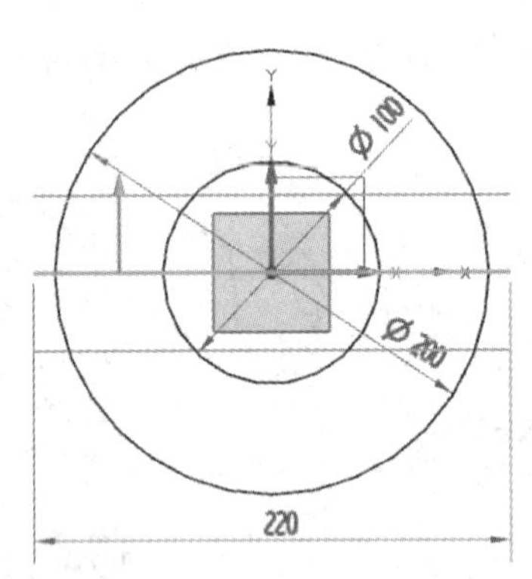

图 1.2.6 创建偏置曲线

(3) 在绘图区域中选择 Step3 绘制的线段作为要偏置的曲线。

(4) 在“偏置曲线”对话框中单击“确定”按钮，完成偏置直线的创建。

Step5 创建圆。

(1) 在“草图工具”工具栏中单击“圆”按钮，在“圆”对话框中选择“圆心和直径定圆”按钮。

(2) 输入“XC”值“–50”，按 Enter 键；输入“YC”值“0”，按 Enter 键，或者打开“交点”捕捉按钮开关，输入直径“25”，按 Enter 键，完成第一个小圆的绘制，如图 1.2.7(a)所示。

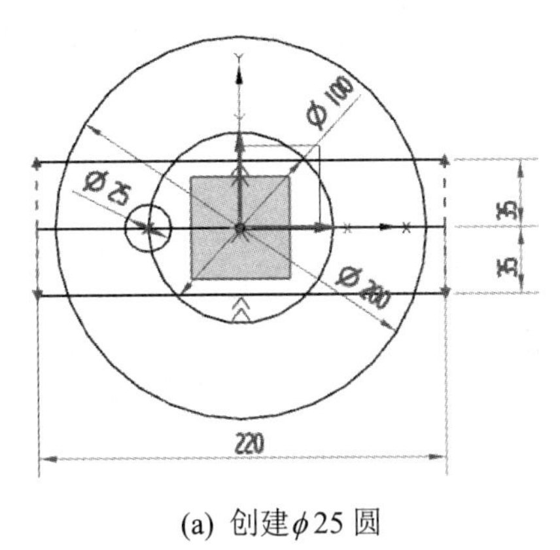

(a) 创建ϕ25 圆

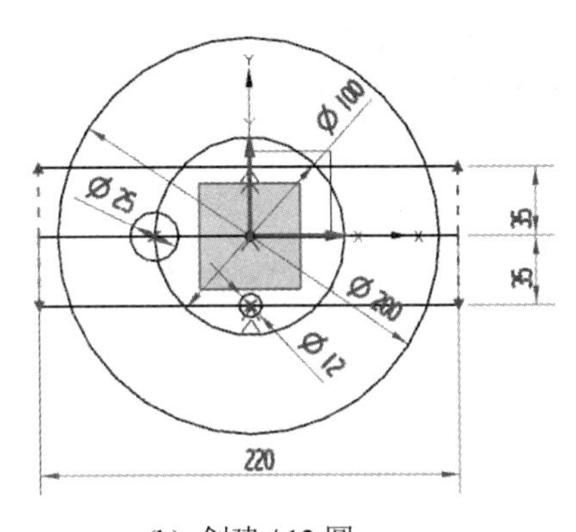

(b) 创建ϕ12 圆

图 1.2.7　创建圆

(3) 在出现的尺寸表达式文本框中输入新直径“12”，按 Enter 键。指定该圆的圆心位于下方线段中心位置处[见图 1.2.7(b)]，完成圆的创建。

Step6　镜像曲线。

(1) 在“草图工具”工具栏中单击“镜像曲线”按钮，弹出“镜像曲线”对话框。

(2) 选择 Y 轴定义镜像中心线，选择图中ϕ25 mm 的圆作为要镜像的曲线。

(3) 在“镜像曲线”对话框中单击“应用”按钮，镜像结果如图 1.2.8 所示。

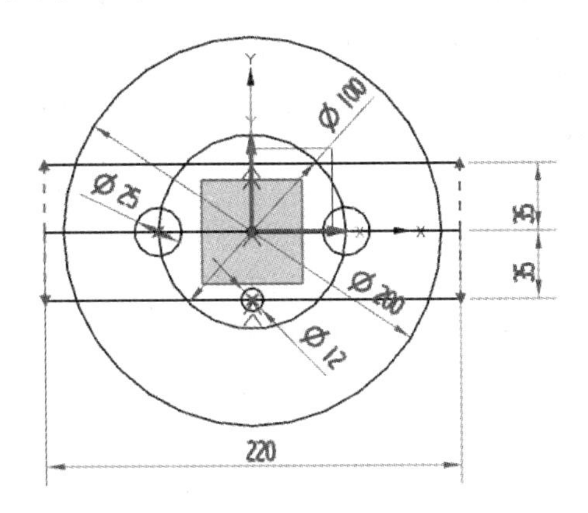

图 1.2.8　创建镜像曲线 1

(4) 再次以水平中心线为镜像中心，选择ϕ12 mm 的圆，镜像结果如图 1.2.9 所示。

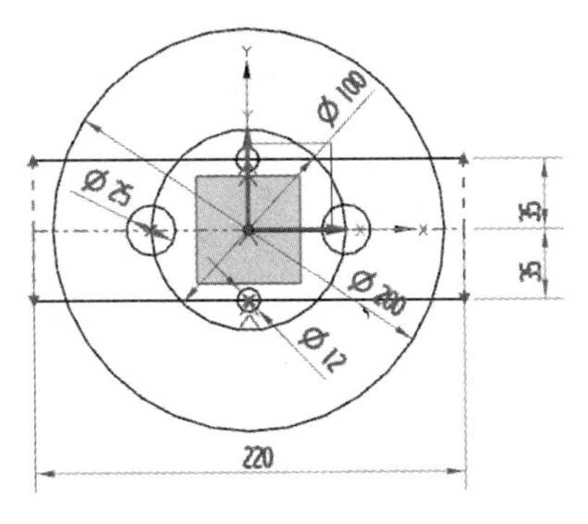

图 1.2.9　创建镜像曲线 2

Step7 快速修剪。在“草图工具”工具栏中单击“快速修剪”按钮，分别单击要修剪掉的曲线段，初步修剪结果如图 1.2.10 所示。

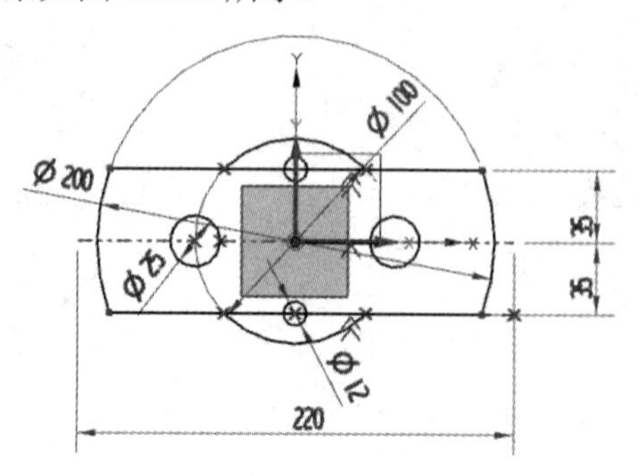

图 1.2.10 曲线修剪结果

Step8 将草图曲线转换为参照线。

(1) 分别选择如图 1.2.11 所示的直线 1 和直线 2 作为要转换的对象，在弹出工具栏中选择“转换为参考”工具。

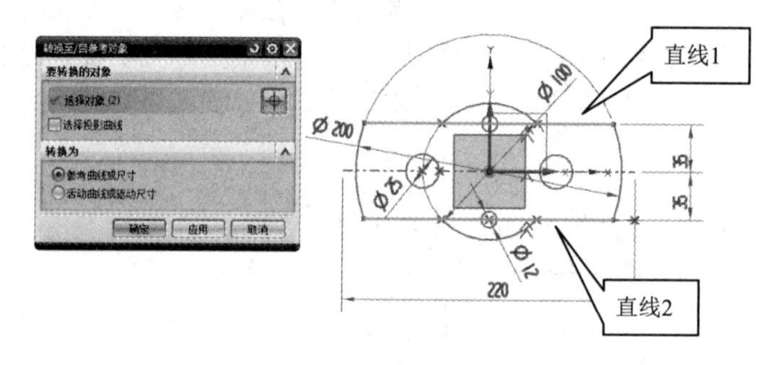

图 1.2.11 参照曲线转换对象

(2) 再次执行此操作，转换效果如图 1.2.12 所示，此命令可在实线和点画线之间相互转换。

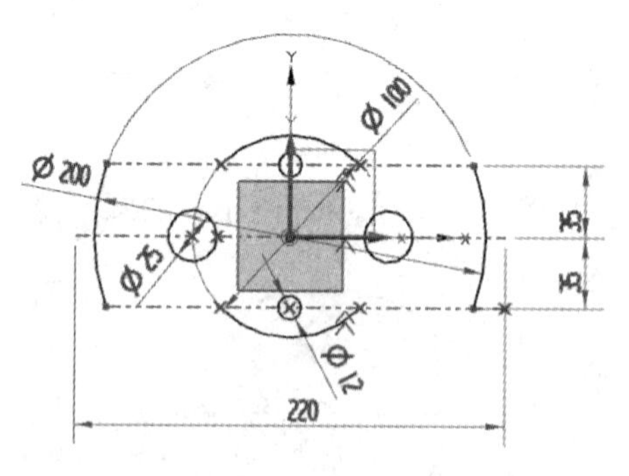

图 1.2.12 参照曲线转换结果

Step9 绘制直线。

(1) 在“草图工具”工具栏中单击 (直线)按钮，弹出“直线”对话框。

(2) 将鼠标在所要拾取的点上停留 1～2 s，再单击鼠标，弹出“快速选取”对话框，如图 1.2.13 所示。

图 1.2.13　“快速选取”对话框

(3) 在“快速选取”对话框中选择相应的端点来绘制相关的线段，绘制的 4 条线段如图 1.2.14 所示。

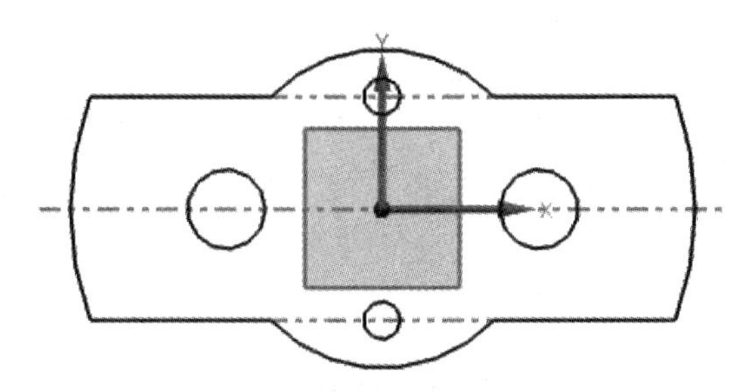

图 1.2.14　创建线段

(4) 使用“直线”工具绘制 2 个大圆的公切线，如图 1.2.15 所示。

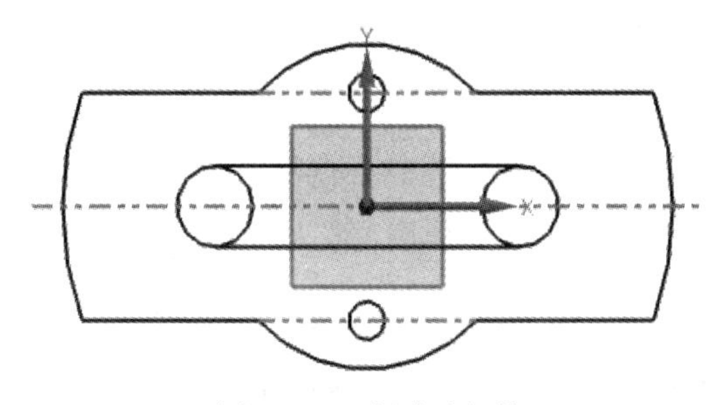

图 1.2.15　创建公切线

Step10　修剪对象，结果如图 1.2.16 所示。检查无误后，单击“完成草图”按钮，退出草图环境。

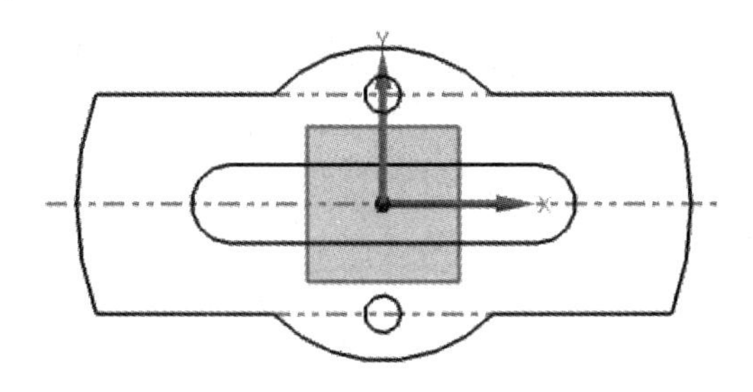

图 1.2.16　带槽零件草图

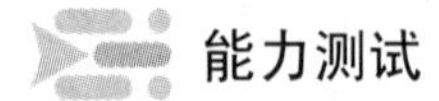

能力测试

分别绘制如图 1.2.17 和图 1.2.18 所示的草图。

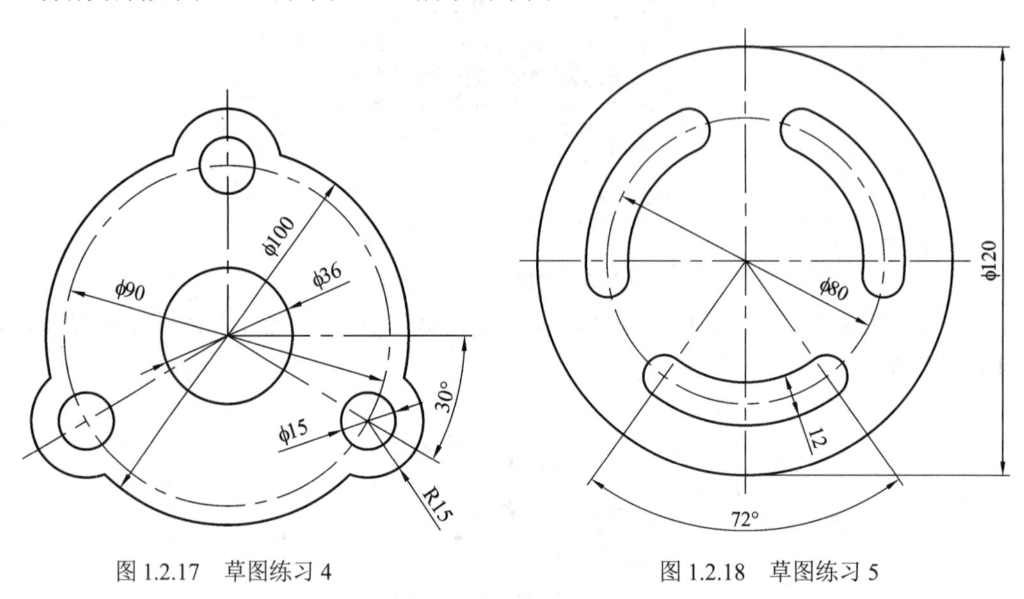

图 1.2.17 草图练习 4　　图 1.2.18 草图练习 5

任务三 模板零件草图的绘制

模板零件

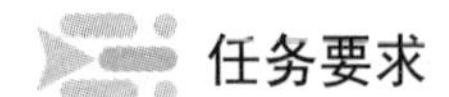

任务要求

通过对多孔模板零件草图的绘制，学会正确运用草图标注工具对草图进行编辑，以进一步提升草图设计的灵活性。

任务分析

本任务绘制的是一个多孔零件草图，其绘制的思路是：首先确定整个草图的定位中心，接着根据相互位置和尺寸关系逐步绘制出草图。

知识链接

草图的轮廓曲线绘制好后，往往还需要对其进行添加约束等操作，以准确表达设计意图。当对草图曲线指定了约束条件后，草图曲线就会随指定条件的变化而变化，这些指定的条件就称为约束。约束可以精确控制草图中的对象。草图约束主要包括尺寸约束和几何约束，本任务主要介绍尺寸约束。

一、尺寸约束的类型

尺寸约束用于精确控制草图对象的尺寸大小，包括水平长度、垂直长度、平行长度、两相交直线之间的角度、圆直径、圆弧半径和周长尺寸等。

用于添加尺寸约束(尺寸标注)的相关命令位于菜单栏中的“插入”“尺寸”级联菜单中(见图 1.3.1)，这些尺寸约束(尺寸标注)的映射工具按钮也可以在“草图工具”工具栏中找到，如图 1.3.2 所示。

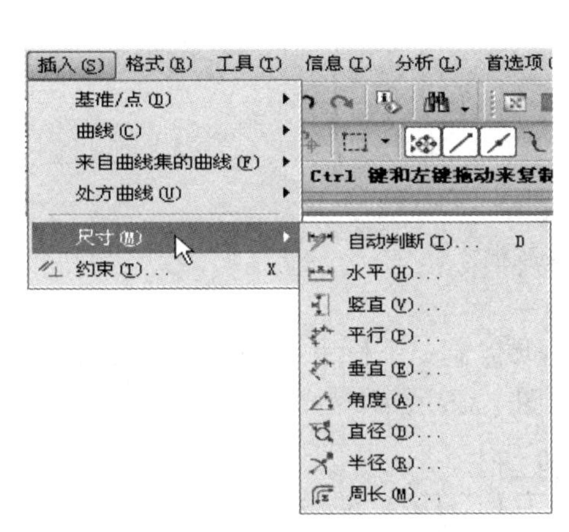

图 1.3.1　尺寸约束菜单栏

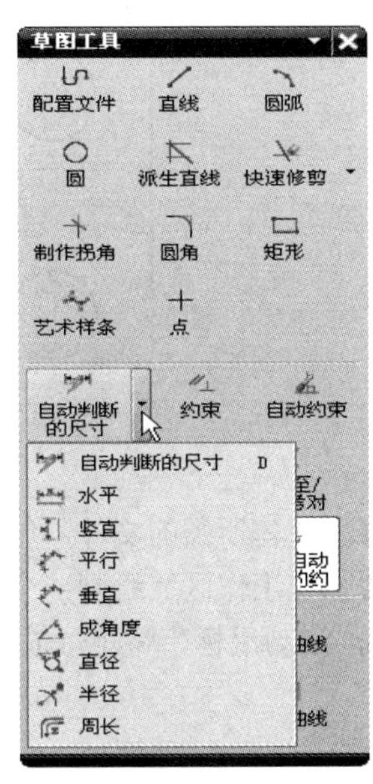

图 1.3.2　“草图工具”工具栏中尺寸约束工具按钮

二、尺寸约束的步骤

在草图中添加尺寸约束的一般方法及步骤如下：

(1) 选择“插入”→“尺寸”菜单或者在“草图工具”工具栏选择所需要的尺寸命令或其相应的工具按钮。

(2) 选择要标注尺寸的对象，并指定尺寸的放置位置，弹出如图 1.3.3 所示的尺寸显示框(尺寸表达式文本框)，包括尺寸代号和尺寸值。

(3) 在尺寸值文本框单击 按钮，打开如图 1.3.4 所示的菜单，利用该菜单可以将当前尺寸设置为测量距离值，可以为该尺寸设置公式、函数等。

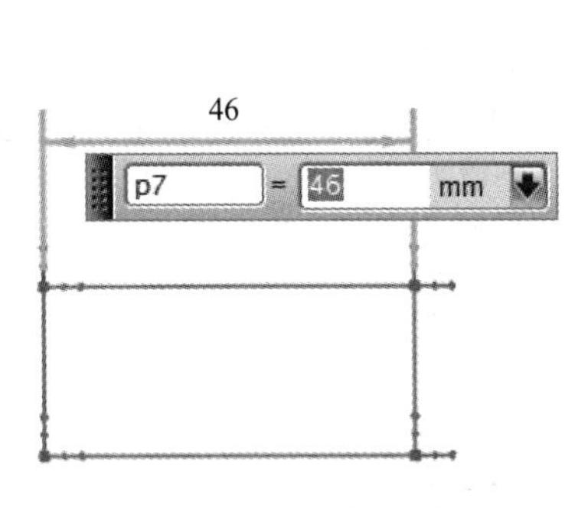

图 1.3.3　尺寸显示框

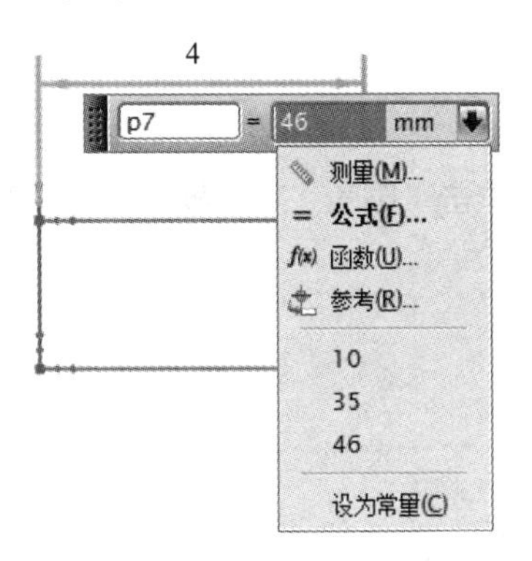

图 1.3.4　尺寸值文本框

任务实施

此任务中要绘制的草图如图 1.3.5 所示。

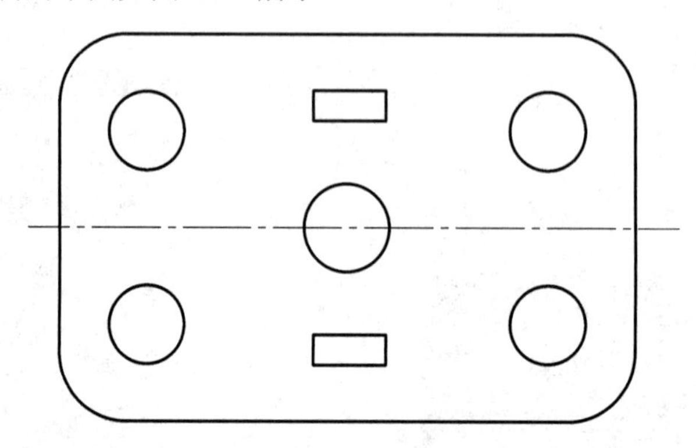

图 1.3.5　零件草图模板

Step1　新建所需的文件，创建草图(方法同前)。

Step2　在工作区域绘制一个长方形。在草图区域绘制一个长为 40 mm、宽为 25 mm 的长方形，滚动鼠标，将矩形放大到合适位置，如图 1.3.6 所示。

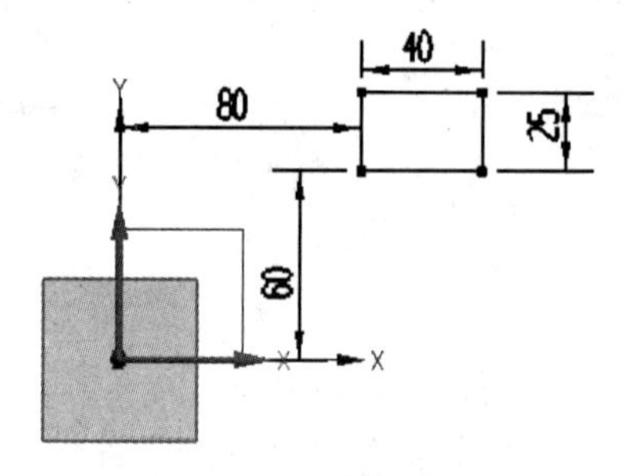

图 1.3.6　绘制长方形

Step3　倒圆角。

(1) 在“草图工具”工具栏中单击“圆角”按钮，打开如图 1.3.7 所示的“圆角”对话框。

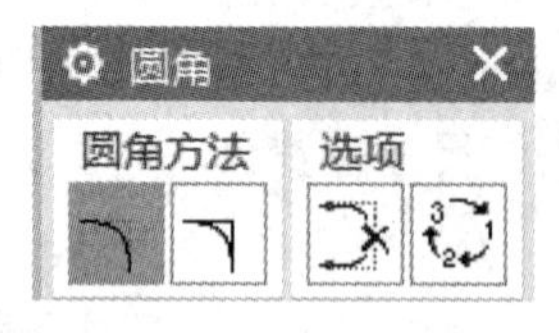

图 1.3.7　“圆角”对话框

(2) 单击“圆角”对话框中的“修剪”按钮，在曲线上创建 4 个圆角，如图 1.3.8 所示。

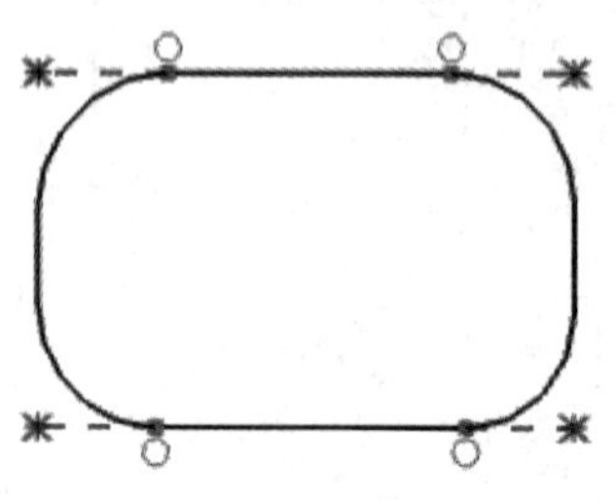

图 1.3.8　创建圆角

Step4　设置等半径约束。

(1) 在“草图工具”工具栏中单击“约束”按钮。

(2) 分别选中图 1.3.8 中的 4 个圆角。

(3) 在出现的“约束”对话框中单击 (等半径)按钮，所选的 4 个圆角的半径被设置为相等，将圆角半径设为 6 mm，如图 1.3.9 所示。

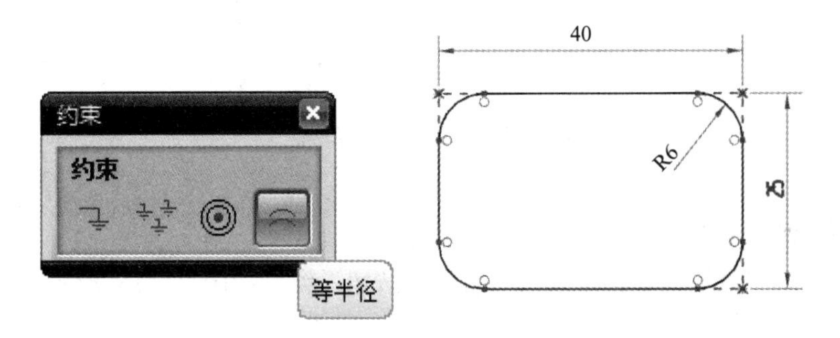

图 1.3.9　设置等半径约束

Step5　绘制 4 个小圆。

(1) 打开“圆”对话框，分别在圆角的圆心处绘制ϕ5mm 直径相等的小圆，如图 1.3.10 所示。

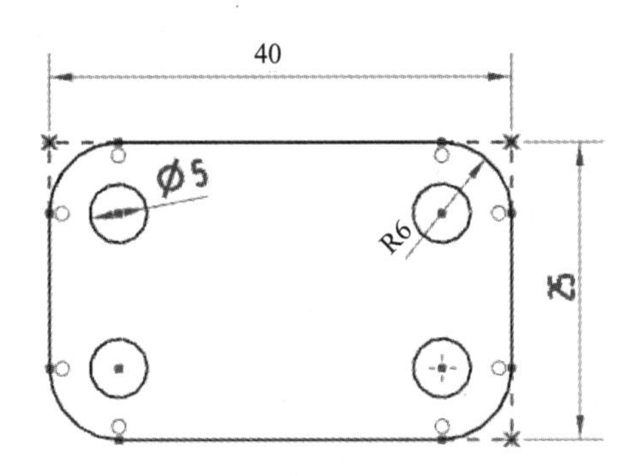

图 1.3.10　绘制 4 个小圆

(2) 绘制完这 4 个小圆后，可以在“草图工具”工具栏中单击“约束”按钮，为这 4 个小圆设置等半径约束。

Step6　绘制矩形。

(1) 在“草图工具”工具栏中单击“矩形”按钮，在“矩形”对话框中选择矩形方法为“通过指定两点来创建矩形”，打开如图 1.3.11 所示的“矩形”对话框。

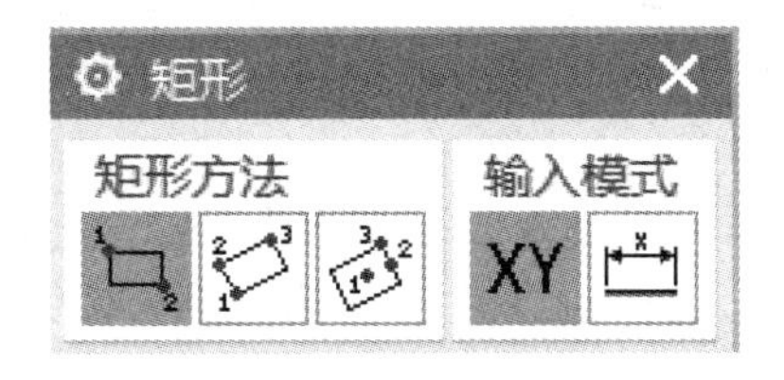

图 1.3.11　“矩形”对话框

(2) 分别指定两点创建如图 1.3.12 所示的矩形。

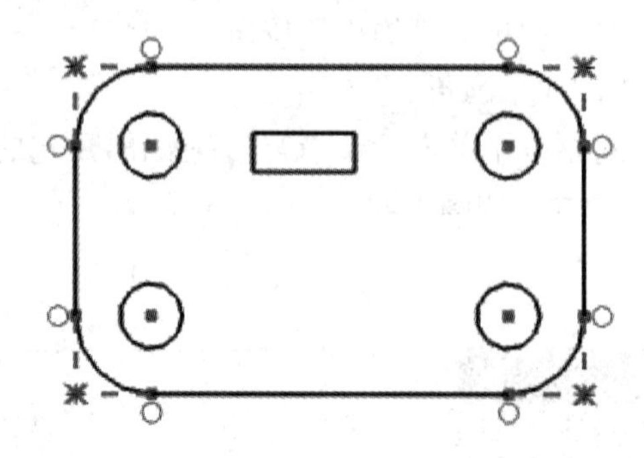

图 1.3.12　绘制矩形

Step7　绘制参考线。

(1) 在“草图工具”工具栏中单击“直线”按钮，绘制如图 1.3.13 所示的直线，然后关闭“直线”对话框。

(2) 选择刚才绘制的直线，接着在“草图工具”工具栏中单击“转换至/自参考对象”按钮，则将该直线转换为参考线(引用线)，如图 1.3.14 所示。

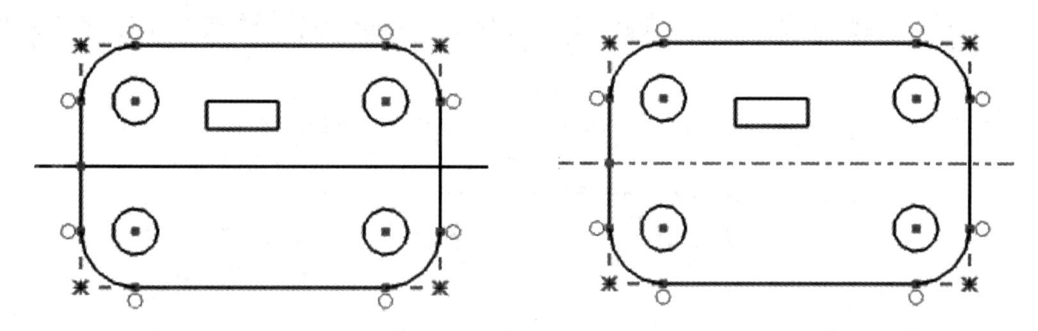

图 1.3.13　绘制直线　　　　图 1.3.14　设置为参考线

Step8　镜像曲线。在“草图工具”工具栏中单击“镜像曲线”按钮，选择小矩形作为镜像的曲线链，得到的镜像结果如图 1.3.15 所示。

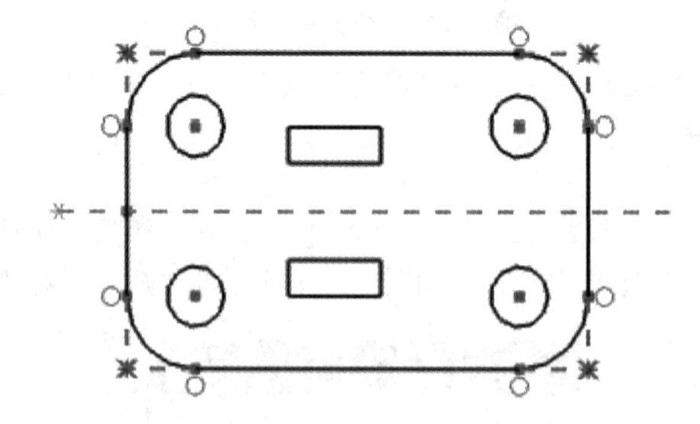

图 1.3.15　镜像曲线

Step9　绘制圆。在“草图工具”工具栏中单击“圆”按钮，绘制如图 1.3.16 所示的圆，该圆位于引用参考线上。

Step10　标注尺寸并修改尺寸。在“草图工具”工具栏中单击“自动判断的尺寸”按钮，标注所需要的尺寸，并修改相应的尺寸值，初步完成的草图效果如图 1.3.17 所示。

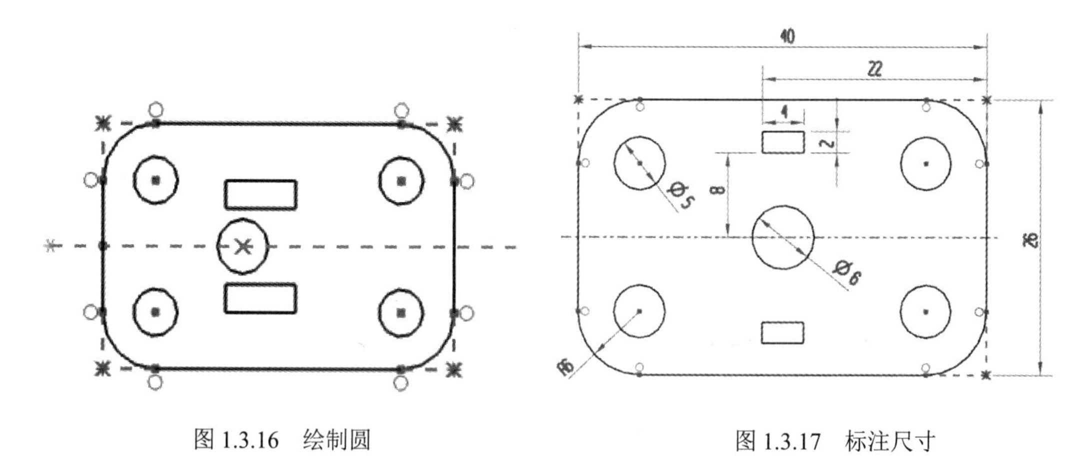

图 1.3.16　绘制圆　　　　图 1.3.17　标注尺寸

Step11　整理草图，设置隐藏尺寸。

(1) 如图 1.3.18 所示，在“编辑”菜单中选择“显示和隐藏”子菜单，执行“显示和隐藏”命令，弹出如图 1.3.19(a)所示的“显示和隐藏”对话框。

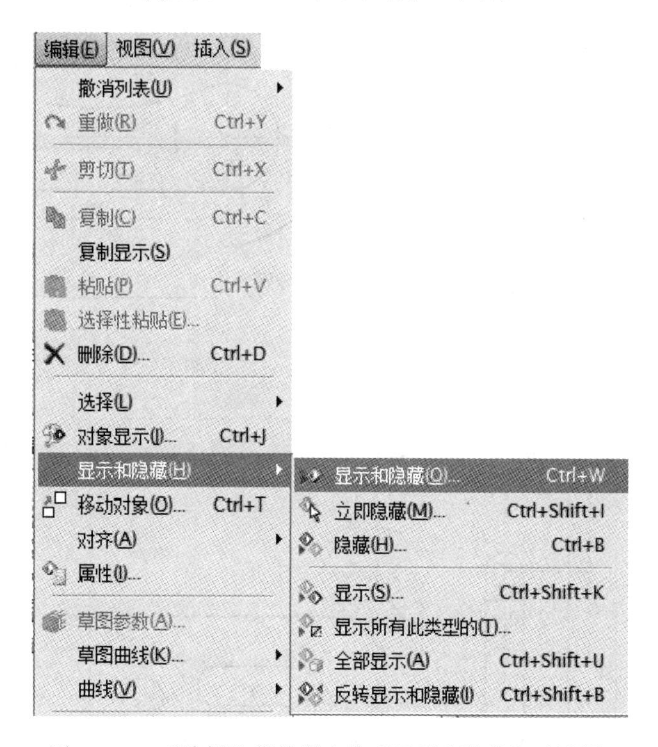

图 1.3.18　“编辑”菜单栏中的“显示和隐藏”对话框

(2) 在“显示和隐藏”对话框中展开“制图注释”，接着选择“制图注释”下的“尺寸”选项，单击其后相应的 按钮[如图 1.3.19(a)所示]，从而将草图中的尺寸隐藏，效果如图 1.3.19(b)所示。检查无误后，单击“完成草图”按钮，退出草图环境。

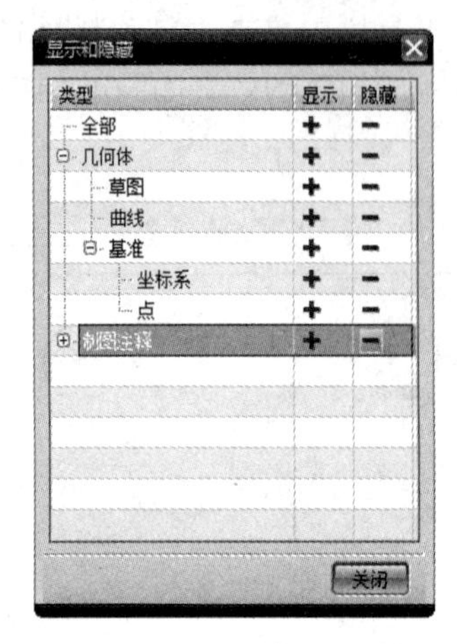

(a) “显示和隐藏”对话框

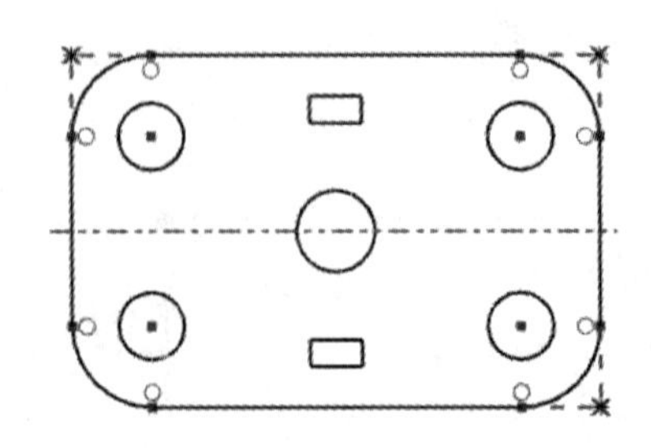

(b) 隐藏尺寸的图

图 1.3.19　设置隐藏尺寸

能力测试

分别绘制如图 1.3.20～图 1.3.22 所示的草图。

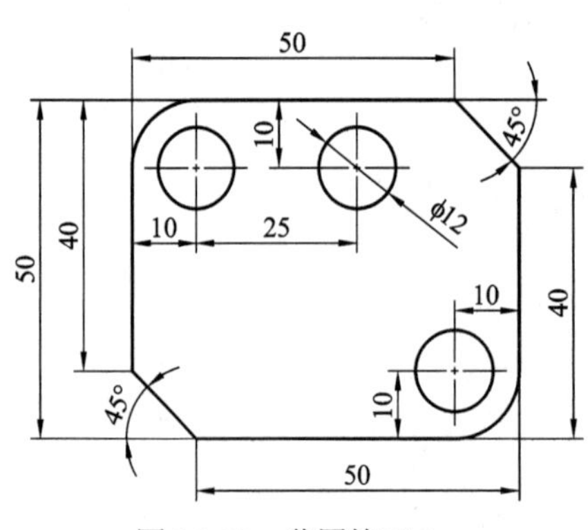

图 1.3.20　草图练习 6

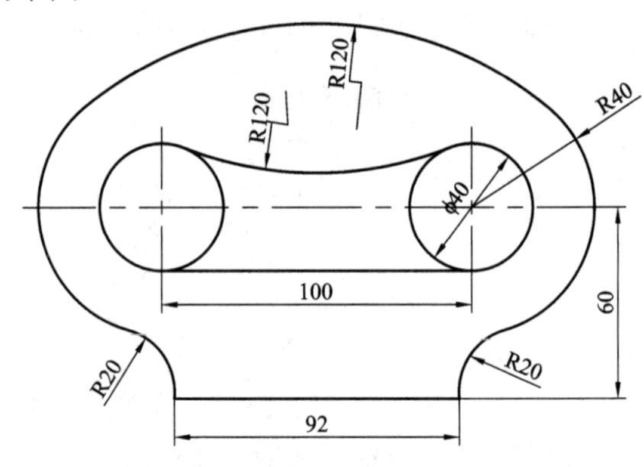

图 1.3.21　草图练习 7

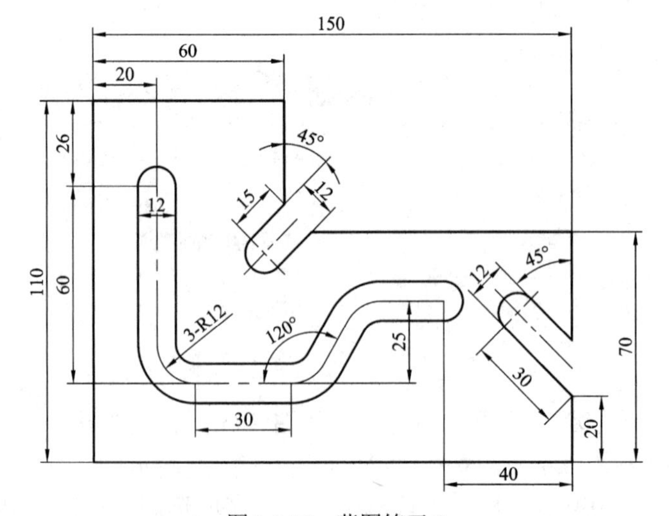

图 1.3.22　草图练习 8

任务四　吊钩零件草图的绘制

吊钩零件

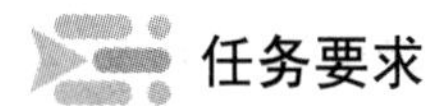

任务要求

通过对吊钩零件草图的绘制，要求学生能正确运用草图约束工具对草图进行编辑，从而进一步提升学生草图设计的能力。

任务分析

本任务绘制的是一个吊钩零件草图，其绘制的思路是：首先确定整个草图的定位中心，接着绘制矩形和圆弧并根据相互位置关系添加约束和尺寸，逐步绘制完成草图。

知识链接

本任务主要介绍几何约束方法。几何约束用来定义草图对象之间的相互关系，在草图绘制中也经常应用，这些约束关系包括重合、水平、垂直、平行、同心、固定、完全固定、共线、相切、等长度、等半径、固定长度、固定角度、曲线斜率、均匀比例等。

一、使用约束的一般方法

在“草图工具”工具栏中单击 (约束)按钮，此时系统提示选择要创建约束的曲线。选择一条或多条曲线，系统将弹出一个“约束”对话框，在“约束”对话框中提供了可以创建的几何约束类型图标，由用户根据需要选择合适的约束类型。例如，选择如图 1.4.1 所示的两条直线，弹出如图 1.4.2 所示的“约束”对话框，在该对话框中单击 (垂直)按钮，则添加了垂直约束的图形变为如图 1.4.3 所示的形式。

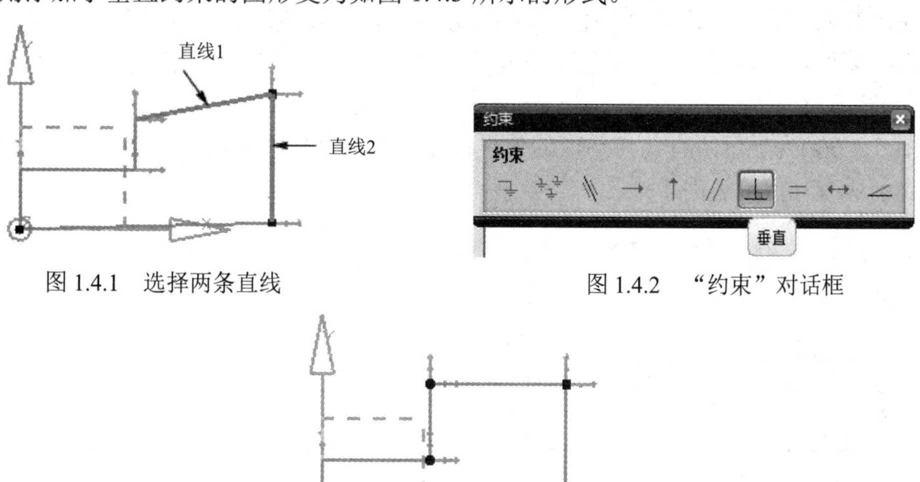

图 1.4.1　选择两条直线

图 1.4.2　“约束”对话框

图 1.4.3　垂直约束的结果

二、自动约束

可以设置自动应用到草图的几何约束类型。在“草图工具”工具栏中单击 (自动约束)按钮，打开如图 1.4.4 所示的“自动约束”对话框。选择要约束的曲线后，可以在“要施加的约束”选项组中选中可能要用到的几何约束类型，接着在“设置”选项组中设置距离公差和角度公差，如图 1.4.5 所示。然后单击“应用”按钮或“确定”按钮，系统自动在草图上施加合适的约束。

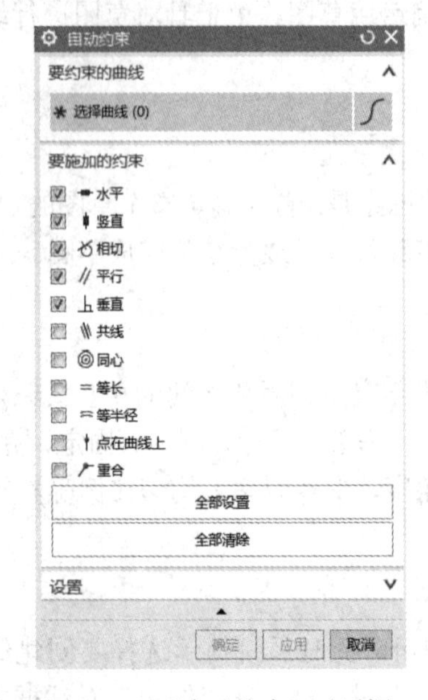

图 1.4.4 “自动约束”对话框

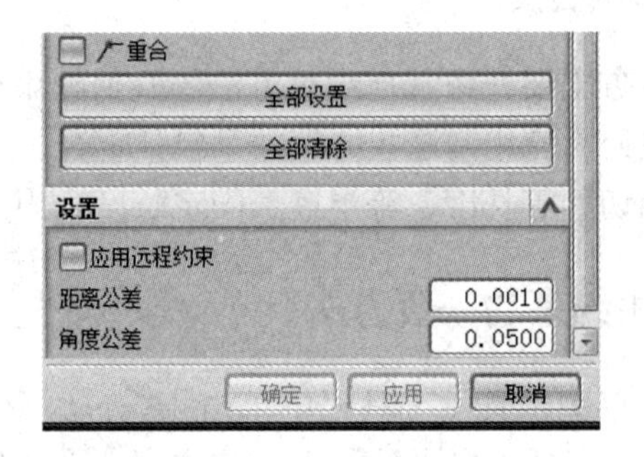

图 1.4.5 设置距离公差和角度公差

三、显示所有几何约束与不显示几何约束

在“草图工具”工具栏中单击 (显示所有约束)按钮，则显示应用到草图的全部几何约束；如果要想隐藏应用到草图的全部几何约束，则可以在“草图工具”工具栏中单击 (不显示约束)按钮。

图 1.4.6(a)为显示所有几何约束的效果，注意相关几何约束的显示符号；图 1.4.6(b)则为不显示所有几何约束的效果。

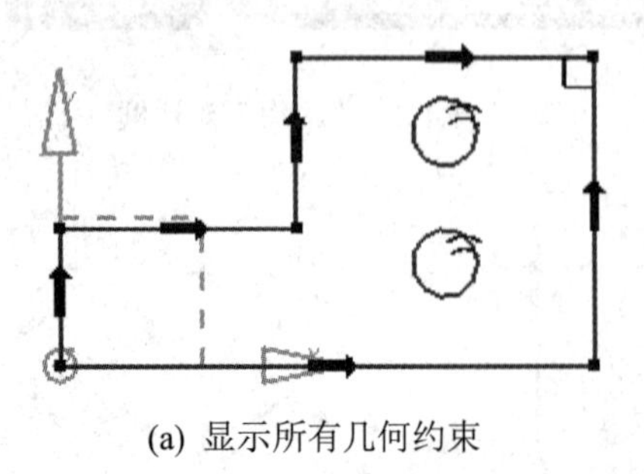

(a) 显示所有几何约束

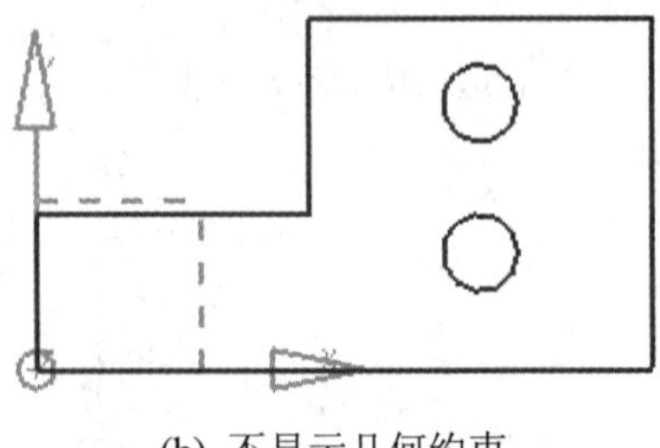

(b) 不显示几何约束

图 1.4.6 显示所有几何约束与不显示几何约束

四、显示/移除约束

在“草图工具”工具栏中单击 (显示/移除约束)按钮，打开如图 1.4.7 所示的“显示/移除约束”对话框，利用该对话框可显示与选定的草图几何图形关联的几何约束，也可移除所有这些约束或列出信息。

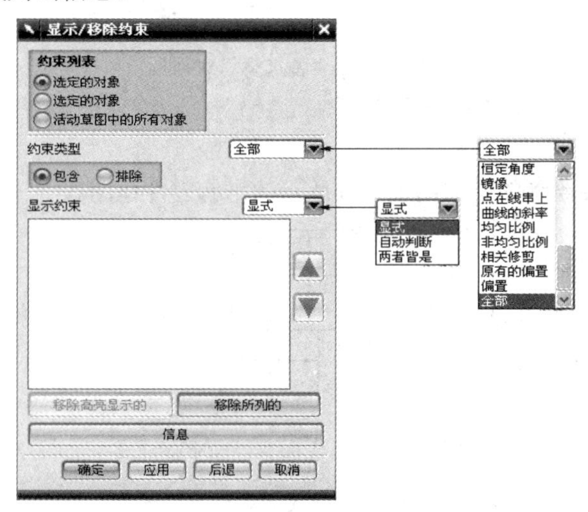

图 1.4.7　“显示/移除约束”对话框

五、备选解

备选解是指具有另外的尺寸或几何约束的解决方案。当用户指定某一个约束类型时，选定图形对象间可能具有多种解(多种情况)满足约束的条件，系统会自动选择其中最适合的一种约束解。如果该解并不是设计者所需要的，那么就需要切换到另外的解。在 UG NX 8 的“草图工具”工具栏中提供了一个 (备选解)按钮，使用该按钮可以将当前显示的约束解切换到所需的约束解。

例如，为了给草绘区的两个圆设置相切约束关系，假设系统给出的约束解，为两个圆外相切[见图 1.4.8(a)]，而需要的约束解是内相切[见图 1.4.8(b)]，那么需要在“草图工具”工具栏中单击 (备选解)按钮，弹出如图 1.4.9 所示的“备选解”对话框，接着选择圆对象即可自动切换到内相切的约束解。

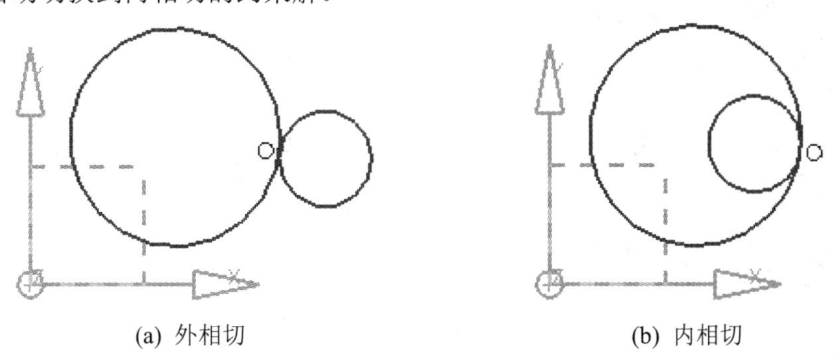

(a) 外相切　　　　(b) 内相切

图 1.4.8　相切约束关系

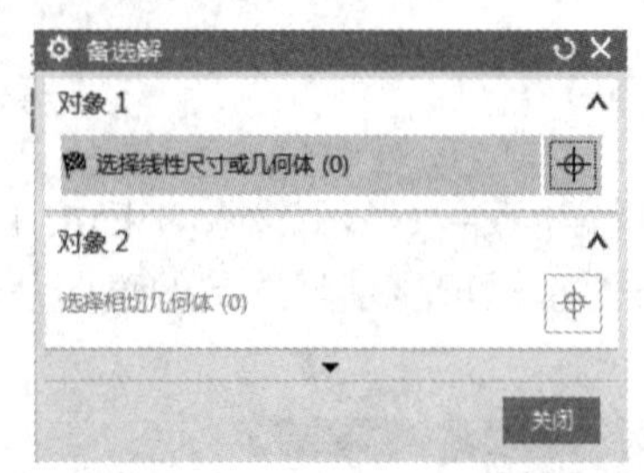

图 1.4.9 “备选解”对话框

任务实施

在此任务中，要绘制的是如图 1.4.10 所示的吊钩零件草图。

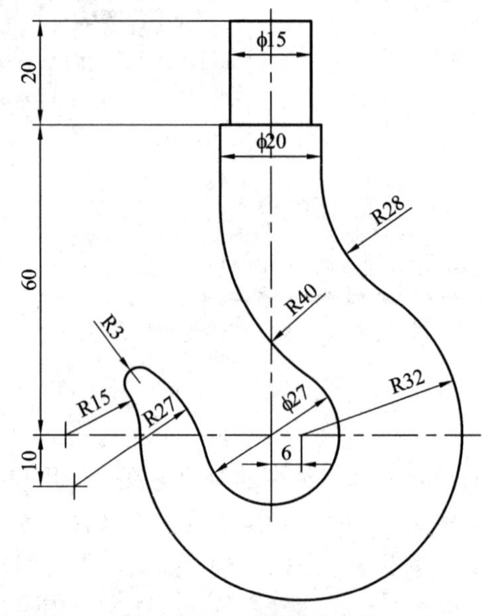

图 1.4.10 吊钩零件草图

Step1 新建所需的文件，创建草图(方法同前)。

Step2 绘制圆弧，确定整个草图的定位中心。

(1) 在坐标原点位置绘制一个ϕ27 mm 的圆，如图 1.4.11 所示。

(2) 在绘图区域绘制一个ϕ64 mm 的圆，并将圆心约束在 X 轴线上，标注尺寸为距离坐标原点 6 mm，如图 1.4.12 所示。

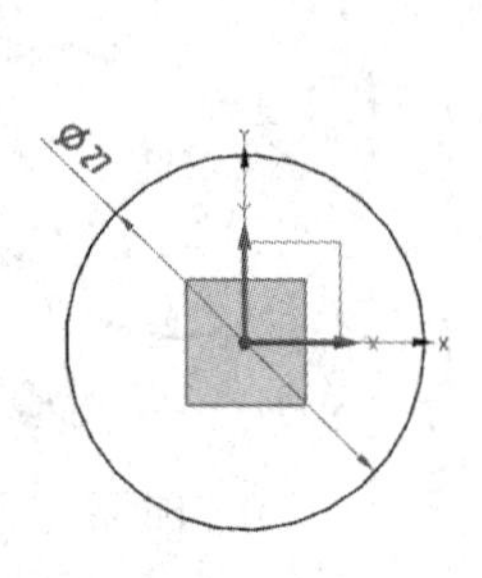

图 1.4.11 绘制圆弧

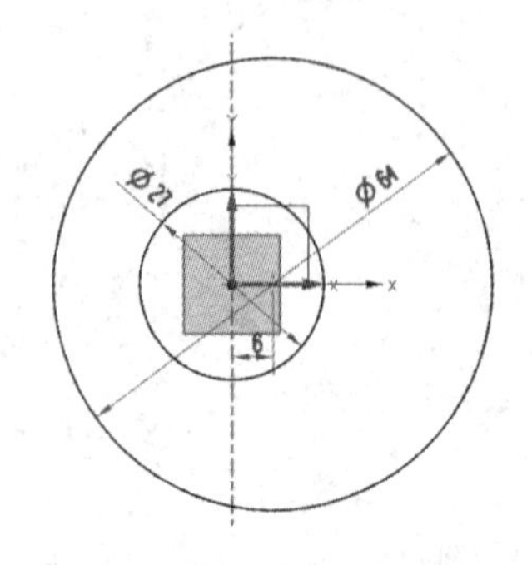

图 1.4.12 约束圆心位置

Step3　绘制矩形，并添加约束。

(1) 绘制上下两个矩形框，将上面矩形的底边和下面矩形的顶边约束为共线，删除下矩形的底边。

(2) 按图 1.4.13 所示添加尺寸约束。

Step4　倒圆角，如图 1.4.14 所示。

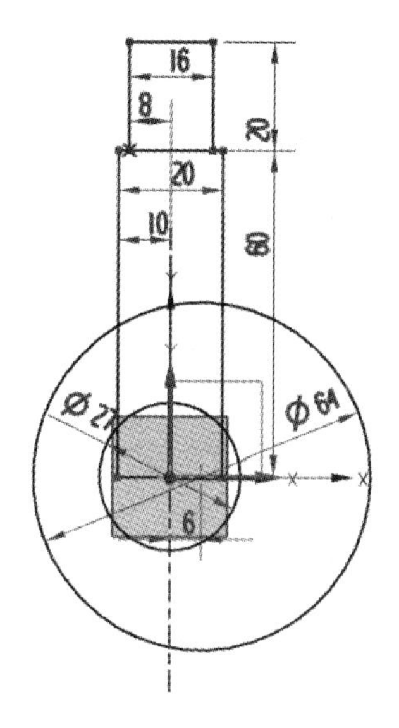

图 1.4.13　绘制矩形并添加尺寸约束

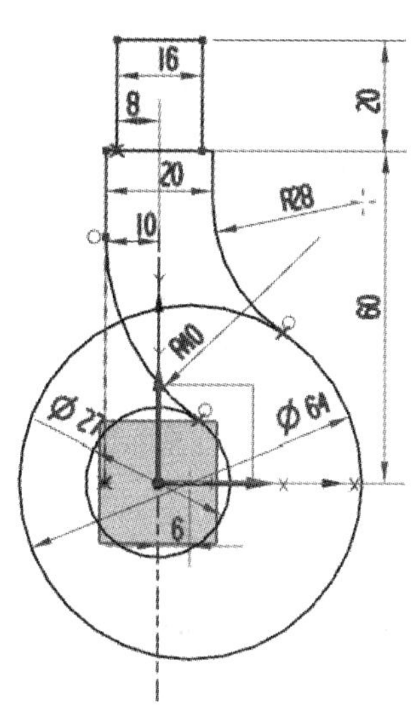

图 1.4.14　倒圆角

Step5　绘制两段圆弧，按图 1.4.15 所示约束至相应位置。

Step6　吊钩顶端倒圆，并修剪多余线条，如图 1.4.16 所示。检查无误后，单击“完成草图”按钮，退出草图环境。

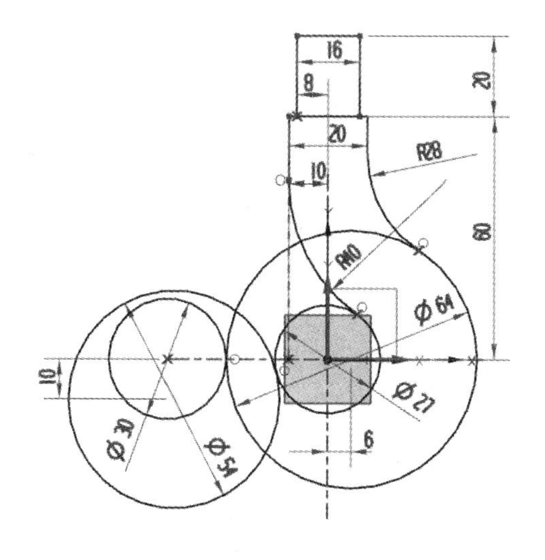

图 1.4.15　绘制两段圆弧

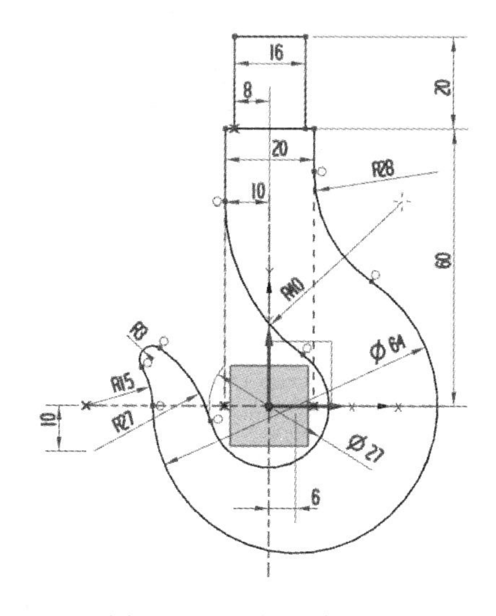

图 1.4.16　吊钩顶端倒圆

能力测试

分别绘制如图 1.4.17～图 1.4.20 所示的草图。

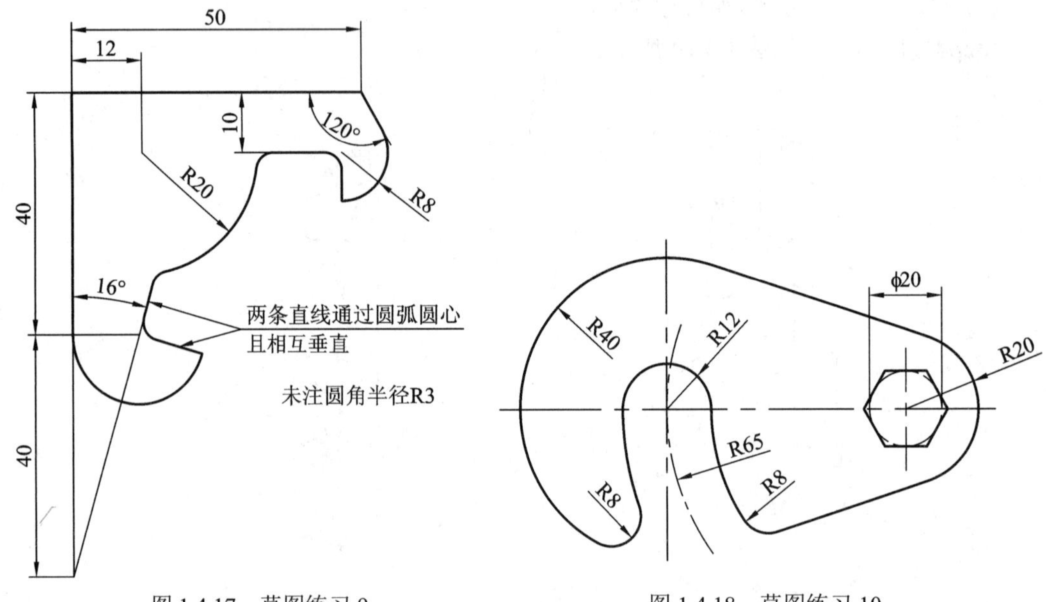

图 1.4.17　草图练习 9

图 1.4.18　草图练习 10

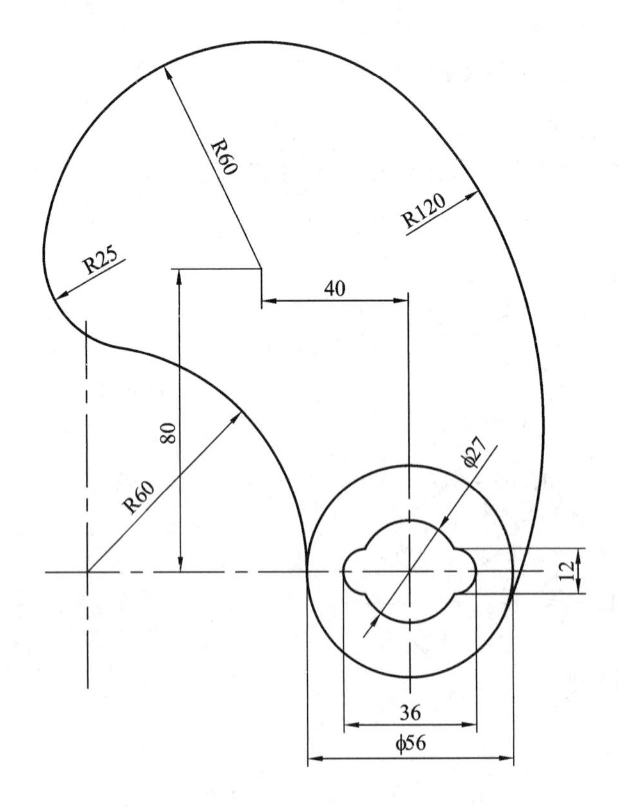

图 1.4.19　草图练习 11

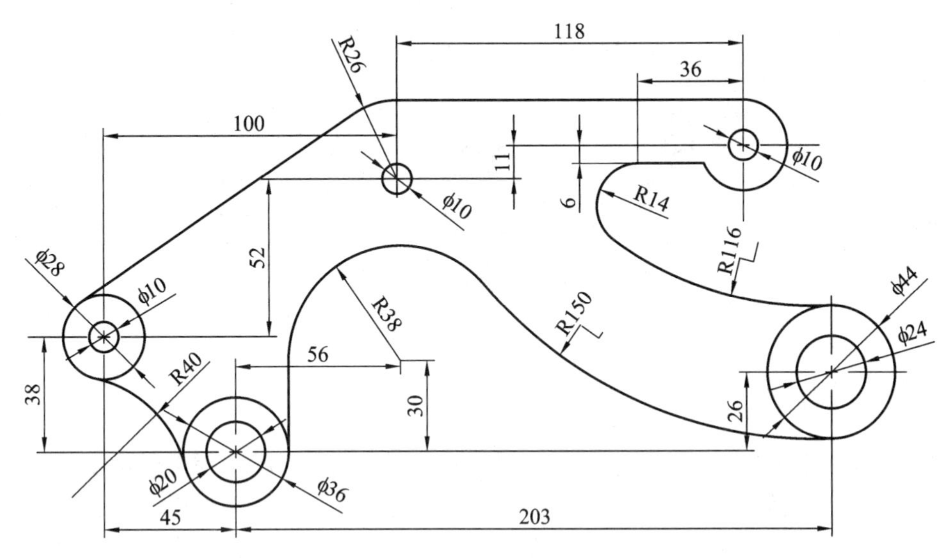

图 1.4.20　草图练习 12

项目二 零件造型技术

【案例导入】

记里鼓车是中国古代用来记录车辆行过距离的马车，其构造与指南车相似，车有上下两层，每层各有木制机械人，手执木槌，下层木人打鼓，车每行一里路，敲鼓一下，上层机械人敲打铃铛，车每行十里，敲打铃铛一次(见图 2.0.1)。记里鼓车由多组零件组成，其造型技术充分体现了整体和部分是互相联系、密不可分的。本章将开始学习零件实体的造型方法，学习过程中要树立全局观念。要立足整体选择最佳方案，重视部分作用，处理好局部关系促进整体发展是零件造型技术的关键。

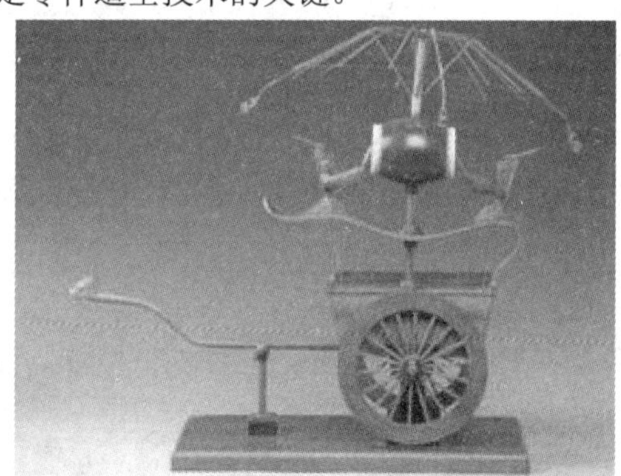

图 2.0.1 记里鼓车模型

实体建模与造型是 UG NX 8 中最常用的模块，通过拉伸、旋转、扫掠等命令可以完成各种零件的实体造型。

本项目将完成轴承座等零件的造型，如图 2.0.2 所示。

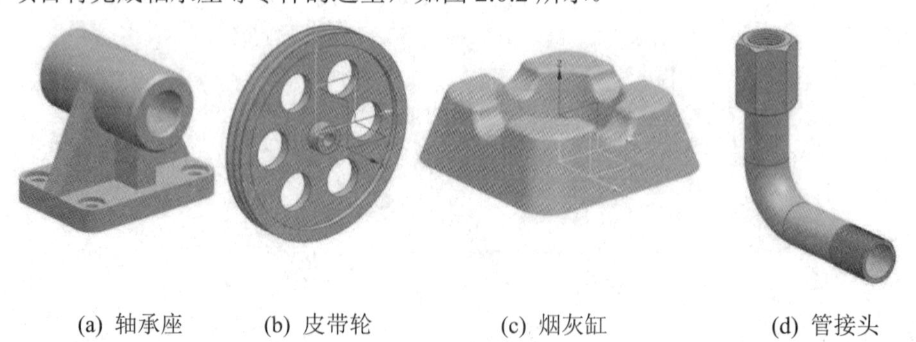

(a) 轴承座　(b) 皮带轮　(c) 烟灰缸　(d) 管接头

图 2.0.2 项目任务

任务一　轴承座造型

轴承座造型

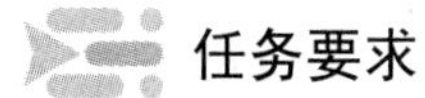

任务要求

本任务要求学生完成如图 2.1.1 所示的轴承座造型，通过造型使学生学会拉伸、倒圆角、倒角、镜像等方法。

图 2.1.1　轴承座

任务分析

零件的造型大体可以分为底座、轴套、肋板及支撑板，只需要将以上各部分分别造型，再结合起来即可完成零件的整体造型。

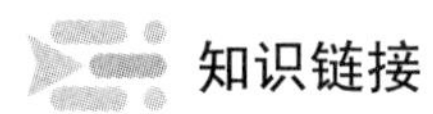

知识链接

一、实体造型方法——拉伸

拉伸是最常用的造型方法之一，是所有的三维 CAD 软件必备的基本功能(某些软件中也称为挤出)。拉伸方法适用于各截面图形一致的实体造型(如长方体、圆柱等)，其原理是先在一个平面内绘制截面图，然后沿某一直线段(矢量)进行拉伸，最终得到所需的立体图形。

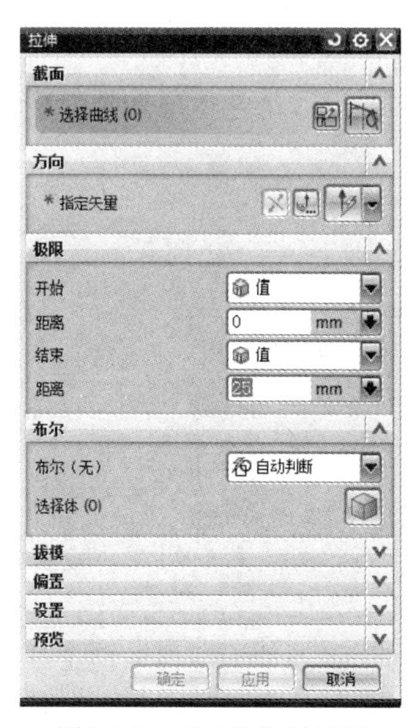

图 2.1.2　“拉伸”对话框

选择“插入”→“设计特征”→“拉伸”命令或单击工具栏中的“拉伸”按钮，弹出“拉伸”对话框，如图 2.1.2 所示。在对话框中共有截面、方向、限制等 8 个功能区域，其中前 3 个功能区域是必须进行设定的，后 5 个可根据造型需求有选择地进行设定，不进行设定的功能区域系统将根据默认参数或设置进行运算。为了方便显示，用户可单击每个功能区域右侧上方的小箭头对功能区域进行显示或隐藏。

具体功能介绍如下：

(1) 截面：用于选择拉伸截面的功能区域，也可单击“绘制”草图按钮来绘制截面，但绘制的截面只能是平面图形，且不可被其他特征使用。

(2) 方向：用于确定拉伸的方向，该方向默认与截面垂直，但也可通过矢量构造器创建任意拉伸方向(拉伸方向与拉伸截面在同一平面内会造成拉伸失败，应注意避免)。

(3) 限制：用于确定拉伸长度或起、止截面，可通过输入数值、选择截止方式和平面(或曲面)的方式来完成设置。

(4) 布尔：用于确定拉伸实体与其他实体之间的布尔运算关系，相关布尔运算的知识将在后面的章节中介绍。

(5) 拔模：用于设定拉伸拔模角方向和角度，默认情况下无拔模角。

(6) 偏置：可使拉伸几何体截面与选择截面之间产生指定的偏置，默认情况下不发生偏置。

(7) 设置：用于确定拉伸几何体是实体还是片体(曲面)，默认情况下封闭曲线拉伸为实体，非封闭曲线拉伸为片体，封闭曲线与非封闭曲线的概念将在后面的章节中详细介绍。

(8) 预览：用于设置是否在设置参数时显示拉伸后的效果，默认情况下预览打开。

二、细节特征——边倒圆

在 UG NX 8 中，边倒圆通常用于构建实体或曲面的内外圆角，其基本操作为选择“插入”→“细节特征”→“边倒圆”或单击工具栏中“边倒圆”按钮，然后选择所需倒圆角的边、设定圆角半径即可完成。

通过该操作可以完成单条或多条边的等半径圆角、拐角倒角、变半径等方式圆角的构建，如图 2.1.3 所示。

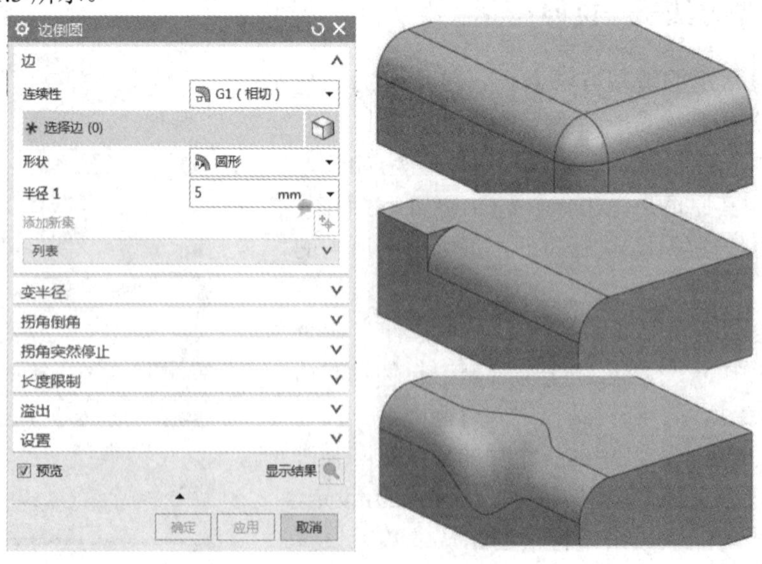

图 2.1.3 边倒圆

三、细节特征——倒斜角

斜角或锐边倒角是机械产品中最常见的细节特征，在 UG NX 8 中的基本操作如下：选择“插入”→“细节特征”→“倒斜角”命令或单击工具栏中“倒斜角”按钮，然后选择要倒斜角的边及斜角方式、尺寸参数即可，如图 2.1.4 所示。

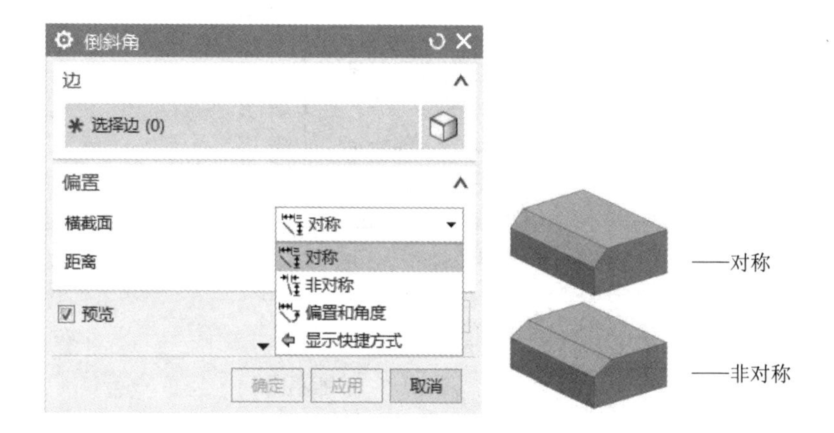

图 2.1.4　倒斜角

四、特征编辑——镜像

镜像是利用平面将现有的集合体或特征进行对称复制的一种造型方法，在 UG NX 8 中分为镜像实体与镜像特征两类，其区别如图 2.1.5 所示。

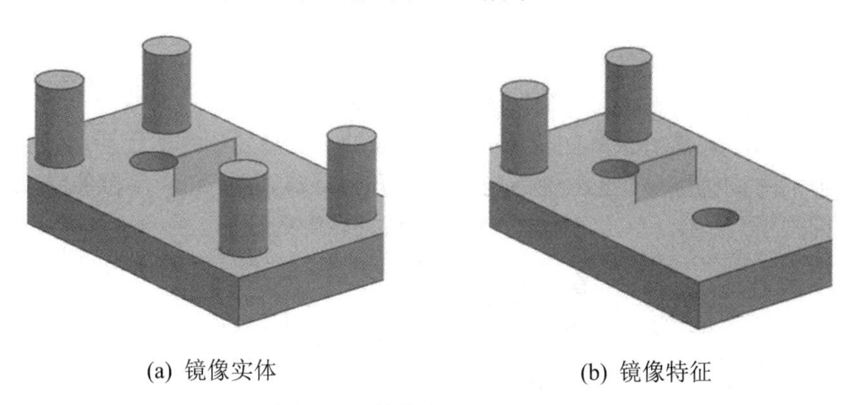

(a) 镜像实体　　(b) 镜像特征

图 2.1.5　镜像实体与镜像特征

任务实施

一、底座造型

Step1　绘制底座草图。启动 UG NX 8 软件并新建模型，在 X-Y 平面上创建任务环境中的草图，并完成如图 2.1.6 所示草图的绘制。

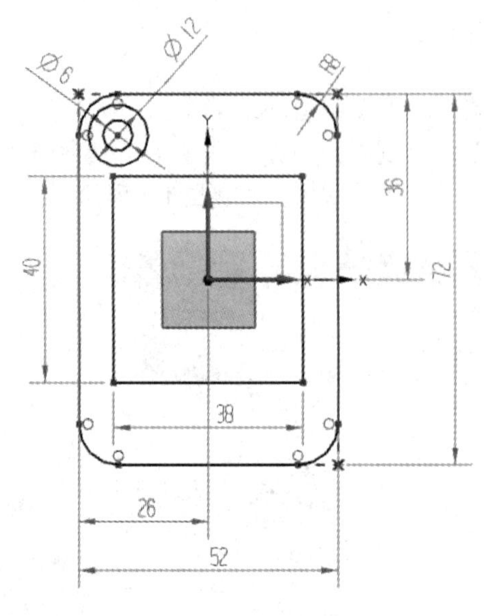

图 2.1.6 底座草图

其具体步骤如下：

(1) 绘制一个关于 X 轴和 Y 轴对称的矩形，长、宽分别为 52 mm(X 方向)、72 mm (Y 方向)；

(2) 绘制 4 个圆角，并在左上角绘制两个直径分别为 12 mm 和 6 mm 的圆；

(3) 绘制一个关于 X 轴和 Y 轴对称的矩形，长、宽分别为 38 mm(X 方向)、40 mm (Y 方向)；

(4) 完成并退出草图。

Step2 拉伸外轮廓。

(1) 选择“插入”→“设计特征”→“拉伸”命令，在选择过滤器中指定选择曲线的方式为“相连曲线”，选择最外侧轮廓的任意一条边，完成轮廓线的选择。

(2) 拉伸的方向为默认的 Z 轴方向，拉伸开始距离设为“0”，拉伸结束距离设为“10”，如图 2.1.7 所示，单击“确定”按钮完成外轮廓的拉伸。

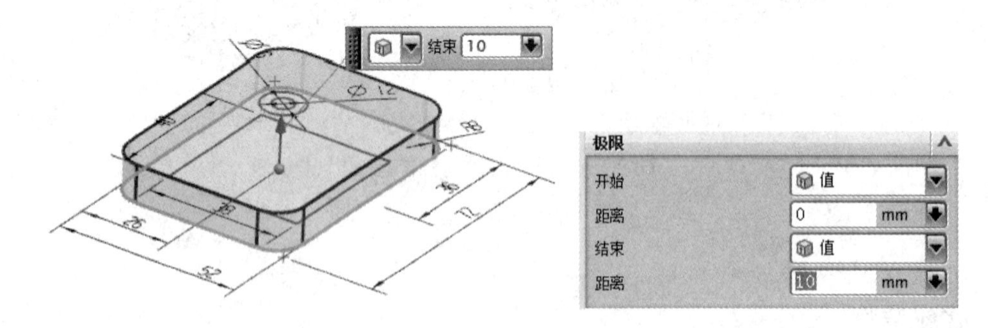

图 2.1.7 拉伸外轮廓

Step3 拉伸底部凹槽。

(1) 按下鼠标中键(滚轮)，翻转绘制好的模型，使得底部的草图可见。

(2) 选择“插入”→“设计特征”→“拉伸”命令，在选择过滤器中指定选择曲线的方式为“相连曲线”，选择草图内侧矩形轮廓的任意一条边，完成轮廓线的选择。

(3) 拉伸的方向为默认的 Z 轴方向，拉伸开始距离设为“0”，拉伸结束距离设为“6”，布尔运算操作设为“求差”，如图 2.1.8 所示。单击“确定”按钮完成内部凹槽的拉伸。

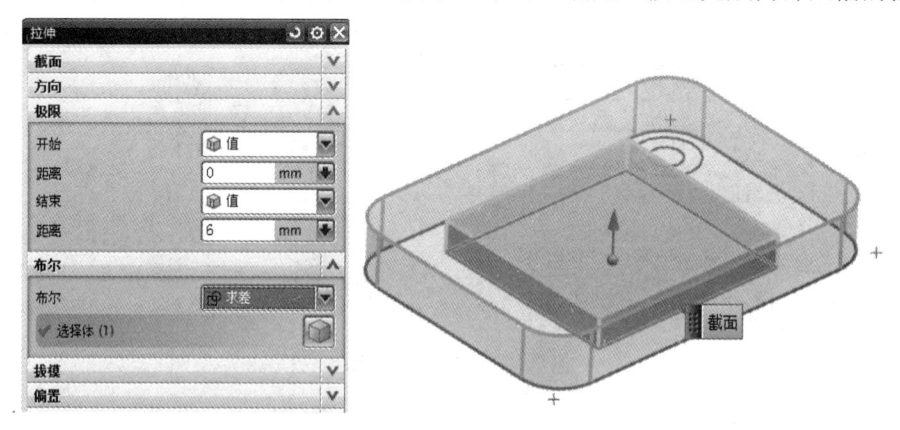

图 2.1.8　拉伸内部凹槽

Step4　倒凹槽圆角。选择“插入”→“细节特征”→“边倒圆”命令，用鼠标依次点选矩形槽的 4 个边角，输入圆角半径“3”，如图 2.1.9 所示。单击“确定”按钮完成凹槽圆角的绘制。

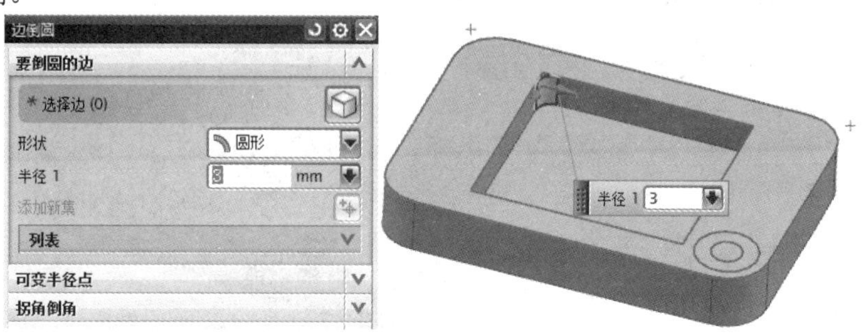

图 2.1.9　倒凹槽圆角

Step5　拉伸沉头孔。

(1) 选择“插入”→“设计特征”→“拉伸”命令，再选择草图中的最小圆，拉伸开始距离设为“0”，结束方式设为“贯通”，布尔运算方式设为“求差”，如图 2.1.10 所示。单击“确定”按钮完成通孔的拉伸。

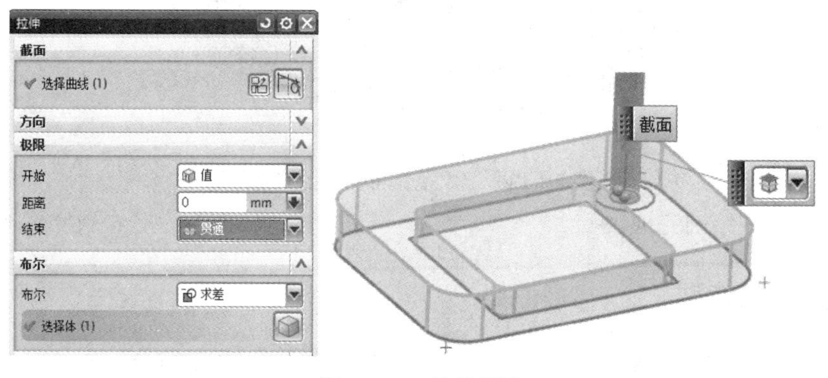

图 2.1.10　拉伸通孔

(2) 选择“插入”→“设计特征”→“拉伸”命令，再选择草图中的最大圆，拉伸开始距离设为“8”，结束距离设为“10”，布尔运算方式设为“求差”，如图 2.1.11 所示。单击“确定”按钮完成沉头孔的拉伸。

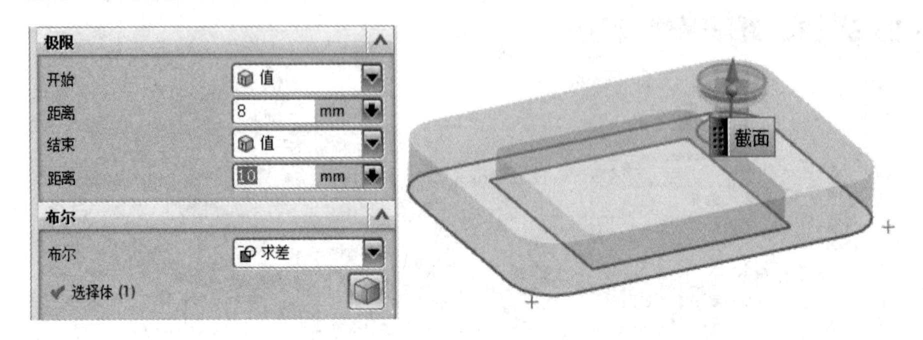

图 2.1.11 拉伸沉头孔

Step6 镜像孔特征。

(1) 选择“插入”→“关联复制”→“镜像特征”命令，单击上一步绘制的通孔和沉头孔作为要镜像的特征，选择 Y-Z 平面为镜像平面，如图 2.1.12 所示。单击“确定”按钮完成特征的镜像。

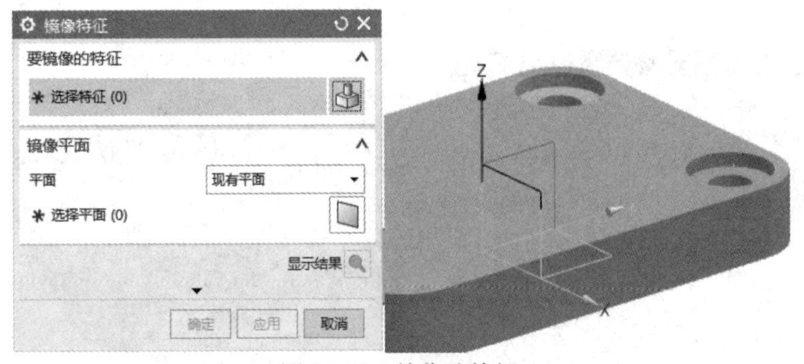

图 2.1.12 镜像孔特征

(2) 再次重复“镜像特征”命令，右侧的两处沉头孔(第一次镜像前与镜像后)为要镜像的特征，选择 X-Z 为镜像平面，如图 2.1.13 所示。单击“确定”按钮完成特征的镜像。

图 2.1.13 二次镜像特征后的底座

至此底座造型绘制完成。

二、轴承座上部造型

Step1 绘制草图。在 Y-Z 平面创建草图，如图 2.1.14 所示。在草图上绘制 3 个同心圆，尺寸分别为 18 mm、24 mm、34 mm。

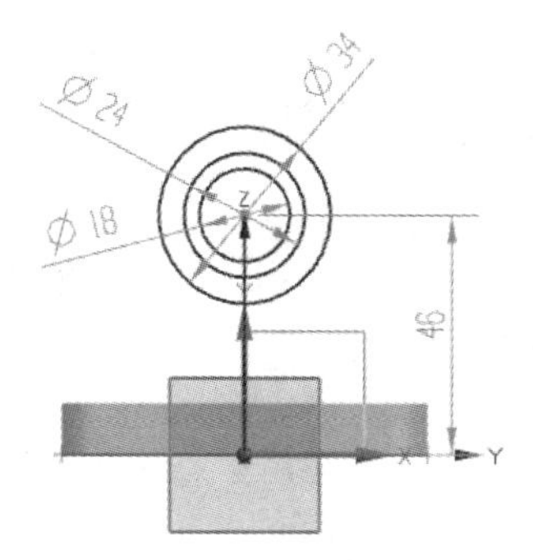

图 2.1.14　上部草图

Step2　拉伸实体。

(1) 选择并拉伸草图中直径为 18 mm 和 34 mm 的两个圆，拉伸方式为对称，拉伸长度为 32 mm，获得如图 2.1.15 所示的空心圆柱实体。

(2) 选择并拉伸草图中直径为 24 mm 的圆，拉伸方式为对称，拉伸长度为 11 mm，布尔运算方式为求差，获得如图 2.1.16 所示的实体。

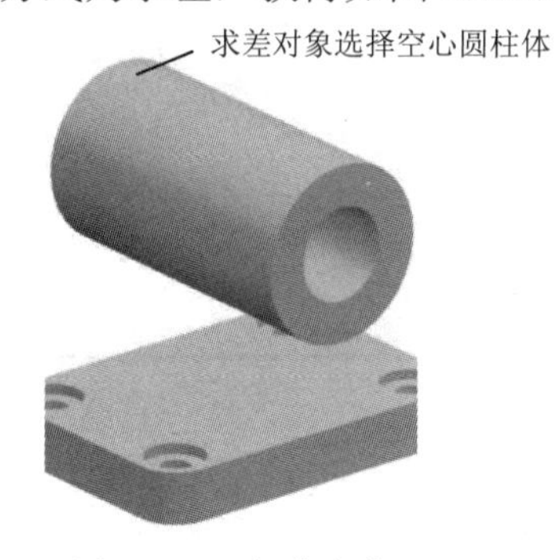

图 2.1.15　拉伸实体

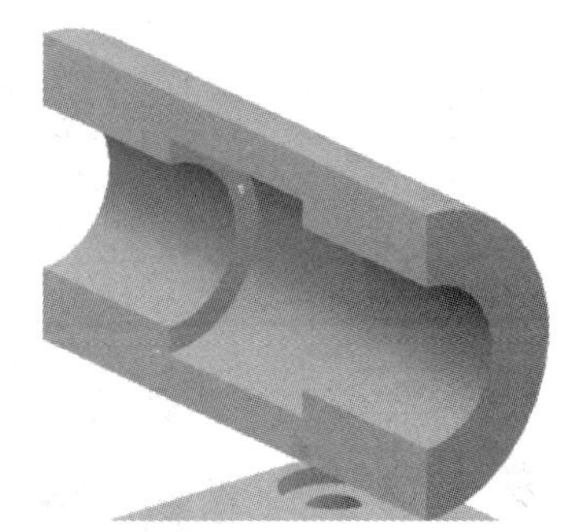

图 2.1.16　拉伸去除材料剖面效果

三、连接部分造型

Step1　绘制草图。在 Y-Z 平面创建草图，最上方的圆和实体截面的外圆同心且等半径，左右两侧连接线从底座截面上部左右端点出发和圆相切，并构成封闭图形，然后修剪多余线段，如图 2.1.17 所示。

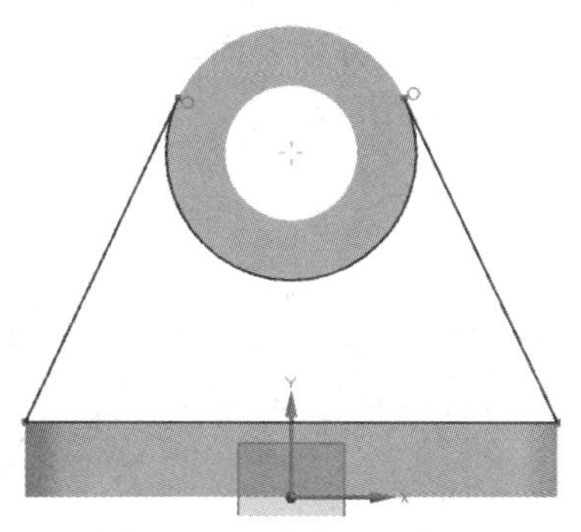

图 2.1.17　连接部分草图

Step2 拉伸实体。将绘制好的草图进行拉伸，设置拉伸方式为对称，长度为 5 mm，布尔运算为求和，求和对象为上方空心圆柱，如图 2.1.18 所示。

图 2.1.18 连接拉伸效果

四、支撑部分造型

Step1 绘制草图。在 X-Y 平面创建草图，绘制一个关于 X 轴和 Y 轴对称的长方形，长为 40 mm，宽为 10 mm，如图 2.1.19 所示。

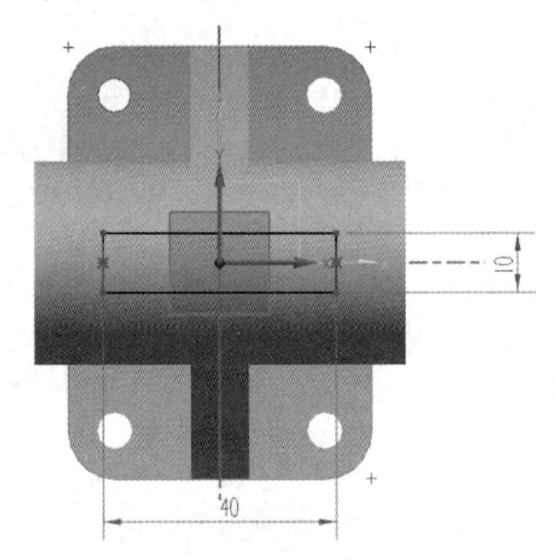

图 2.1.19 支撑部分草图

Step2 拉伸实体。将绘制好的草图进行拉伸，拉伸开始值设置为“10”，结束方式为“直至延伸部分”(先选择圆柱的下半部分外表面，再选择截止曲面)，布尔运算为求和，求和对象为上方空心圆柱，如图 2.1.20 所示。

图 2.1.20 拉伸支撑部分拉伸

五、完善细节特征

Step1　求和。选择“插入”→“组合”→“求和”命令，再依次选择底座和底座以上部分实体，完成求和操作。

Step2　倒斜角。

(1) 选择“插入”→“细节特征”→“倒斜角”命令，再选择圆柱的前后两个外圆边缘为倒角边，斜角方式为对称，尺寸为 1.5。

(2) 选择“插入”→“细节特征”→“倒斜角”命令，再选择圆柱的前后两个孔边缘为倒角边，斜角方式为对称，尺寸为 1 mm，结果如图 2.1.21 所示。

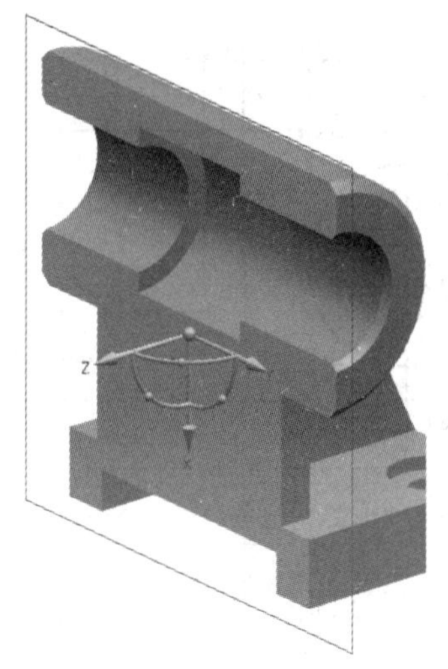

图 2.1.21　编辑工作截面

Step3　倒圆角。

(1) 选择“视图”→“截面”→“编辑工作截面”命令，再选择如图 2.1.21 所示的平面为工作截面。

(2) 选择“插入”→“细节特征”→“边倒圆”命令，再选择如图 2.1.22 所示的内孔凹陷部分进行倒内部圆角操作。

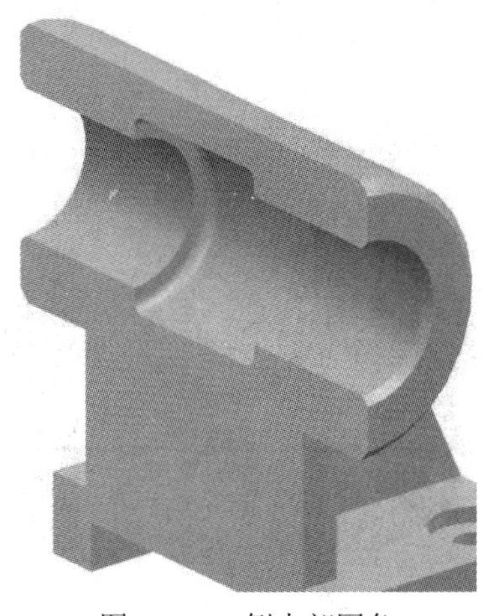

图 2.1.22　倒内部圆角

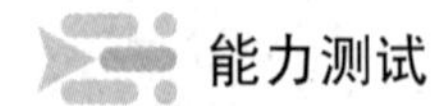

能力测试

完成图 2.1.23 所示零件的造型。

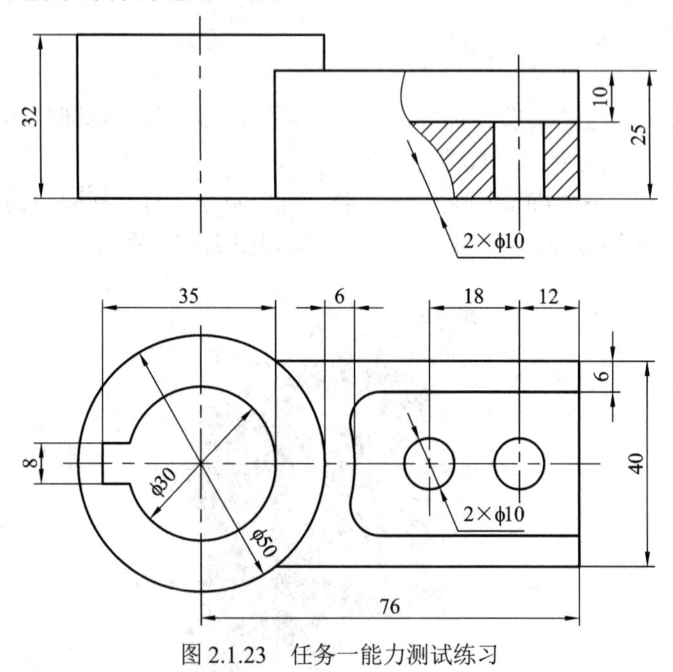

图 2.1.23 任务一能力测试练习

任务二 皮带轮造型

皮带轮造型

任务要求

本任务要求学生完成如图 2.2.1 所示的皮带轮造型，通过造型使学生学会旋转、孔、阵列特征等方法。

图 2.2.1 皮带轮造型

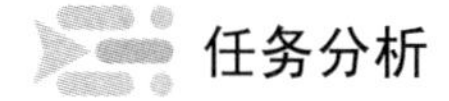

任务分析

皮带轮是典型的回转体零件，其带轮主体、V 槽等特征都可以看成是一定形状的几何线绕轴线旋转 360° 而成的。而其他的孔、键槽等特征则可以通过拉伸或其他造型方法完成。

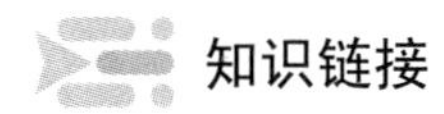

知识链接

一、实体造型方法——旋转

旋转和拉伸一样，是最常用的造型方法之一，是所有的三维 CAD 软件必备的基本功能(某些软件中也称为回转)。旋转方法适合各类回转体实体的造型(如圆台、圆锥等)，其原理是先绘制一个平面内的截面图形，然后绕某一直线段(矢量)进行旋转，最终得到所需的立体图形。

选择“插入”→“设计特征”→“旋转”命令或单击工具栏中的“旋转”对话框，如图 2.2.2 所示。

图 2.2.2　“旋转”对话框

在对话框中共有截面线、轴、限制等 7 个功能区域组成，其中前 3 个功能区域是必须进行设定的，后 4 个功能可根据造型需求有选择地进行设定，不进行设定的功能区域系统将根据默认参数或设置进行运算。为了方便显示，用户可单击每个功能区域右侧上方的小箭头对功能区域进行显示或隐藏。

下面对截面线、轴、限制这三个功能区域作一详细介绍。

(1) 截面线：用于选择回转截面的功能区域，也可单击“绘制草图”按钮来绘制截面，但绘制的截面只能是平面图形，切不可被其他特征使用。

(2) 轴：用于确定旋转中心，可以通过选择空间中已有的轴线(如 X/Y/Z 轴)或直线(如实体或面的边、空间直线等)，也可通过矢量构造器创建任意向量作为旋转中心。

(3) 限制：用于确定旋转的起始角度与终止角度，默认 0° 为当前曲线所在平面，若终止角度为 360°，则绕中心轴旋转 1 周。

二、细节特征——孔

在 UG NX 8 中，对于常见的孔(如通孔、沉头孔、埋头孔等)不需要进行复杂的建模，可以直接通过调用孔特征命令来完成。其基本操作为选择“插入”→“设计特征”→“孔”命令或单击工具栏中的“孔”按钮，弹出“孔”对话框，根据提示完成孔的造型，如图 2.2.3 所示。

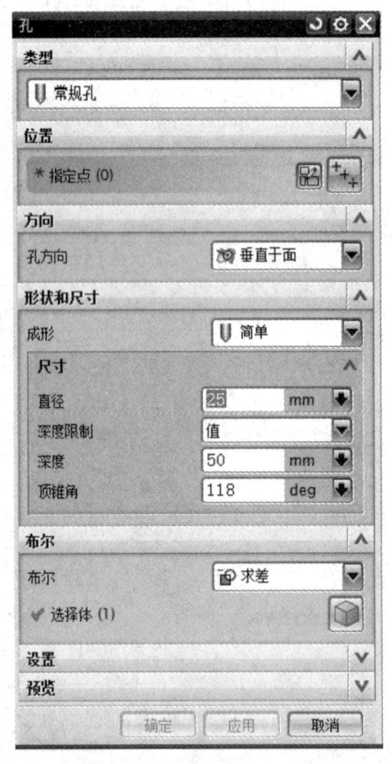

图 2.2.3 “孔”对话框

具体介绍如下：

在对话框中共有 7 个功能区域，其中位置、方向、形状和尺寸功能区域比较重要。

(1) 位置：确定孔中心的位置，可以选择空间中现有的点，也可以选择在平面上绘制。

(2) 方向：默认垂直于绘制平面，也可以指定空间向量或构建空间向量作为孔的方向。

(3) 形状和尺寸：用于确定孔的形状，可以选择通孔、沉头孔、埋头孔等各类孔的形状并定义孔的尺寸参数。

三、特征编辑——阵列

对于多个重复的特征，UG NX 8 提供了便捷的复制特征方式，常用的有镜像和阵列等，其中对于多个规律的特征，选择阵列的方式可以大大减少造型的工作量。其基本操作为选“插入”→“关联复制”→“对特征形成图样”命令，弹出孔“阵列特征”对话框，根据提示完成特征的阵列，如图 2.2.4 所示。

图 2.2.4　“阵列特性”对话框

“阵列特征”对话框功能比较复杂，有多个功能区域，下面就较为重要的区域进行简单介绍。

(1) 要形成图样的特征：选择要进行阵列的特征，可以在实体中选择，也可以在左侧模型树中选择，对于孔类求差得到的特征用模型树选择比较容易。

(2) 参考点：特征在阵列时运算的参考点，默认为特征的几何中心，也可以根据需要进行设置。

(3) 阵列定义：选择阵列方式，常用的有线性阵列和圆形阵列，此外还有多边形阵列、沿规律曲线阵列等。对于阵列的参数如间距、角度的间隔，阵列的方向以及阵列的数量也在本功能区域设置。

任务实施

Step1　绘制旋转草图。新建模型，在 X-Z 平面上创建任务环境中的草图，并完成如图 2.2.5 所示草图的绘制。

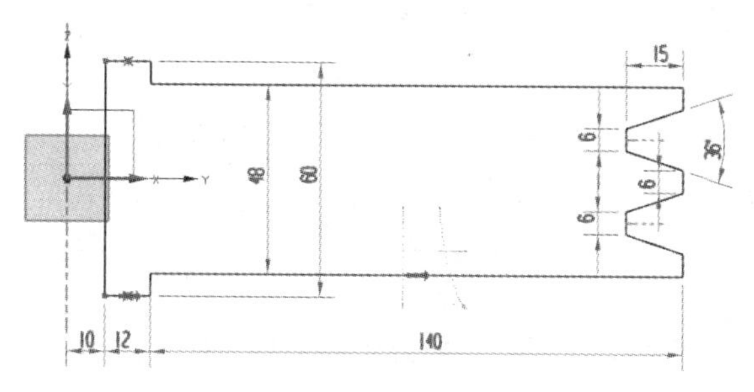

图 2.2.5　皮带轮截面草图

Step2 旋转皮带轮主体。选择“插入”→“设计特征”→“旋转”命令，再选择刚才完成的草图为旋转截面，选择 X 轴为旋转中心，旋转的起始角度为 0°，结束角度为 360°，单击“确定”按钮完成旋转，如图 2.2.6 所示。

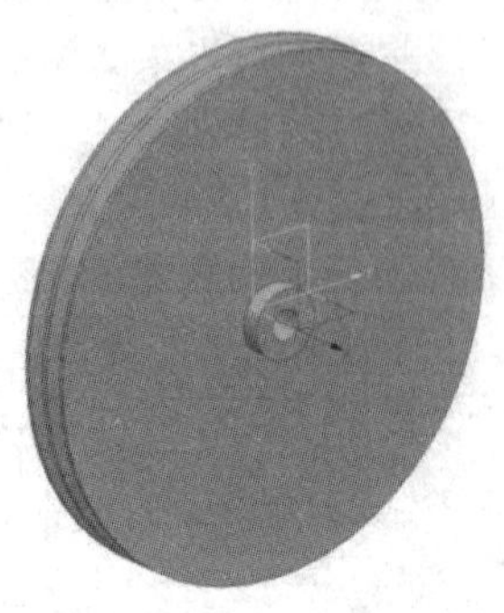

图 2.2.6 皮带轮主体

Step3 拉伸键槽。在 X-Y 平面上创建草图，完成如图 2.2.7 所示的键槽草图，然后拉伸，拉伸方式为对称，长度为 30 mm，布尔运算为求差，求差对象为皮带轮主体，完成后如图 2.2.8 所示。

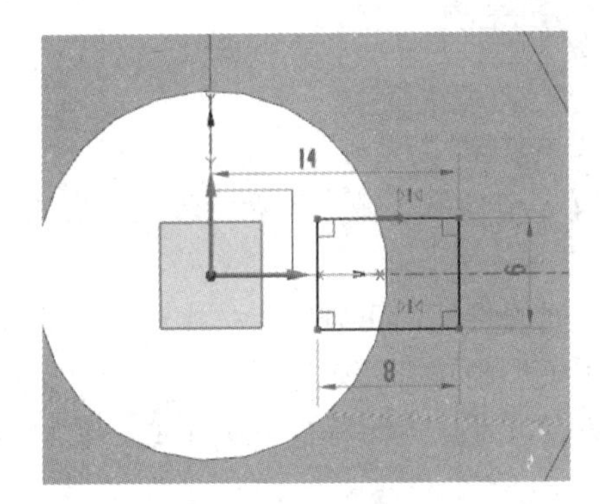

图 2.2.7 键槽草图

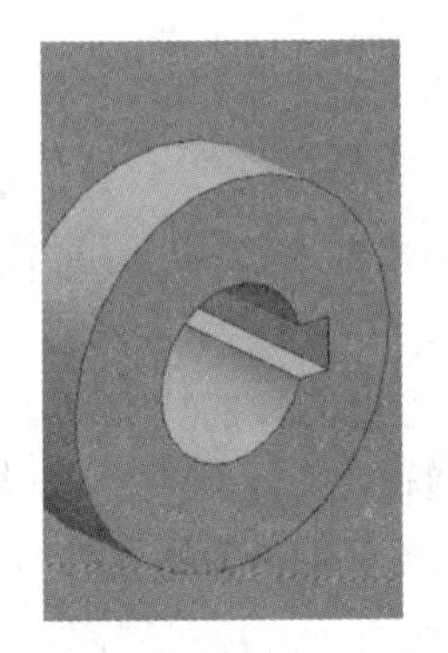

图 2.2.8 拉伸键槽

Step4 打减重孔。

(1) 选择“插入”→“设计特征”→“孔”命令，再选择皮带轮一侧表面作为孔的定位表面，系统自动进入草图界面。

鼠标点选处出现一个点标记，利用约束命令使点和草图坐标系的 X 轴重合，距离坐标原点的距离为 90 mm(如图 2.2.9 所示)，然后完成草图。

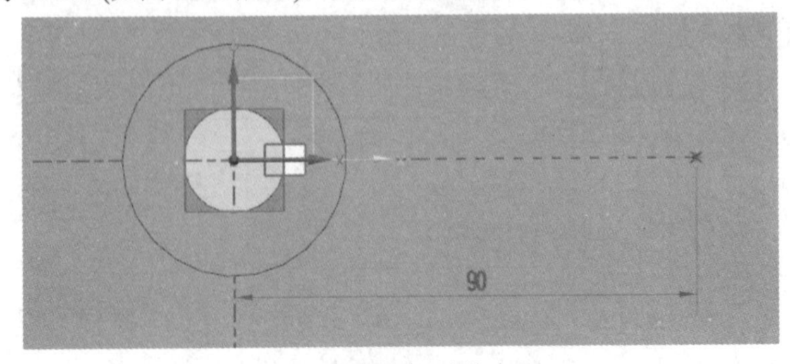

图 2.2.9 减重孔定位中心

孔的形状选择简单，孔的直径为 60 mm，孔的深度选择贯通体，布尔运算默认求差，求差对象为皮带轮主体，完成后如图 2.2.10 所示。

图 2.2.10　减重孔完成效果

(2) 选择“插入”→“关联复制”→“对特征形成图样”命令，弹出孔“阵列特征”对话框，选择减重孔为要阵列的特征，阵列方式为圆形，指定矢量为 X 轴，阵列数量为 6，节距角为 60°，如图 2.2.11 所示，完成阵列特征。

(3) 完成后的效果如图 2.2.12 所示。

图 2.2.11　阵列特征

图 2.2.12　阵列特征后的效果

Step5　拉伸两侧凹面。

(1) 选择皮带轮一侧表面作为草绘平面，绘制一个直径为 284 mm 和皮带轮同心的圆，并投影皮带轮凸轴外圆(也可绘制一个直径为 44 mm 的同心圆)，完成草图，如图 2.2.13 所示。

(2) 拉伸草图中的两个同心圆，拉伸起始值为 0，拉伸结束值为 10 mm，布尔运算为求差，求差对象为皮带轮主体，完成一侧凹面的造型，如图 2.2.14 所示。

(3) 利用镜像特征命令，以完成的一侧凹面为镜像对象，以 Y-Z 平面为镜像平面，完成另一侧凹面的造型，其剖面效果如图 2.2.15 所示。

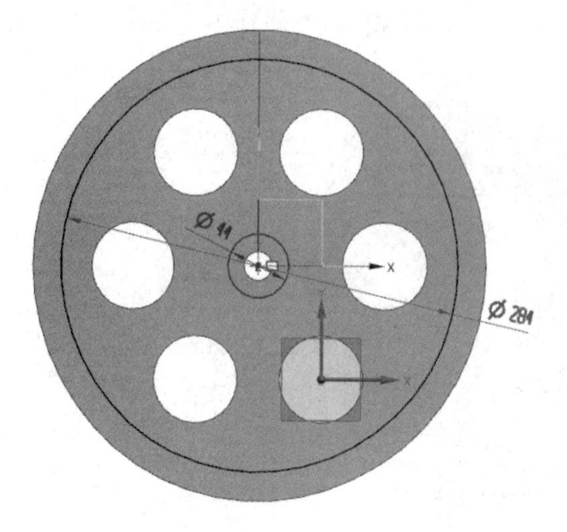

图 2.2.13 凹面草图

图 2.2.14 凹面效果

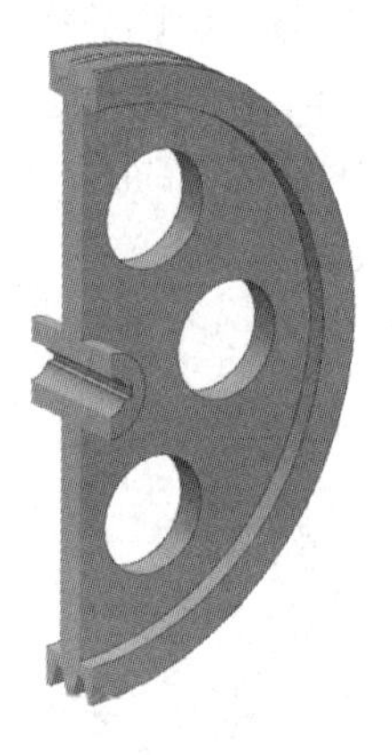

图 2.2.15 镜像后两侧凹面剖视效果

能力测试

完成图 2.2.16 所示零件的造型。

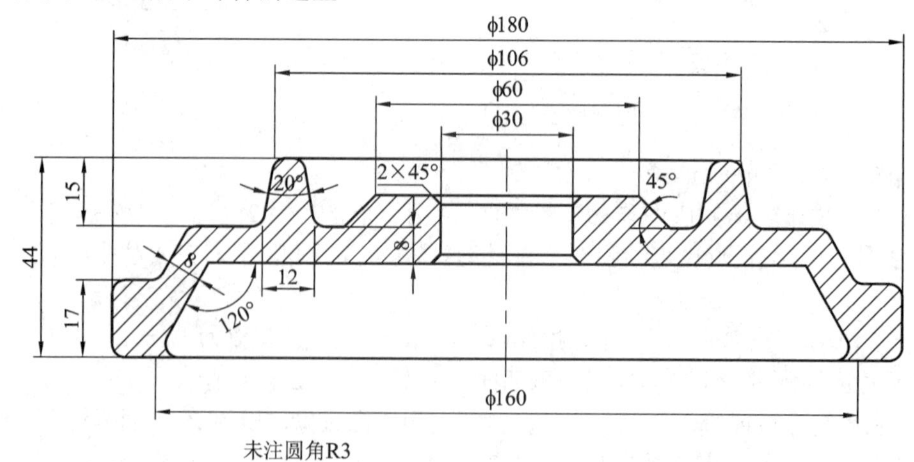

未注圆角R3

图 2.2.16 任务二能力测试练习

任务三　烟灰缸造型

烟灰缸造型

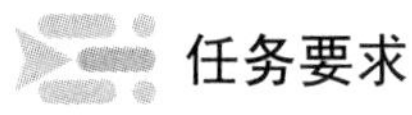

任务要求

本任务要求学生完成如图 2.3.1 所示的烟灰缸造型，通过造型来复习拉伸、圆角等知识并使学生学会抽壳、拔模等方法。

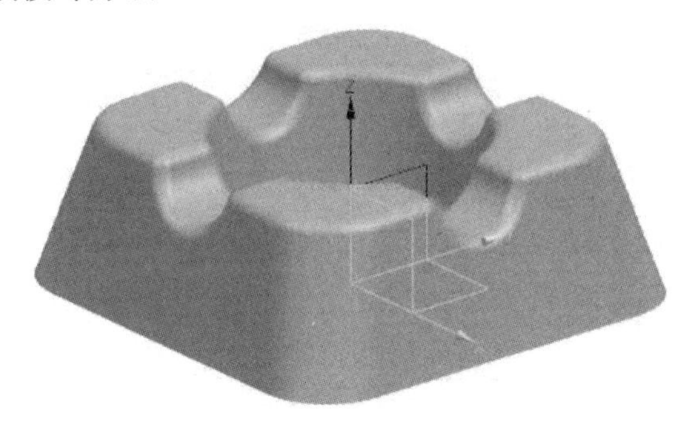

图 2.3.1　烟灰缸 3D 图

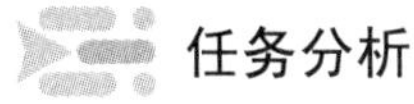

任务分析

烟灰缸属于薄壁零件，其剖面效果如图 2.3.2 所示。在现实生产和生活中有很多这样的零件或产品结构，从而可以达到减轻零件重量，以及节约生产原材料的效果。在 UG NX 8 中，通过抽壳命令可以很简单地处理这一类零件造型。同时，由于其内外表面都有拔模斜度，便于脱模，因此在进行造型的时候需要进行拔模斜度的设置。

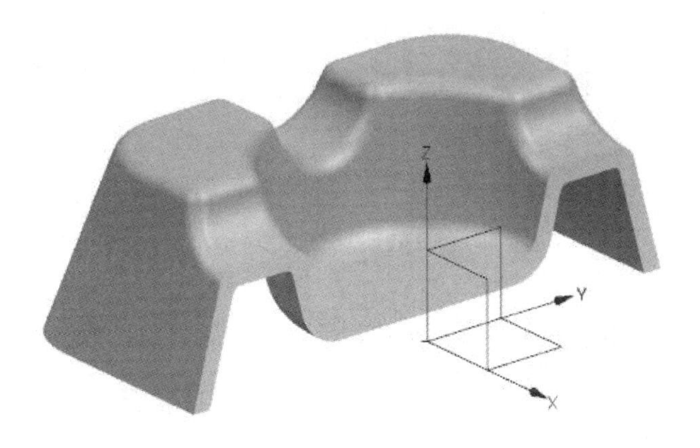

图 2.3.2　烟灰缸剖面效果

一、实体造型方法——抽壳

在薄壁类和箱体类的零件造型中，抽壳是最常用的造型方法。通过抽壳命令，可以将实体零件变成保留外形一定厚度的空心壳体。选择“插入”→“偏置/缩放”→“抽壳”命令，弹出“抽壳”对话框，如图 2.3.3 所示。

图 2.3.3 “抽壳”对话框

在 UG NX 8 中，抽壳可以移除一个或多个表面，也可以不移除表面进行抽壳，同时对于壳的厚度可以进行等厚度或多个厚度同时抽壳，如图 2.3.4 所示。

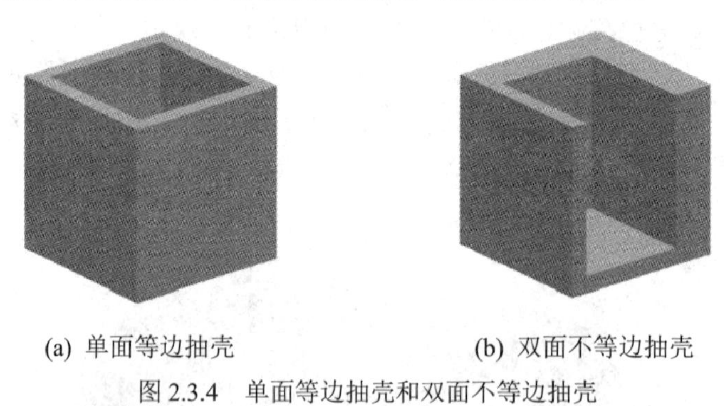

(a) 单面等边抽壳 (b) 双面不等边抽壳

图 2.3.4 单面等边抽壳和双面不等边抽壳

二、细节特征——拔模

铸造、注塑零件或冲压零件通常会在其脱模方向的侧壁上设置拔模斜度，便于脱模。在 UG NX 8 中，既可以通过专用的细节特征命令来进行拔模斜度的设置，也可以在拉伸时，直接赋予拉伸方向上的拔模斜度，从而简化造型。

UG NX 8 中，拔模通常需要定义拔模方向(矢量)、拔模起始和终止位置，以及拔模斜度等参数，其效果如图 2.3.5 所示。

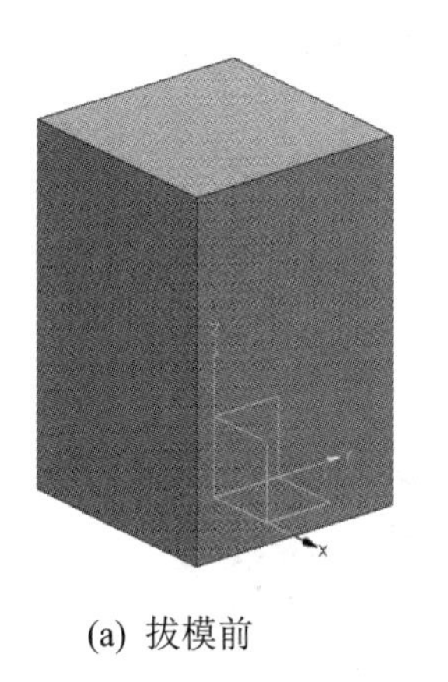

(a) 拔模前

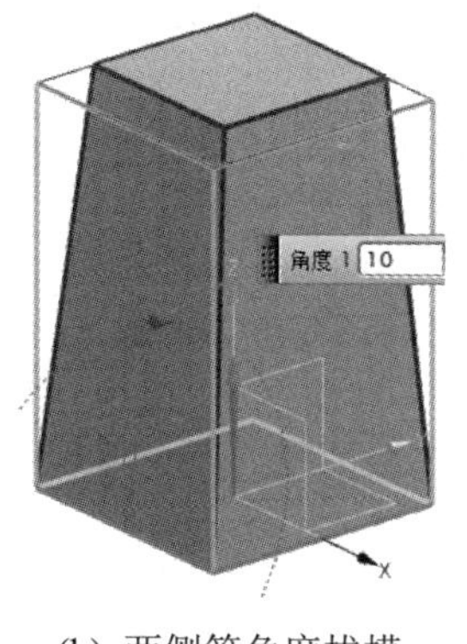

(b) 两侧等角度拔模

(c) 两侧不等角度拔模

图 2.3.5　拔模效果

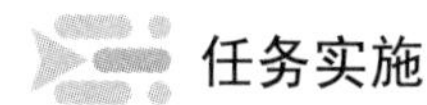

任务实施

烟灰缸主体造型的具体实施步骤如下：

Step1　新建模型，在 X-Y 平面上创建任务环境中的草图，并绘制一个关于 X 轴和 Y 轴对称的正方形，边长为 60 mm，如图 2.3.6 所示。

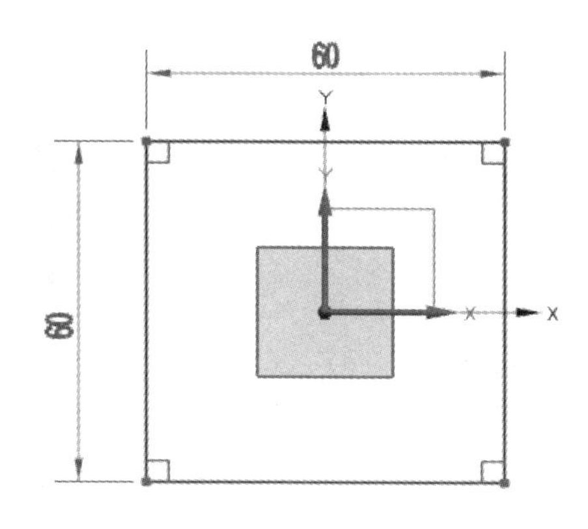

图 2.3.6　草绘底面

Step2　拉伸草图，拉伸方向为 Z 轴正方向，拉伸高度为 20 mm，并在“拉伸”对话框中设置拔模角度，拔模起始位置为“从起始限制”，拔模角度为 15°，如图 2.3.7 所示。

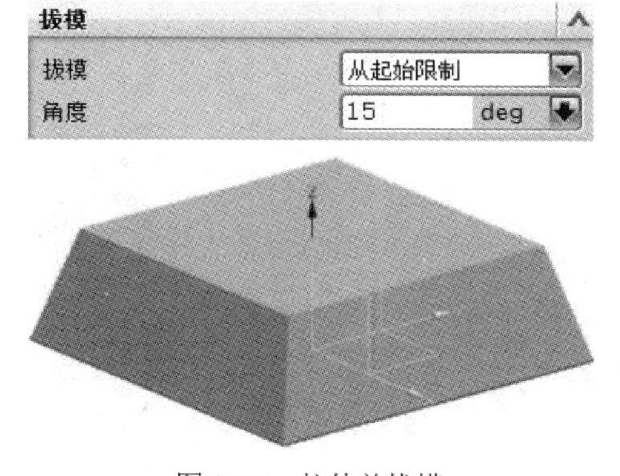

图 2.3.7　拉伸并拔模

Step3 以四棱柱的上表面为草绘平面，绘制一个与上表面几何中心同心的圆，直径为 35 mm，完成草图，如图 2.3.8 所示。

Step4 拉伸圆，拉伸方向为 Z 轴负方向，拉伸深度为 15 mm，布尔运算方式为“求差”，对象为“四棱柱”，拔模起始面为草绘平面(顶面)，拔模角为 15°，效果如图 2.3.9 所示。

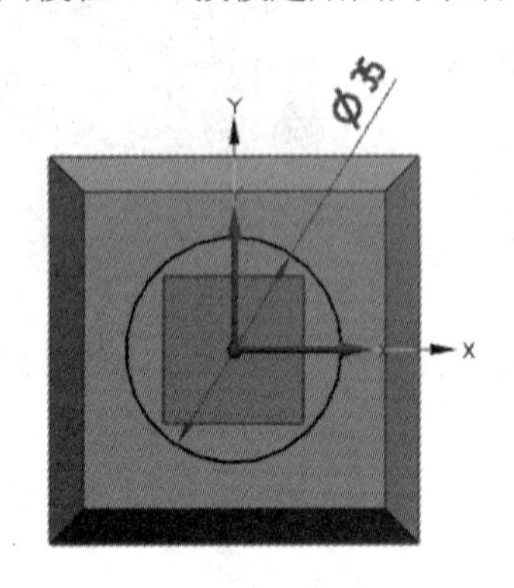

图 2.3.8 顶面草绘

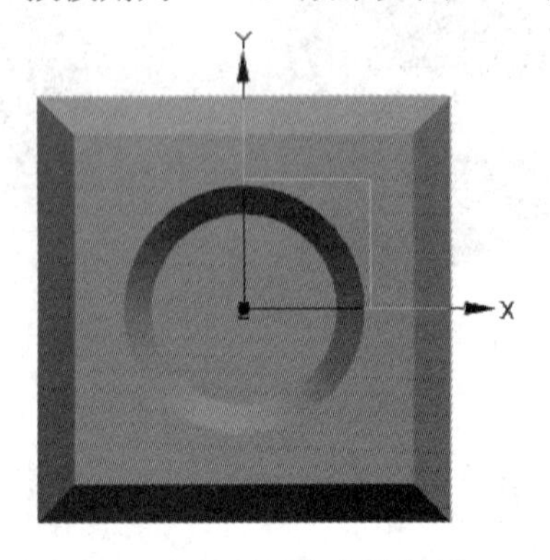

图 2.3.9 拉伸并拔模去除材料

Step5 将四棱台的四条棱边进行倒圆角，圆角半径为 10 mm，效果如图 2.3.10 所示。

Step6 选择烟灰缸内孔底部的边进行倒圆角，圆角半径为 3 mm，效果如图 2.3.11 所示。

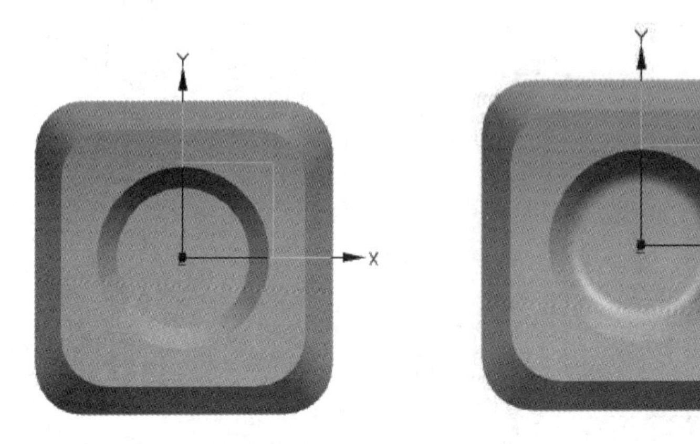

图 2.3.10 倒圆角 1　　图 2.3.11 倒圆角 2

Step7 在 Y-Z 平面创建草图，绘制一个直径为 12 mm 的圆，圆心落在 Z 轴，高度为 20 mm，如图 2.3.12 所示。完成草图后沿 X 轴正方向拉伸，长度为 30 mm，布尔运算为求差，求差对象为烟灰缸主体，如图 2.3.13 所示。

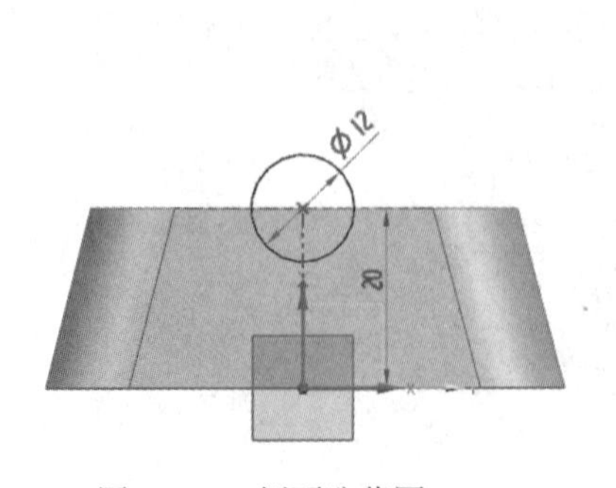

图 2.3.12 侧面孔草图

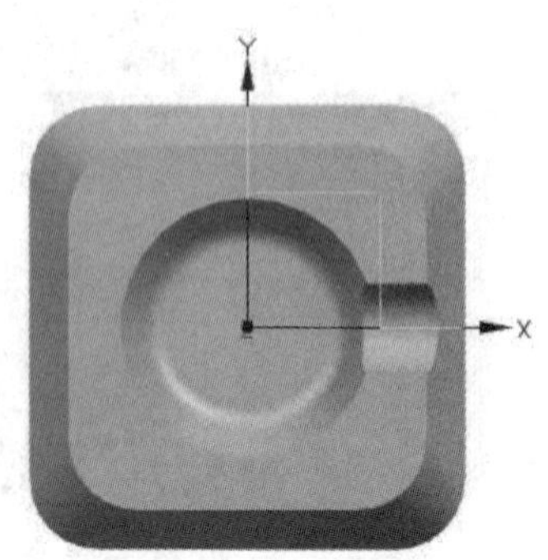

图 2.3.13 拉伸侧面孔

Step8　利用阵列特征命令，将侧边的半圆孔进行圆形阵列，阵列角度为 90°，阵列数为 4，如图 2.3.14 所示。

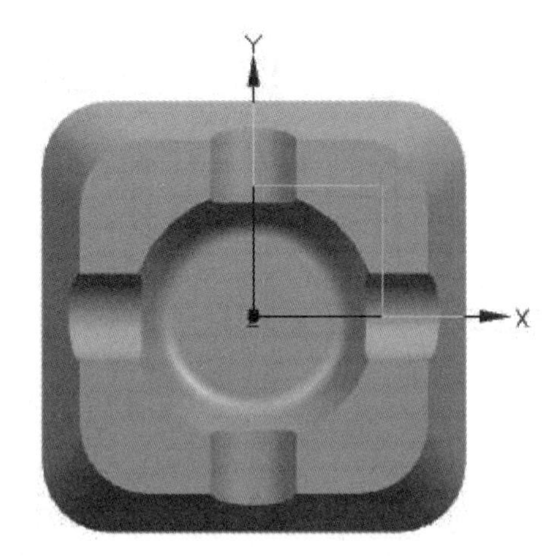

图 2.3.14　阵列孔

Step9　选择顶面所有边缘曲线进行倒圆角操作，圆角半径为 2 mm，其效果如图 2.3.15 所示。

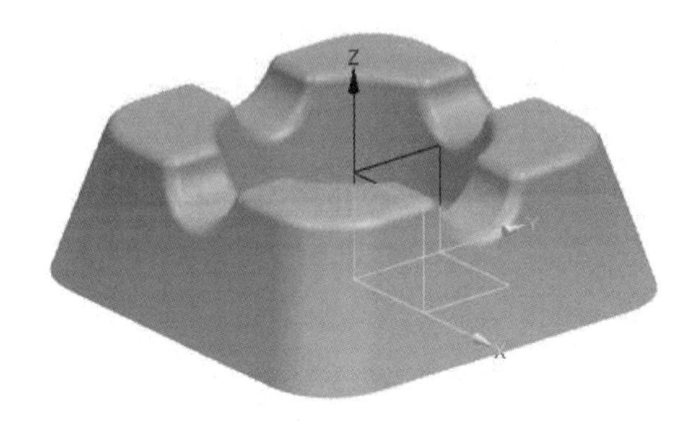

图 2.3.15　顶部边缘倒圆角

Step10　将烟灰缸翻转，利用抽壳命令，选择底面为开口面，设置壳的厚度为 2 mm，完成抽壳，如图 2.3.16 所示。

Step11　选择壳内部所有边缘曲线进行倒圆角操作，圆角半径为 1 mm，效果如图 2.3.17 所示。

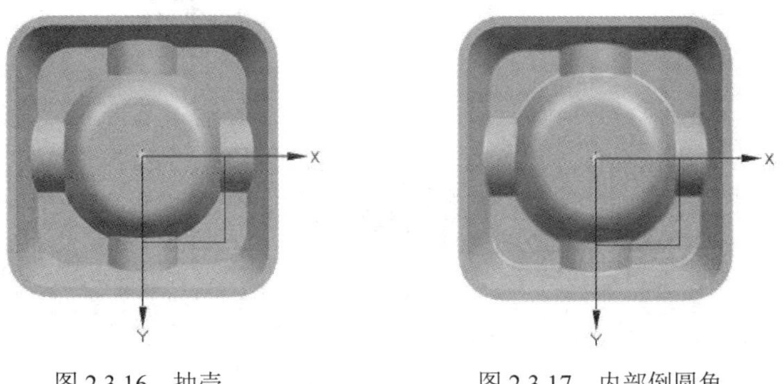

图 2.3.16　抽壳　　图 2.3.17　内部倒圆角

能力测试

完成图 2.3.18 所示零件的造型。

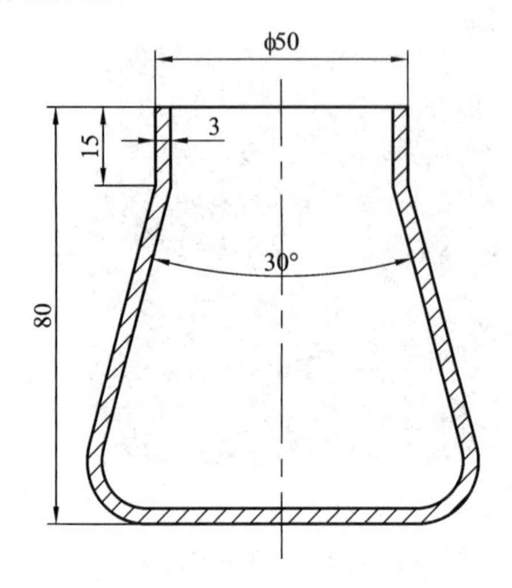

图 2.3.18 任务三能力测试练习

任务四 管接头造型

管接头造型

任务要求

本任务要求学生完成如图 2.4.1 所示的管接头造型，通过造型使学生学会扫掠、螺纹特征等方法。

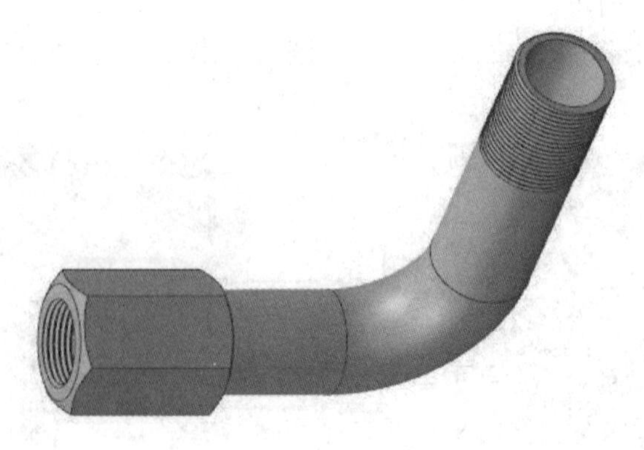

图 2.4.1 管接头

任务分析

水管、管接头等零件可视为某一截面沿一定轨迹(引导线)在空间中移动形成的造型，通常将这种造型方法称为扫掠，拉伸和旋转也可视为特殊的扫掠(引导线为直线或圆弧)。图 2.4.1 所示的管接头的主体可以用扫掠的造型方法获得，余下特征可用拉伸和旋转获得，内外螺纹可利用螺纹命令获得。

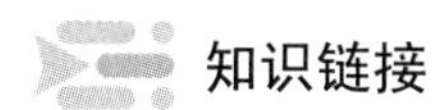

知识链接

一、实体造型方法——扫掠

扫掠是最常用的造型方法之一，是所有的三维 CAD 软件必备的基本功能。扫掠一般用于等截面或变截面，轨迹较为复杂的零件造型，也是曲面造型中常用的方法之一，其原理是先绘制一个平面内的截面图形，然后让截面图形沿一条或多条引导线进行运动，这个截面的运动轨迹最终形成扫掠的几何体的造型方法。

图 2.4.2(a)为扫掠前的截面(三角形)和扫掠的引导线(螺旋线)，图 2.4.2(b)为扫掠后形成的三角螺纹。

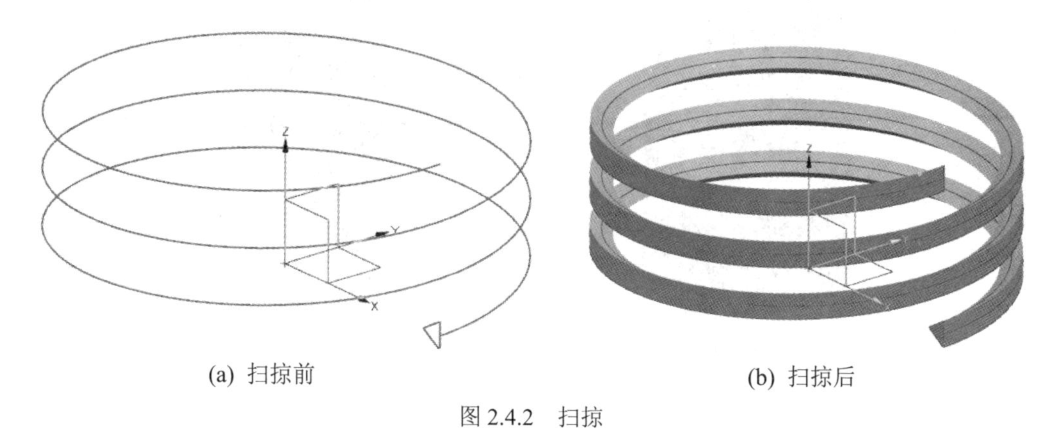

(a) 扫掠前　　(b) 扫掠后

图 2.4.2　扫掠

选择“插入”→“扫掠”命令，可以看到多种扫掠方法，如“扫掠”“沿引导线扫掠”“变化扫掠”“管道”等。

各扫掠方法将在后文使用时一一详述。

二、特征造型方法——螺纹

螺纹连接是常用的可拆连接方式之一，在进行螺纹造型时，往往需要绘制其横截面(牙型)和螺旋线，因此造型过程比较复杂。而 UG NX 8 提供了较为简单的螺纹命令，只需要选择螺纹面、输入相应参数就会自动生成螺纹，因此简化了造型的难度。

选择“插入”→“设计特征”→“螺纹”命令，弹出“螺纹”对话框，如图 2.4.3 所示。

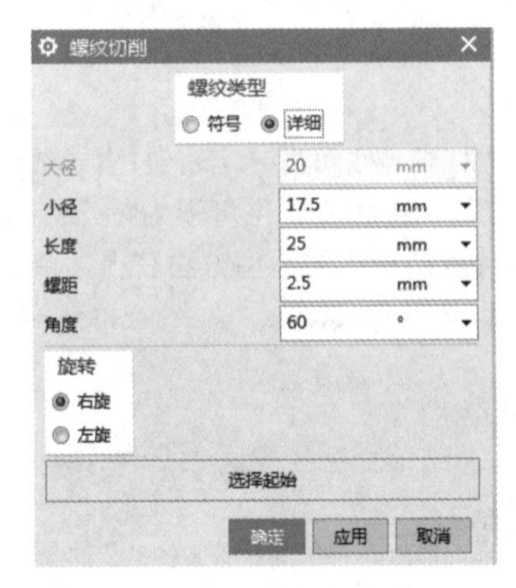

图 2.4.3 “螺纹”对话框

在 UG NX 8 中，螺纹有两种表达方式，分别为“符号”和“详细”。其中，“符号”为不对螺纹建模，仅在螺纹位置生成一个代表螺纹的符号，用以表达螺纹的位置及相关参数，如图 2.4.4(a)所示。而“详细”则会在螺纹所在位置建模，通过扫掠形成螺纹的实体模型，图 2.4.4(b)所示。

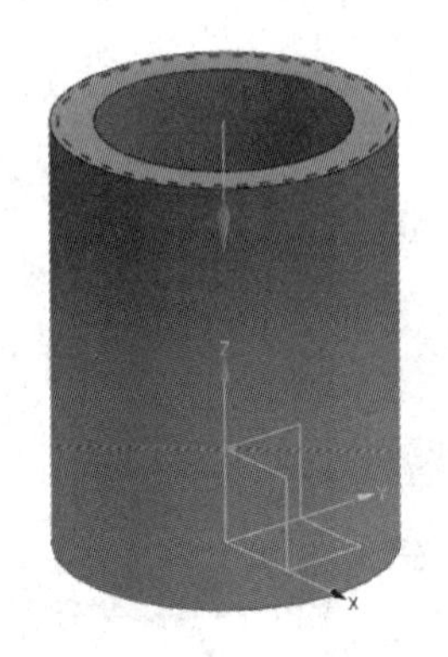

(a) 使用“符号”

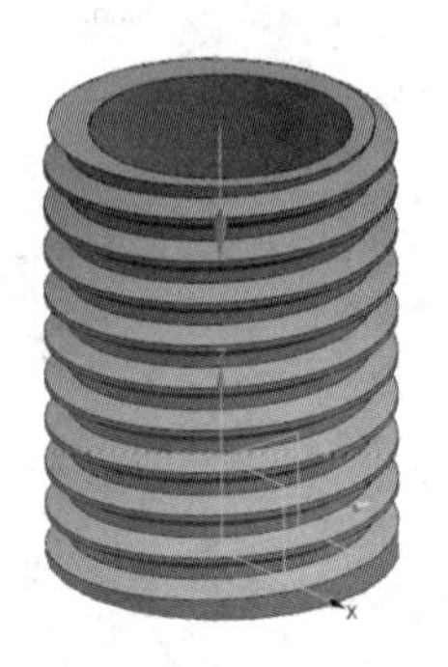

(b) 使用“详细”

图 2.4.4 螺纹造型效果

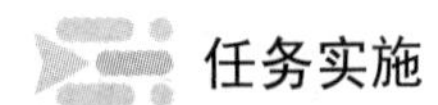 任务实施

一、管接头主体造型

Step1 新建模型，在 X-Z 平面上创建任务环境中的草图，并绘制如图 2.4.5 所示草图，步骤如下：

(1) 绘制两条互相垂直的直线；

(2) 约束两条直线等长；

(3) 约束水平线与 X 轴共线，竖直线与 Z 轴共线；

(4) 倒圆角；

(5) 设定尺寸，直线端点到坐标轴的距离为 100 mm，圆角尺寸为 30 mm。

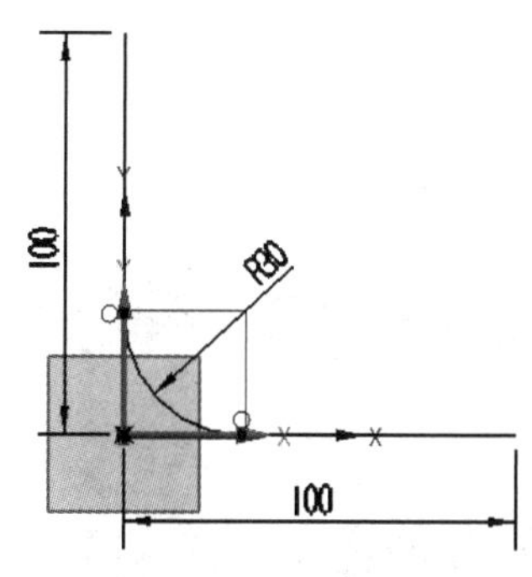

图 2.4.5　引导线草图

Step2　选择“插入”→“基准/点”→“基准平面”命令，再选择 X-Y 平面为基准平面的参考对象，输入基准平面与参考平面的距离 100 mm，如图 2.4.6 所示。

图 2.4.6　创建基准平面

Step3　在新建的基准平面创建草图，以原点为圆心绘制一个直径为 25 mm 的圆，然后单击“完成草图”按钮退出草图。

完成草图后，在空间有了一条引导线及与该引导线某点法向上的截面图形，即可以进行扫掠操作了。

Step4　选择“插入”→“扫掠”→“沿引导线扫掠”命令，再选圆为截面曲线，选带圆角的 L 形曲线为引导线，单击“确定”按钮完成扫掠，如图 2.4.7 所示。

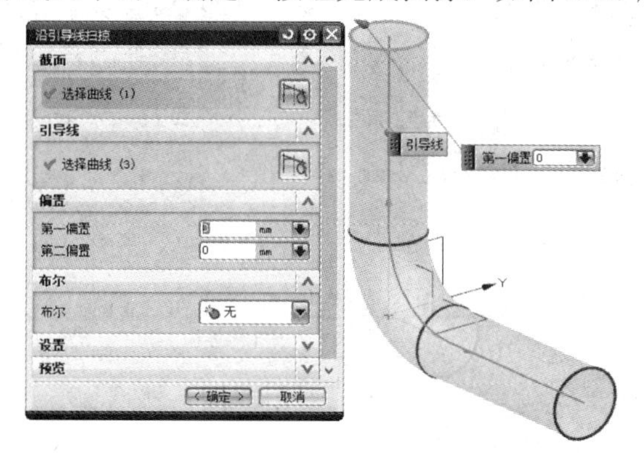

图 2.4.7　扫掠造型

Step5 执行“抽壳”命令，分别选择管道两端为去除面，输入抽壳的厚度为 2.5 mm，单击“确定”按钮完成抽壳操作，如图 2.4.8 所示。

至此，管接头的主体部分绘制完成。

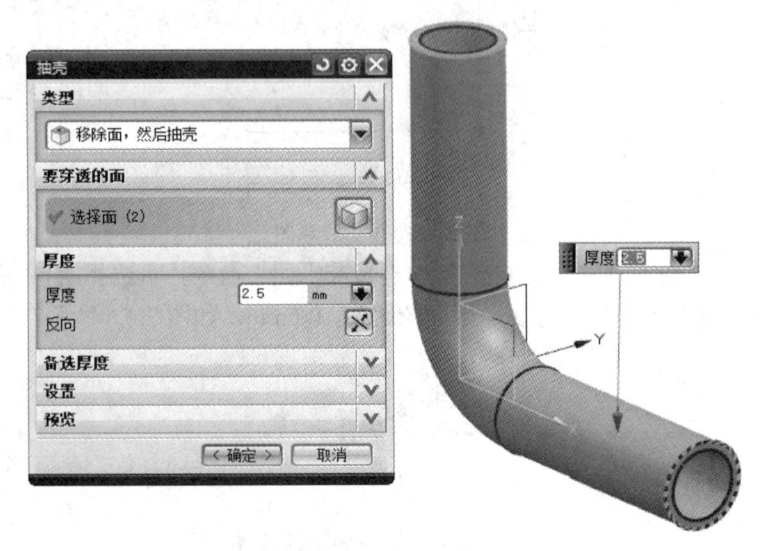

图 2.4.8 抽壳造型

二、绘制六棱体

Step1 在上次创建的基准平面继续创建一张草图，利用多边形命令创建一个正六边形，六边形的内切圆半径为 15 mm，如图 2.4.9 所示。

Step2 执行“拉伸”命令，选择拉伸曲线为六边形和接头主体外圆部分，拉伸长度为 40 mm，布尔运算为求和如图 2.4.10 所示。

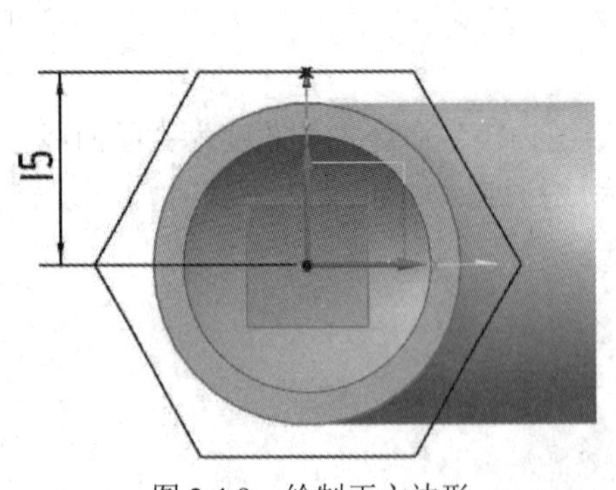

图 2.4.9 绘制正六边形

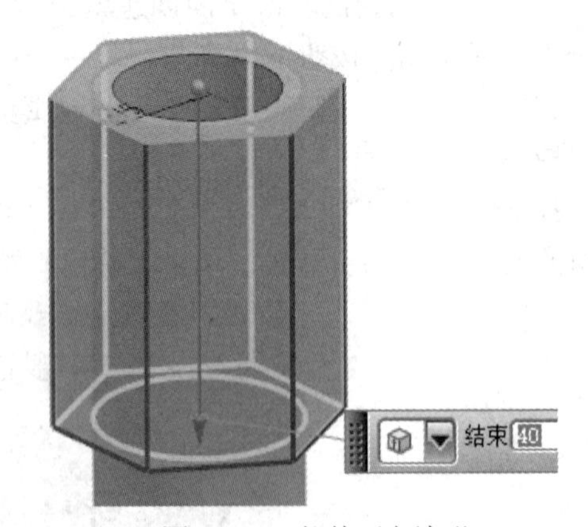

图 2.4.10 拉伸正六边形

Step3 在 X-Z 平面创建草图，在六棱体上方边缘画一条斜线，斜线的左端约束在左侧边缘上，斜线与上方水平线成 30° 夹角，斜线的长度为 5 mm，如图 2.4.11 所示。

Step4 完成后单击“完成草图”按钮，退出草图，然后执行“旋转”命令将斜线绕 Z 轴旋转成一个圆锥面，如图 2.4.12 所示。

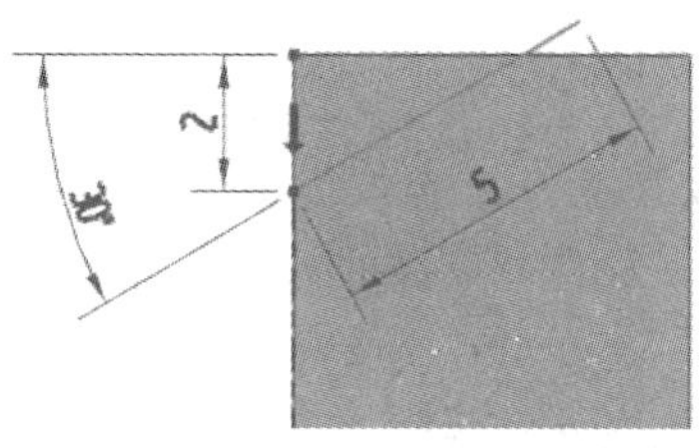

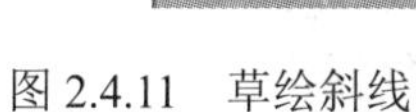
图 2.4.11　草绘斜线

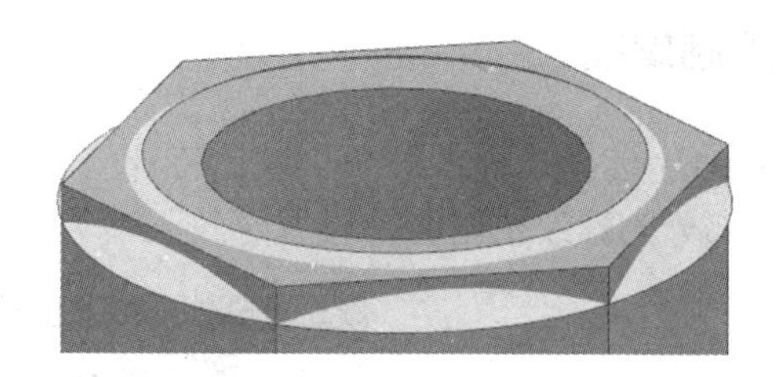

图 2.4.12　旋转曲面

Step5　选择“插入”→“修剪”→“修剪体”命令，再选择管接头实体为修剪目标体，选择旋转的曲面为切割工具，单击“确定”按钮完成修剪，如图 2.4.13 所示。

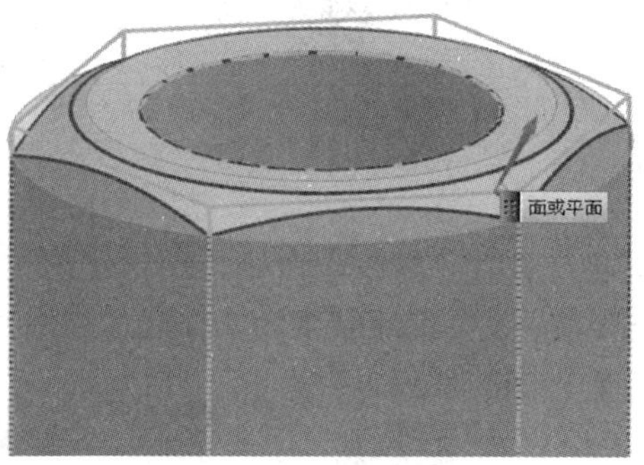

图 2.4.13　修剪体

Step6　再次执行“基准平面”命令，以上次创建的基准平面为参考对象，向下偏移 20 mm，创建一个新的基准平面，如图 2.4.14 所示。

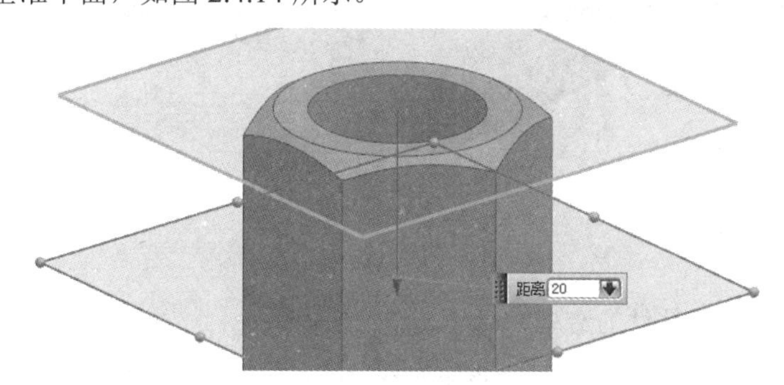

图 2.4.14　创建镜像平面

Step7　执行“镜像特征”命令，以上一个修剪体特征为镜像对象，以刚创建的基准平面为镜像平面进行镜像操作，完成六棱体下端的倒角操作，结果如图 2.4.15 所示。

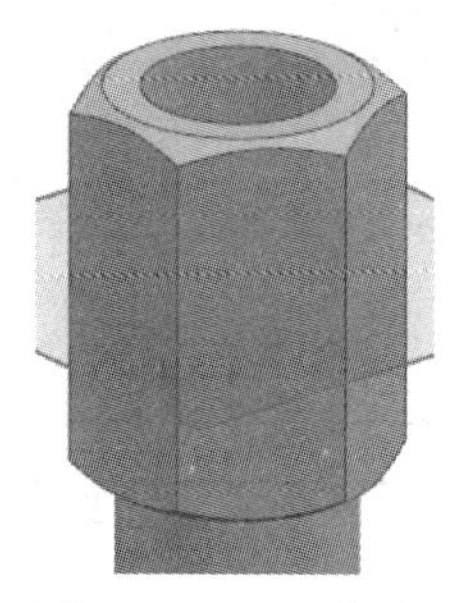

图 2.4.15　两面倒角

三、绘制螺纹

Step1　选择“插入”→“设计特征”→“螺纹”命令，螺纹类型为“详细”，点选六角内孔部分为螺纹依附面，设置螺纹长度为 30 mm，如图 2.4.16 所示。

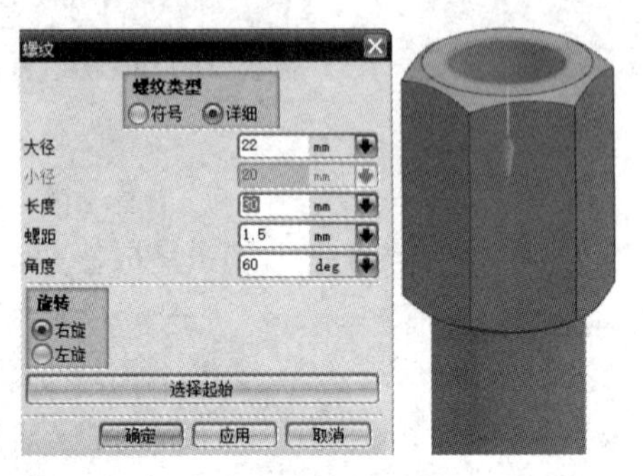

图 2.4.16　内螺纹

Step2　再次执行“螺纹”命令，选择螺纹类型为“详细”，选管接头下方水平外圆柱面为螺纹依附面，设置螺纹长度为 30 mm，完成螺纹的绘制，如图 2.4.17 所示。

至此，管接头造型绘制完毕。

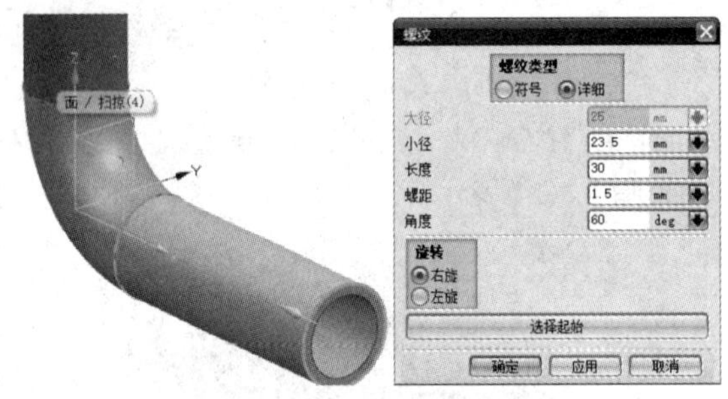

图 2.4.17　绘制外螺纹

能力测试

完成图 2.4.18 所示零件的造型。

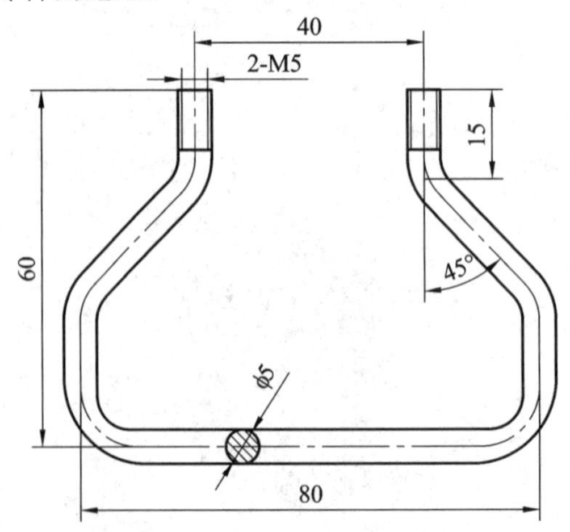

图 2.4.18　任务三能力测试练习

项目三 零件工程制图技术

【案例导入】

方文墨(见图 3.0.1)创造的“0.003 毫米加工公差”被称为“文墨精度”。方文墨平时经常加工的零件平面一般是火柴盒大小，每个表面至少得锉修 30 次才能达到尺寸精度要求，每天要完成往复单一甚至枯燥的锉修动作 8000 多次，常常是循环往复的动作让他的神经处于一种机械的状态。如果把他工作 9 年多锉修的行程累加起来，总行程可以高达 6000 多公里，相当于进行了一次万里长征，至于洒下多少汗水数也数不清。

本章开始我们将开始工程制图的学习，在机械加工中常用的测量单位是“丝”，希望大家以一丝不苟的精神学好工程制图的绘制方法。

图 3.0.1 大国工匠方文墨

实体模型完成后往往需要生成工程图纸，用于指导生产和加工。UG NX 8 可以将三维实体模型转换成二维的工程图纸。

任务一 轴承座三视图的生成

轴承座三视图

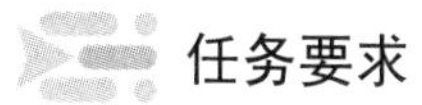

任务要求

本任务要求学生将项目二绘制的轴承座生成如图 3.1.1 所示的三视图。

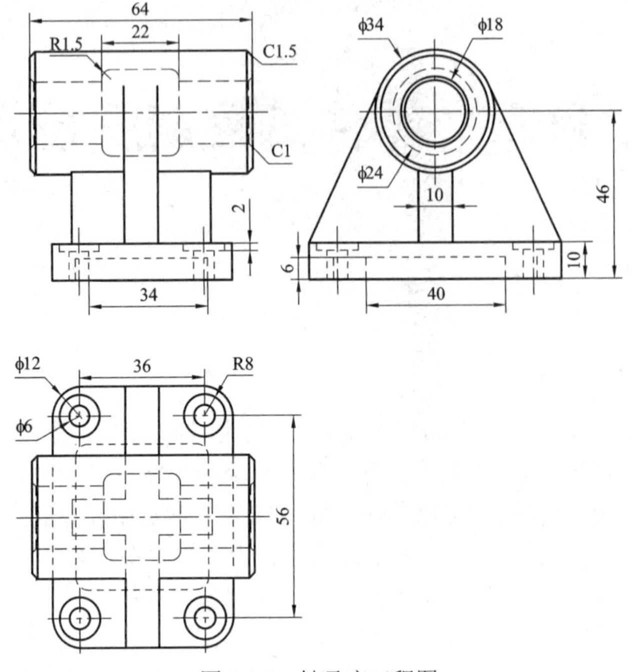

图 3.1.1　轴承座工程图

任务分析

将实物图生成零件图，需要根据图纸和零件的尺寸选择合适的比例尺寸及位置关系。通常的三维造型软件都可以将三维模型直接生成二维图，但在投影关系、消隐效果、线型线宽的设置、尺寸及公差的标注等环节还需要人为地进行操作，以生成符合国标或行业标准的合格图纸。

知识链接

目前，在国际上使用的有两种投影制，即第一角投影(又称第一角画法)和第三角投影(又称第三角画法)。英国、德国和俄罗斯等国家采用第一角投影，美国、日本、新加坡等国家采用第三角投影。另外，中国(内地)企业主要采用第一角投影，中国(港、台)企业采用第三角投影。第一角投影三视图和第三角投影三视图的区别如图 3.1.2 所示。

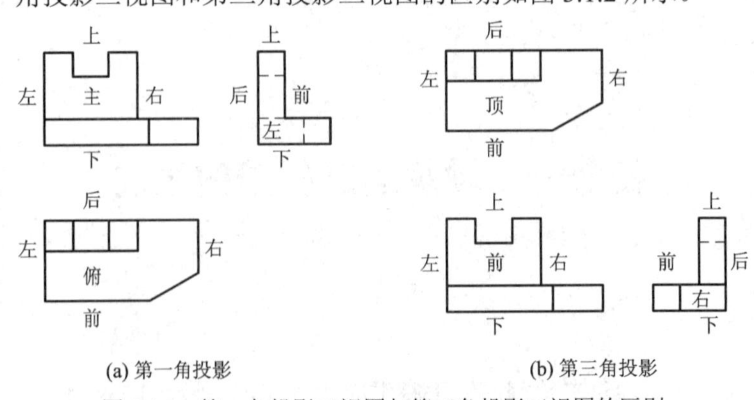

图 3.1.2　第一角投影三视图与第三角投影三视图的区别

ISO 国际标准规定：在表达机件结构中，第一角投影和第三角投影同等有效。

由于国标采用的是第一角投影，而 UG NX 8 默认采用的是第三角投影，因此在生成三视图的过程中必须做一些处理，以符合我国的制图标准。

任务实施

使用 UG NX 8 软件生成轴承座三视图的具体步骤如下：

Step1　启动 UG NX 8 软件选择制图模块，选择 A4 图幅，调用上一个项目中所画的轴承座模型(见图 3.1.3)。

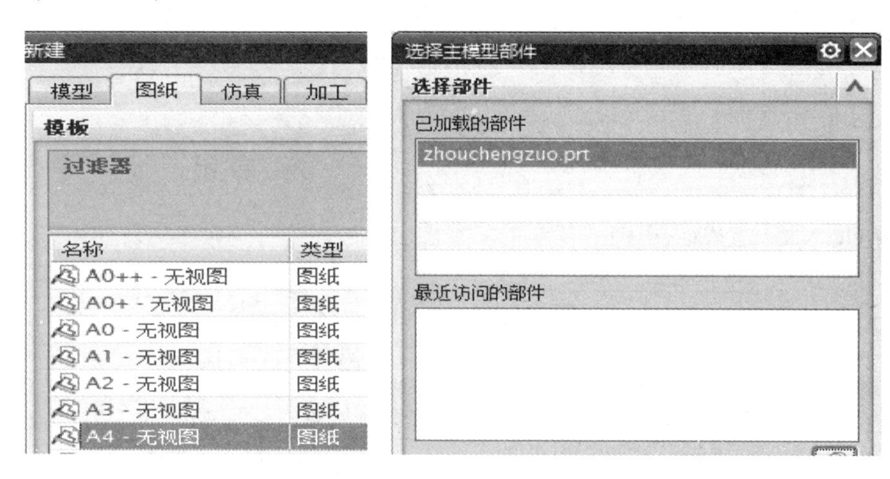

图 3.1.3　新建图纸文件

Step2　在“视图创建向导”对话框中选中部件名称“zhouchengzuo.prt”，单击“下一步”，然后取消勾选“自动缩放至适合窗口”选项，手动在下拉菜单中选择比例为 1∶1，如图 3.1.4 所示。

Step3　勾选显示隐藏线，选择相应的线型及线宽，如图 3.1.4 所示，再单击“下一步”按钮。

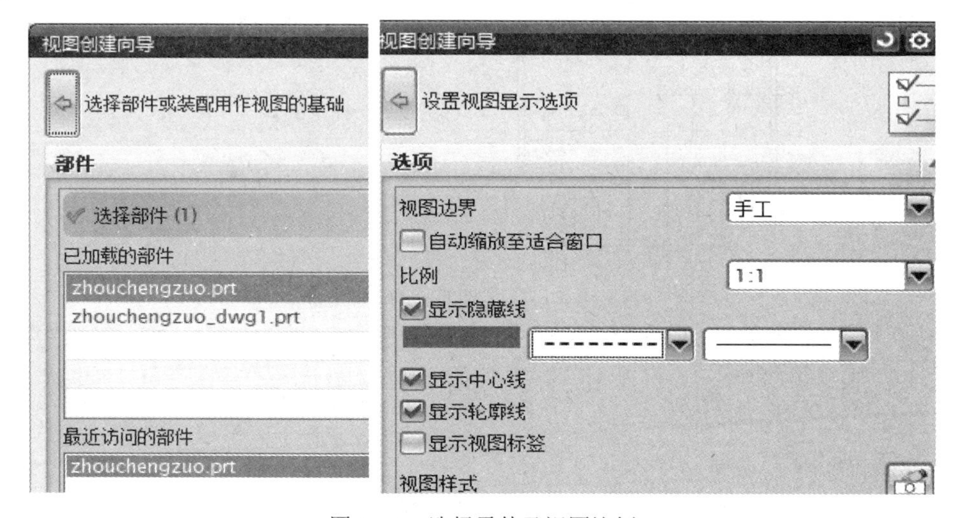

图 3.1.4　选择零件及视图比例

Step4 选择前视图为基准视图，单击“下一步”，然后选择俯视图和左视图作为要投影的视图，如图 3.1.5 所示。

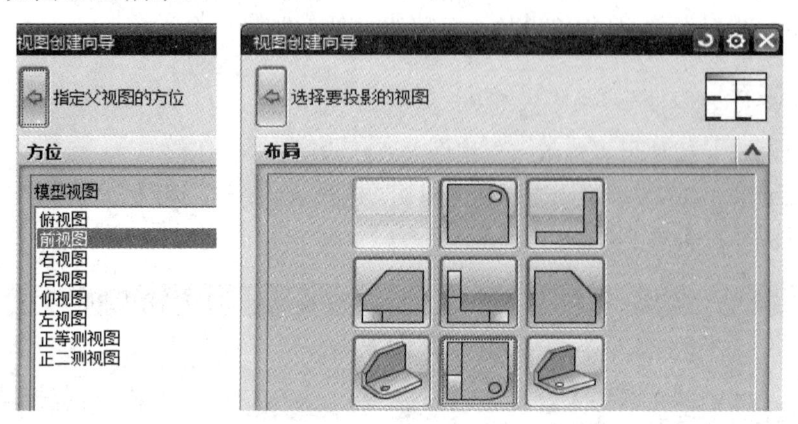

图 3.1.5 选择视图组合

最终 UG NX 8 生成如图 3.1.6 所示的三视图。

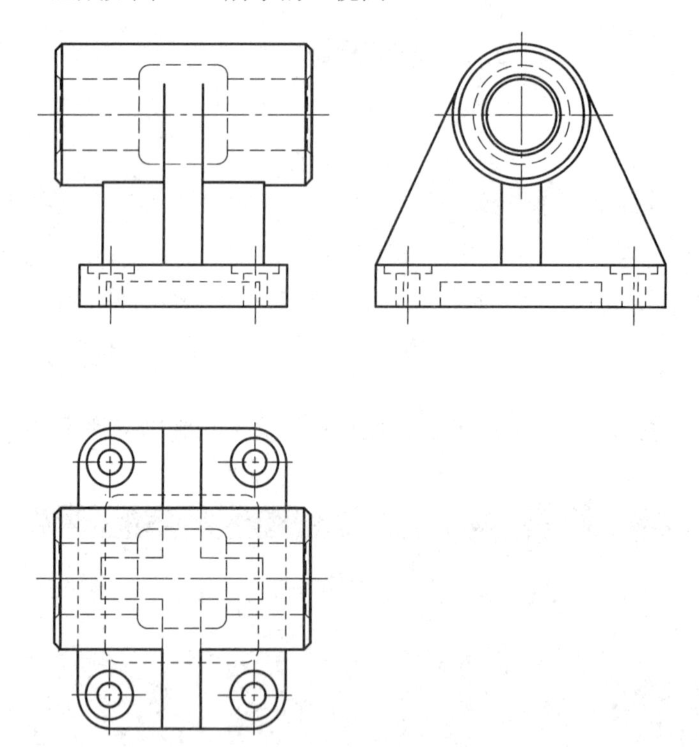

图 3.1.6 轴承座三视图

如果不小心关闭了“视图创建向导”对话框，或者没有手动选择，直接单击“完成”，发现生成的视图与所需不符，可以删除自动生成的视图，再选择“插入”→“视图”→“视图创建向导”命令，重新调出。

Step5 尺寸标注。

在工程图纸中，除了表达视图关系外，往往还需要标注尺寸，用于指导加工和生产。下面通过几个典型尺寸进行尺寸标注的操作说明。

放大俯视图，选择“插入”→“尺寸”→“自动判断”，然后单击俯视图左上角圆角，生成如图 3.1.7(a)所示的尺寸 R8。

双击尺寸 R8，可以对文字大小、长宽比例、文字方向等进行合理的调整，使其符合相关标准的规定，如图 3.1.7(b)所示。

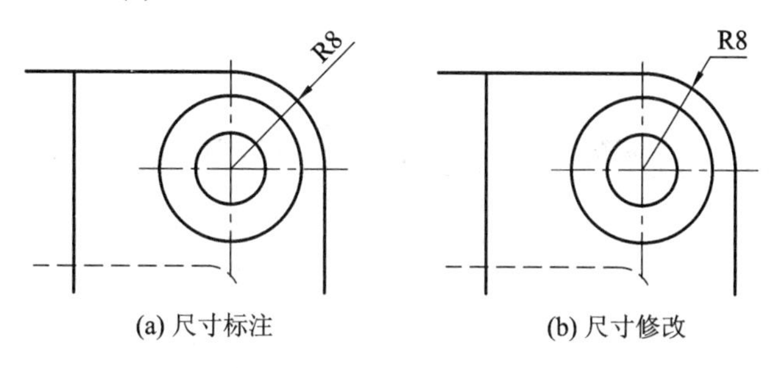

(a) 尺寸标注　　(b) 尺寸修改

图 3.1.7　尺寸标注与修改

其余尺寸的标注与此类似，不过每个尺寸标注完成后再单独修改过于烦琐，可先设置标注模板再逐个尺寸进行标注。选择“文件”→“实用工具”→“用户默认设置”命令，弹出相应对话框，选择“制图”标签下的“注释”选项，弹出如图 3.1.8 所示的设置对话框，根据自己的需要可对标注中的箭头、文字等各个要素进行修改。

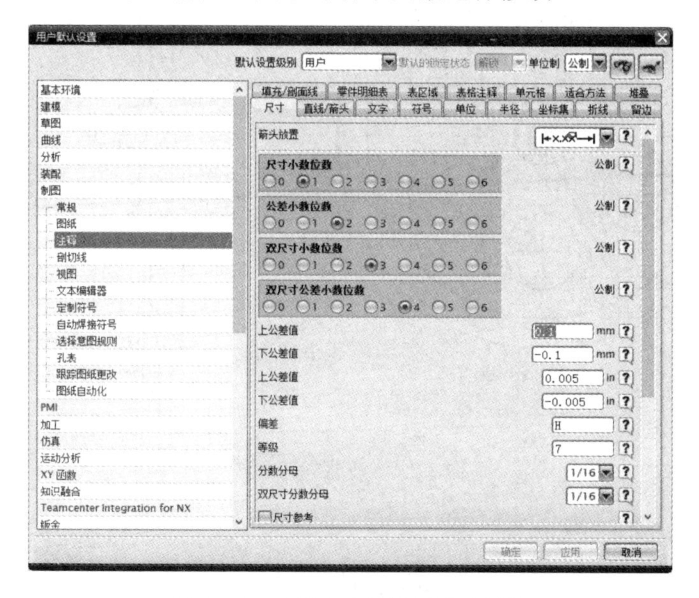

图 3.1.8　“用户默认设置”对话框

修改完成后再选择“首选项”→“注释”命令，弹出“注释首选项”对话框，进一步对字体的比例、间距、朝向等进行设置，如图 3.1.9 所示。

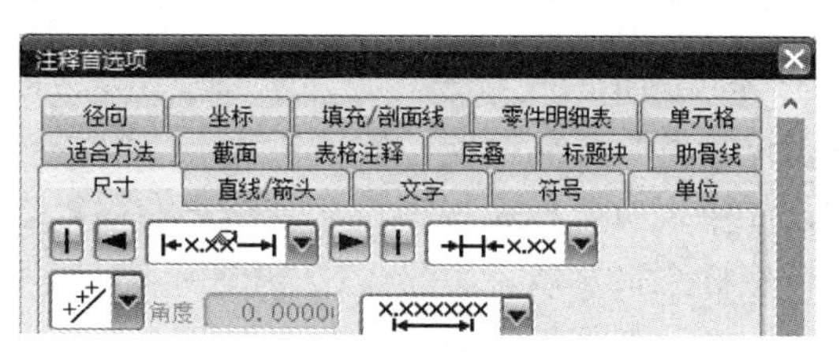

图 3.1.9　“注释首选项”对话框

按照上述要求完成零件的尺寸标注，如图 3.1.1 所示。

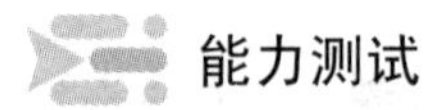

能力测试

完成项目二中任务一能力测试所画的零件的工程图绘制，如图 2.1.23 所示。

任务二　皮带轮剖视图和局部放大视图的生成

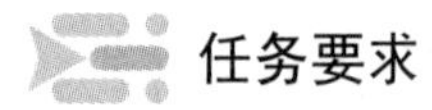

任务要求

皮带轮剖视图
与局部放大视图

本任务要求学生将项目二绘制的皮带轮生成如图 3.2.1 所示的工程图。

图 3.2.1　皮带轮工程图

任务分析

皮带轮为回转零件，因而不需要 3 个视图来表达，因其内部结构较为复杂，则需要进行全剖和局部放大。同时还需要考虑皮带轮各个视图在图纸中的合理布局。

知识链接

在 UG NX 8 中，坐标系可为绝对坐标系、工作坐标系和基准坐标系等。除了绝对坐标系外，各个坐标系都可以进行调整，如拖动、旋转变换。

在生成工程图纸时，如果现有坐标系投影不符合用户布局需求，用户可以通过改变零件在空间的方位或者旋转坐标系来实现。如图 3.2.2(a)图所示，若不作坐标变换，则剖切方向应该向下，对于横放的图纸，其部件就会出现左侧局促，右侧空旷的不合理布局。

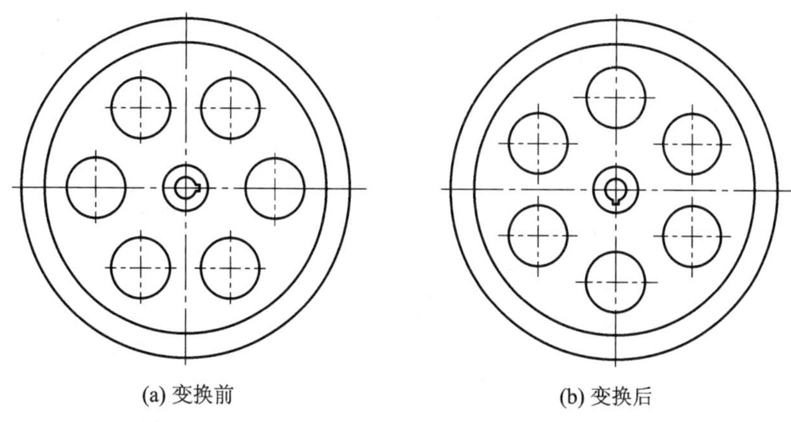

图 3.2.2　皮带轮投影变换前后

若将其进行坐标变换后，再进行投影，如图 3.2.2(b)所示，则不会存在该缺陷。

任务实施

Step1　新建一个制图文件，图幅为 A3 无视图，调用皮带轮零件为制图基础件，关闭视图向导直接进入图纸页面。选择“插入”→“视图”→“基本视图”命令。

Step2　在弹出的“基本视图”对话框中选择模型视图为“右视图”，缩放比例为“1∶2”，然后再单击定向视图右侧的“定向视图工具”按钮，如图 3.2.3 所示。

图 3.2.3　“基本视图”对话框

Step3　在弹出的“定向视图工具”对话框中，指定方向矢量为 XC 轴正方向，指定图纸页的 X 方向为实体模型的 ZC 轴正方向，如图 3.2.4 所示。

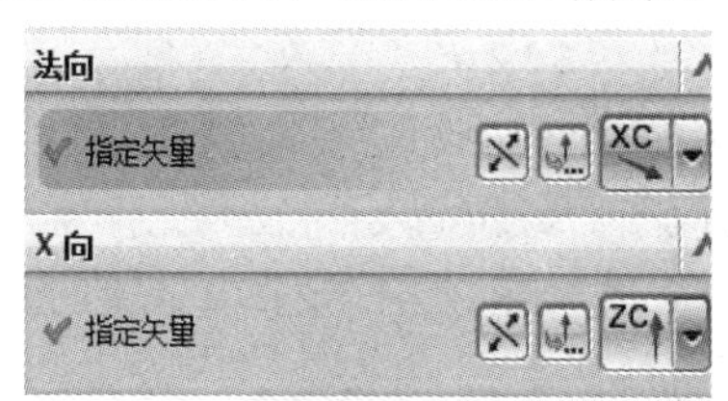

图 3.2.4　更改坐标系定向视图

然后单击“确定”按钮回到“基本视图”对话框，拖动图形到图纸合适的位置，再单击“关闭”按钮完成主视图的生成。

Step4 选择“插入”→“视图”→“简单”→“截面/阶梯剖”命令，单击皮带轮主视图选择剖视对象；再单击皮带轮圆心，选择剖面通过点，然后向右移动鼠标到合适位置并单击左键完成剖视图的创建，如图 3.2.5 所示。

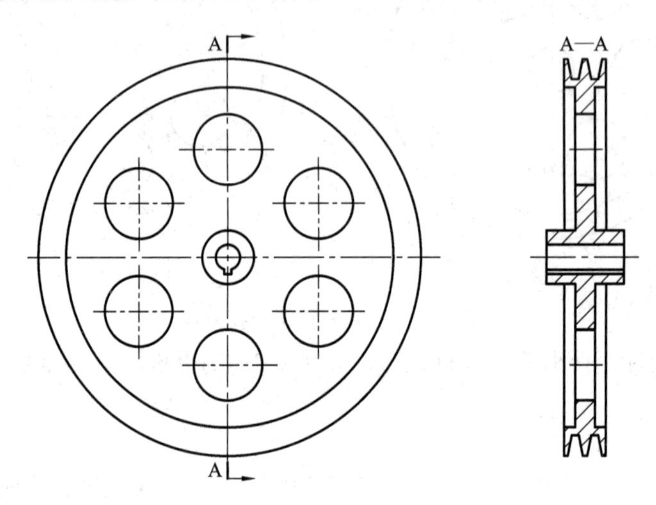

图 3.2.5 皮带轮剖视图

由于皮带轮的 V 形槽相对较小，为了表达清楚，需对其进行放大处理，可通过选择“插入”→“视图”→“局部放大视图”命令进行调整。

Step5 用鼠标左键点选单个 V 形槽中心位置，然后将其移动到合适位置再次单击左键，则完成放大区域的选择。在缩放比例的位置选择缩放比例为 2∶1，然后将鼠标移动到合适位置再次单击鼠标左键完成局部放大视图的生成，如图 3.2.6 所示。

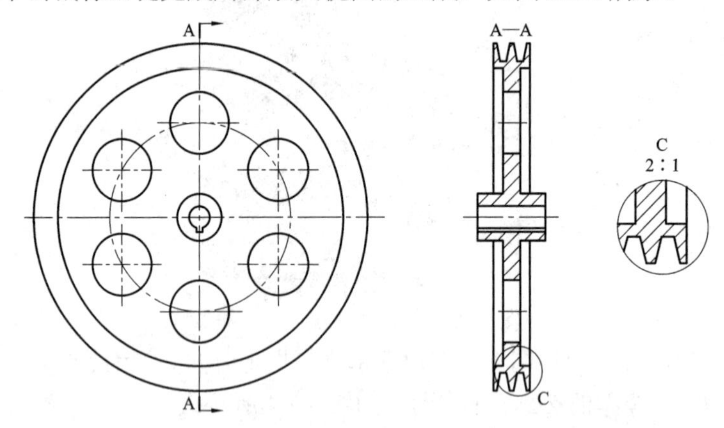

图 3.2.6 局部放大视图

★ 提示：局部放大视图中的比例为放大视图与实际尺寸的比值，由于工程图的比例为 1∶2，因此局部放大视图与工程图对应位置处的放大比例实际为 4∶1。

Step6 完成尺寸的标注，生成如图 3.2.1 所示皮带轮的工程图。

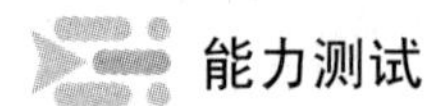

能力测试

完成项目二中的任务二能力测试所画的零件的工程图绘制，如图 2.2.16 所示。

项目四　台钳装配与运动仿真

【案例导入】

“蛟龙号”是我国自行设计、自主集成研制的载人潜水器，它创造了下潜 7062 m 的“中国深度”新纪录。这一大国重器的研制成功离不开默默付出的大国工匠们，钳工技师顾秋亮(见图 4.0.1)就是其中之一。

图 4.0.1　大国工匠顾秋亮

在学徒时，顾秋亮就严格按照师父的要求苦练基本功——把 10 cm 厚的方铁锉成 5 mm 厚的铁板，他连续锉了十几块方铁，用断了几十把锉刀，练就了扎实的基本功。凭借着过人的实力，即使在摇晃的大海上，他也能把潜水器的密封面平面度控制在两丝(1 毫米等于 100 丝)以内，同事们因此称他为“顾两丝”。潜水器的密封性除了依靠精密仪器的检测，还要依靠人的判断，顾秋亮用眼睛看、用手摸就能对仪器的精密性做出准确判断，这都源于他对自己几十年如一日的严苛要求。在平凡的钳工岗位上，顾秋亮把工作做到了极致。

凭借深厚的功力，顾秋亮被任命为“蛟龙号”装配组组长。为了确保“蛟龙号”的密封性，顾秋亮在整个试验和装配过程中废寝忘食，经常工作到凌晨，正是顾秋亮的这种忘我的工作精神，使他走上了一个个事业巅峰，为我国创造出了个个大国重器。本章我们开始学习 UG 的装配知识，让我们带着大国工匠的期许走进知识的海洋吧！

任何一台机器或部件都是由多个零件组成的。将零件按装配工艺过程组装起来，并经过调整、试验使之成为合格产品的过程，称为装配。在 UG NX 8 中，可模拟实际产品的装配过程，对所建立的零部件进行虚拟装配。装配结果可用于创建二维装配图，进行零件间的干涉检查，用于运动分析等。

本项目以大家熟悉的台钳为例，介绍 UG 产品装配的一般过程，并要求学生掌握一些基本的装配技能。

任务一 台 钳 装 配

台钳装配

任务要求

本任务要求学生按图 4.1.1 所示装配要求完成台钳组件的装配，并创建虎钳的装配图。

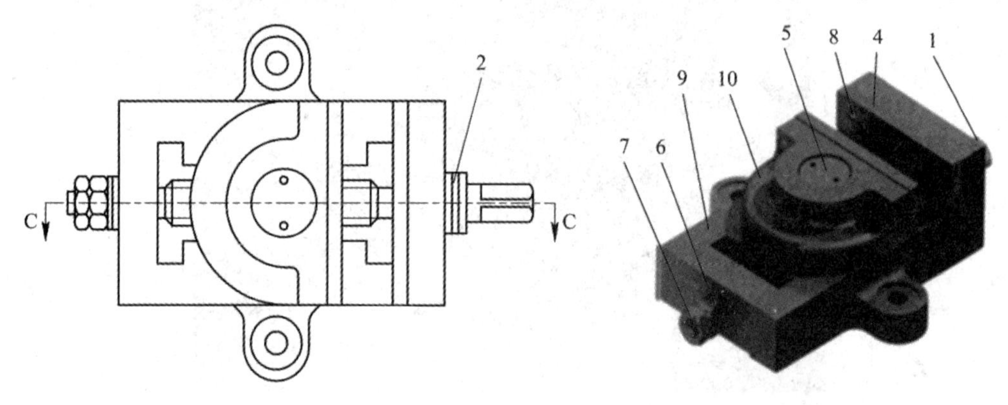

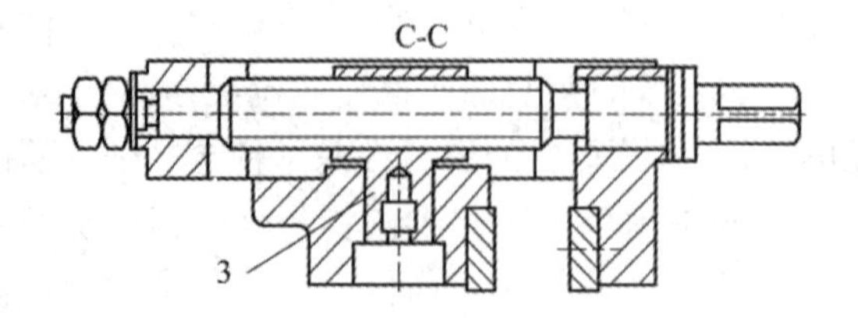

10	动掌	1
9	虎钳底座	1
8	锥螺丝钉	4
7	螺母	2
6	垫圈2	1
5	圆螺丝钉	1
4	钳口	2
3	滑块	1
2	垫圈1	1
1	丝杠	1
序号	名称	数量

图 4.1.1 台钳装配图

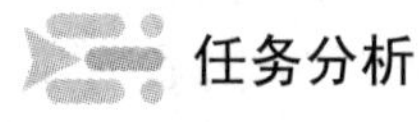

任务分析

所谓装配，就是通过关联条件在部件间建立约束关系，从而确定部件在产品中的空间位置。在台钳的装配过程中，通过使用“装配约束”的方法将钳口板、螺杆、螺钉等零件一一装配到台钳座中来。

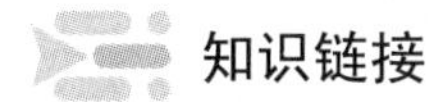

知识链接

装配导航器，装配设计组件的应用，装配约束的控制，创建组件阵列与爆炸图。

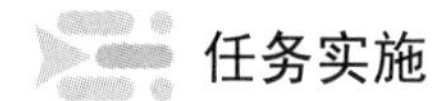

任务实施

Step1　新建一个装配文件。

(1) 启动运行 UG NX 8 后，在界面上单击“新建”按钮，或者从菜单栏的“文件”菜单中执行“新建”命令，打开“新建”对话框。

(2) 在“模型”选项卡的“模板”选项中选择“装配”模板，如图 4.1.2 所示。

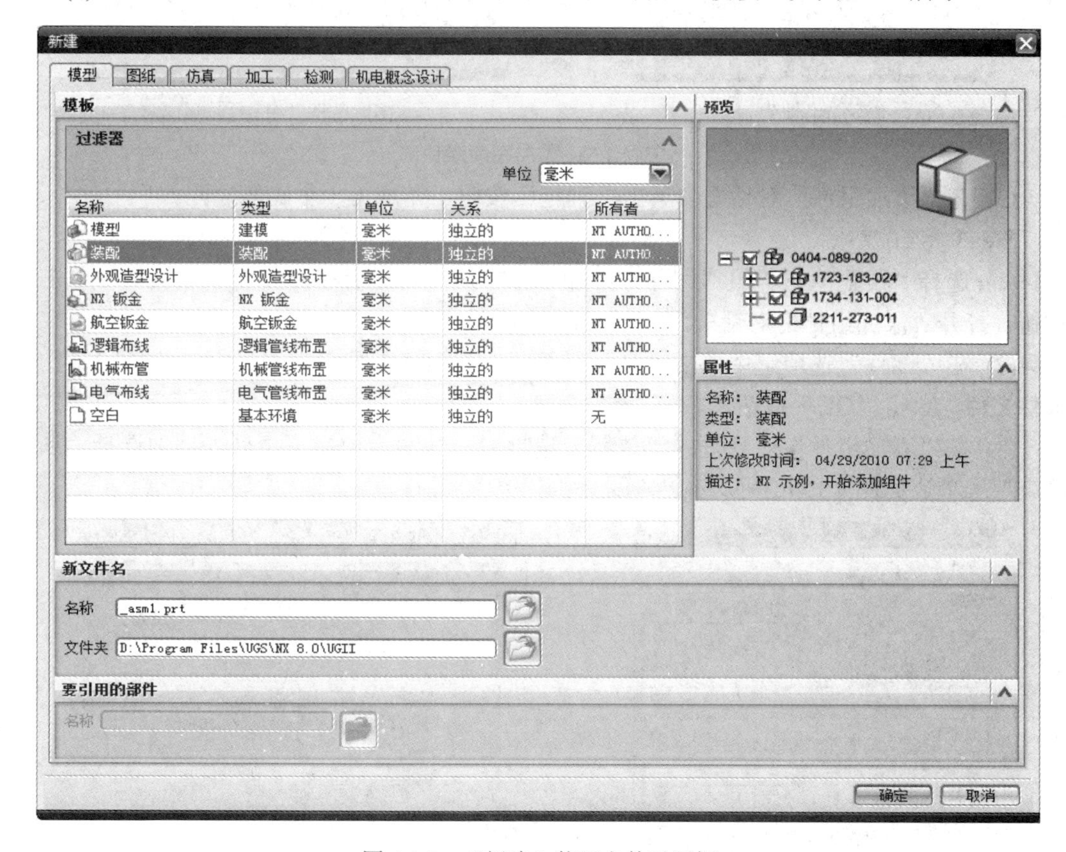

图 4.1.2　“新建”装配文件对话框

(3) 指定新文件名为“tqzpt”，指定保存路径，单击“确定”按钮。

Step2　装配第一个底座。

(1) 在“添加组件”对话框中单击“打开”按钮，弹出“部件名”对话框，选择光盘“4.1”文件夹中的“09.prt”部件，单击“OK”按钮。

(2) 在“添加组件”对话框的“放置”选项组的“定位”下拉列表框中选择“绝对原点”选项；在“设置”选项组的“引用集”下拉列表框中选择“模型”选项，从“图层选项”下拉列表框中选择“原先的”选项，如图 4.1.3 所示。

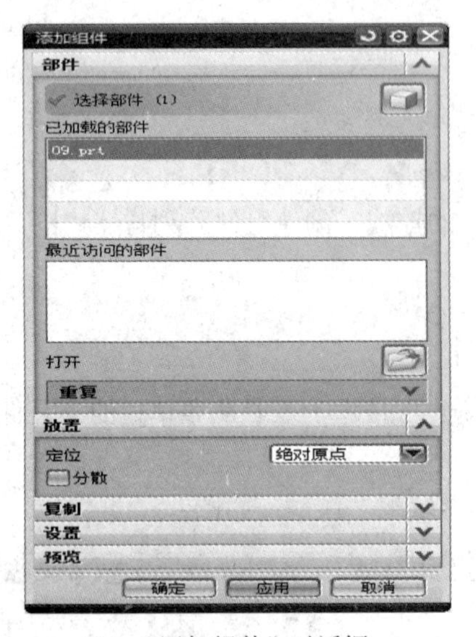

(a) “添加组件”对话框

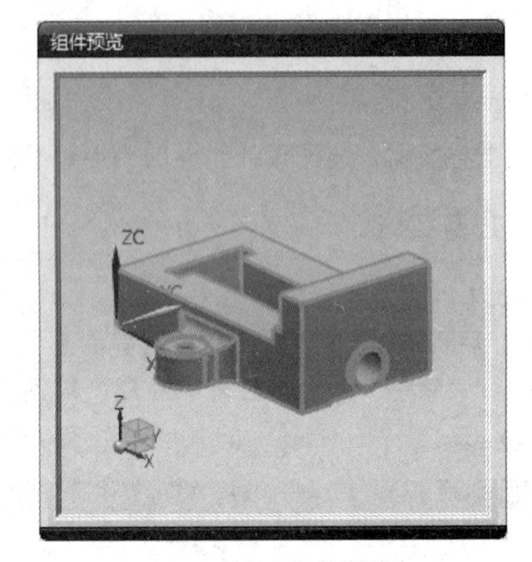

(b) 底座“组件预览”

图 4.1.3 添加底座组件

(3) 在“添加组件”对话框中单击“确定”按钮，完成第一个底座装配。

Step3 装配垫圈。

(1) 选择“装配”→“组件”→“添加组件”命令，或者在“装配”工具栏中单击按钮，打开“添加组件”对话框，如图 4.1.4(a)所示。

(2) 在“部件”选项组中单击“打开”按钮，弹出“部件名”对话框，选择 02(垫圈)部件文件，单击“OK”按钮。

(3) 在“添加组件”对话框的“放置”选项中，从“定位”下拉列表框中选择“通过约束”选项，如图 4.1.4(a)所示。

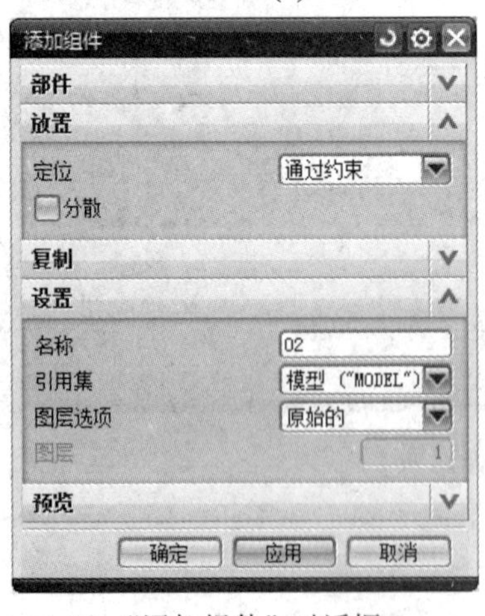

(a) “添加组件”对话框

(b) 垫圈“组件预览”

图 4.1.4 添加垫圈组件

(4) 单击“应用”按钮，弹出“装配约束”对话框，如图 4.1.5(a)所示。

(5) 选择装配约束“类型”选项为“接触对齐”，方位选项为“接触”，在“预览”选项中勾选“在主窗口中预览组件”，接着选择垫圈底面和底座凸台端面为相接触的配对面，如图 4.1.5(b)所示；继续从“方位”下拉列表中选择“自动判断中心/轴”选项，点选垫圈和底座内孔表面，如图 4.1.6 所示。

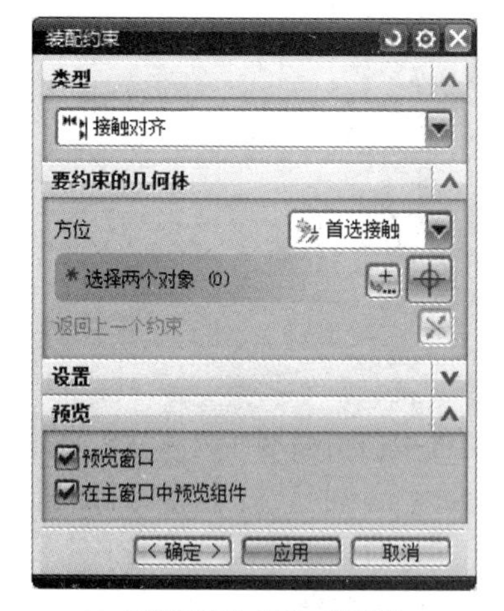

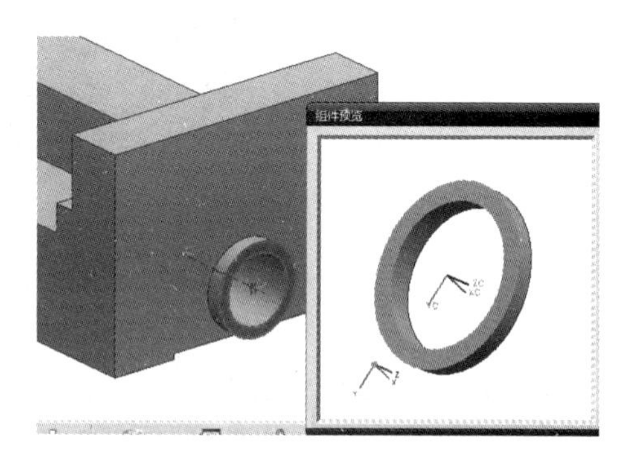

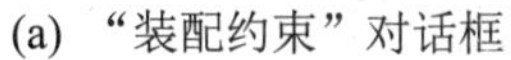

(a) “装配约束”对话框　　(b) 组件预览

图 4.1.5　“接触对齐”装配约束

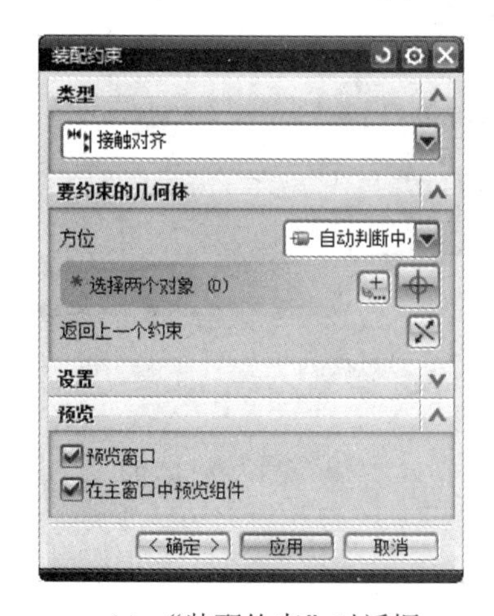

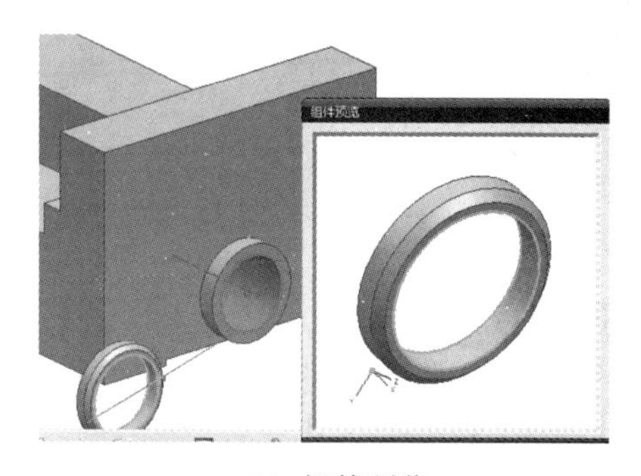

(a) “装配约束”对话框　　(b) 组件预览

图 4.1.6　“自动判断中心/轴”装配约束

(6) 单击“确定”按钮，完成垫圈装配，效果如图 4.1.7 所示。

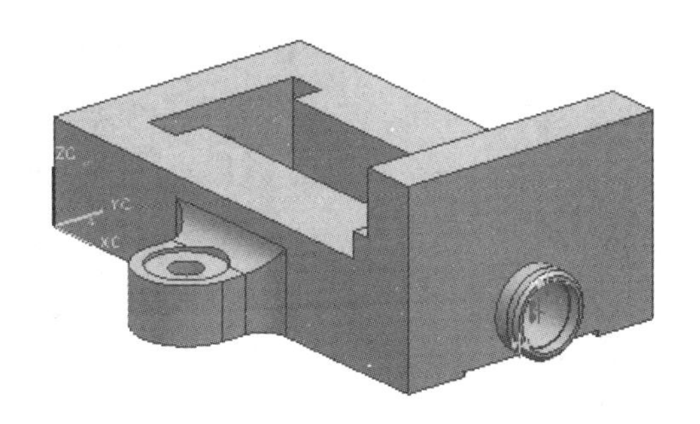

图 4.1.7　后端垫圈装配效果图

(7) 采用同样约束方式装配台钳前端 06(垫圈 1)部件，效果如图 4.1.8 所示。

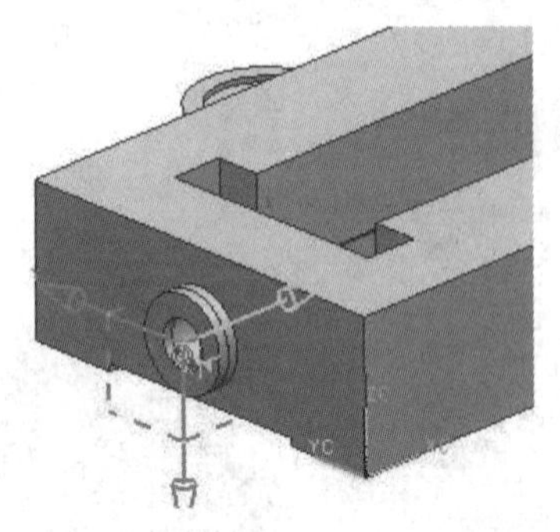

图 4.1.8 前端垫圈装配效果图

Step4 装配丝杠(01 组件)。在“添加组件”对话框中打开部件 01(丝杠)，选择“通过约束”方式添加组件，分别利用“接触”与“自动判断中心/轴”方式对新组件加以约束，如图 4.1.9 所示。

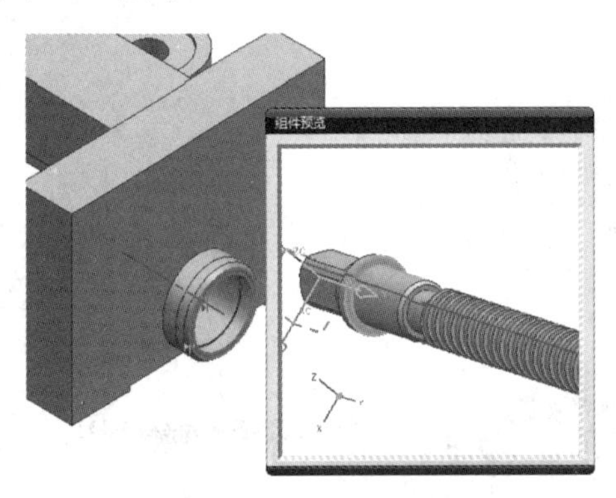

(a) “接触”约束

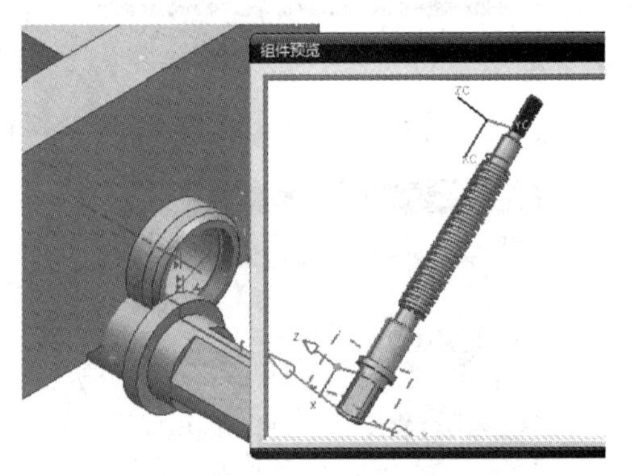

(b) “自动判断中心/轴”约束

图 4.1.9 装配丝杠

★ 提示：此时可以单击(显示和隐藏)按钮，打开“显示和隐藏”对话框(见图 4.1.10)，单击草图、曲线、坐标系、装配约束等类型后面的“-”号，隐藏相关对象，效果如图 4.1.11 所示。

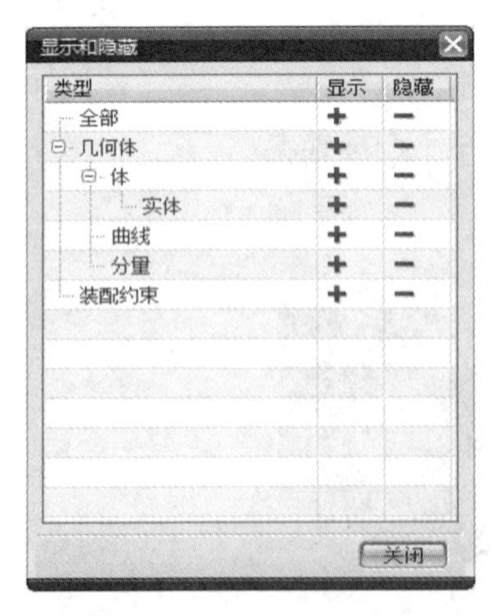

图 4.1.10 “显示和隐藏”对话框

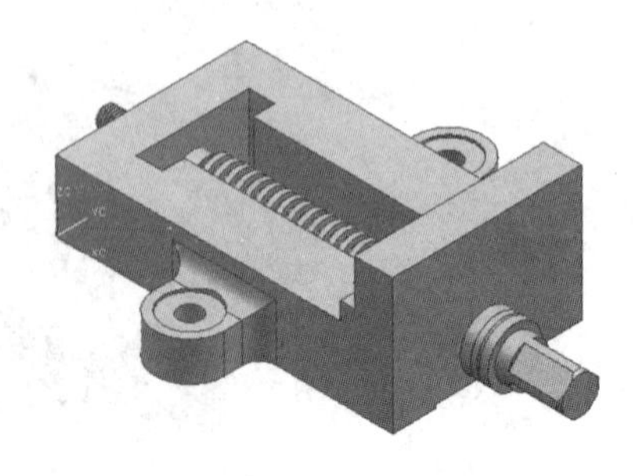

图 4.1.11 装配丝杠效果图

Step5　装配滑块(03组件)。选择“通过约束”方式添加组件，分别利用“对齐”与“自动判断中心/轴”方式对新组件加以约束，如图4.1.12所示。

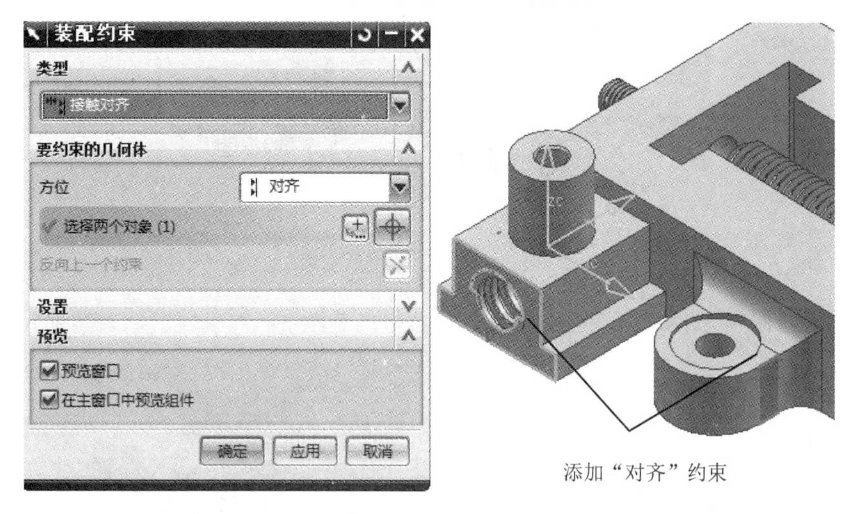

(a) “装配约束”对话框　　(b) “对齐”约束

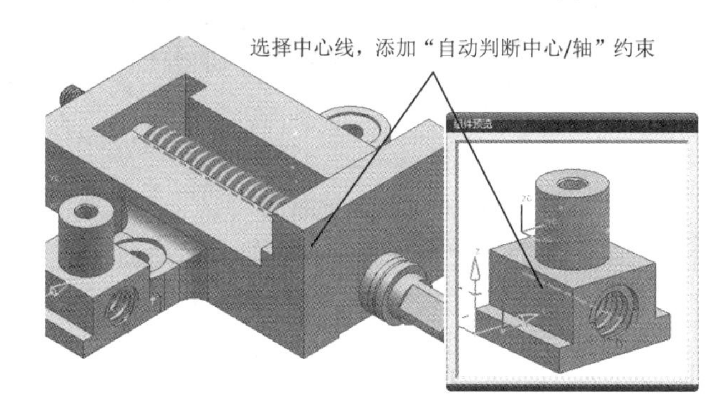

(c) “自动判断中心/轴”约束

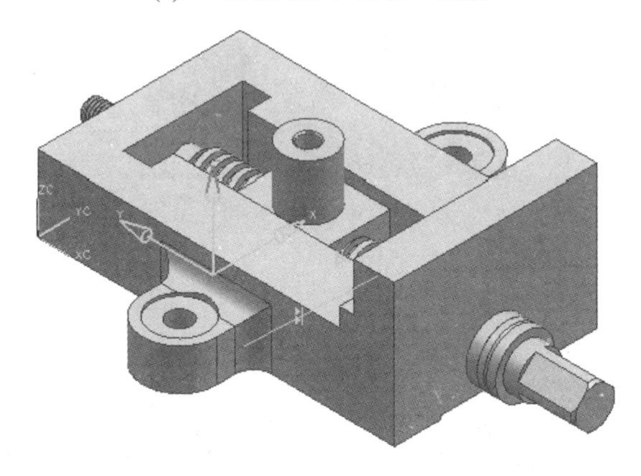

(d) 装配预览

图4.1.12　装配滑块

Step6　装配动掌(10组件)。选择“通过约束”方式添加组件，分别利用“对齐”与“自动判断中心/轴”方式对新组件加以约束，如图4.1.13所示。

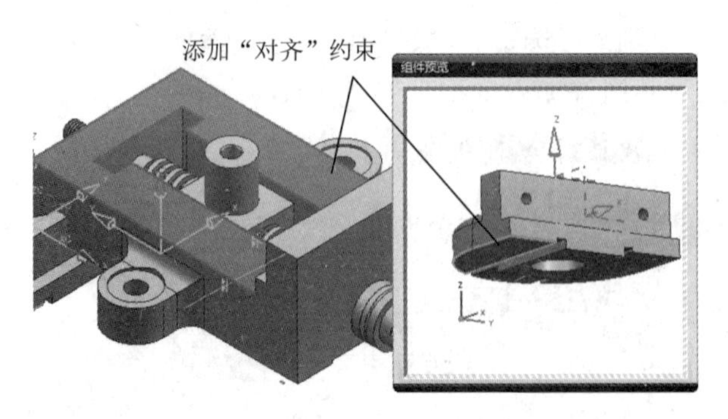

(a) “对齐”约束

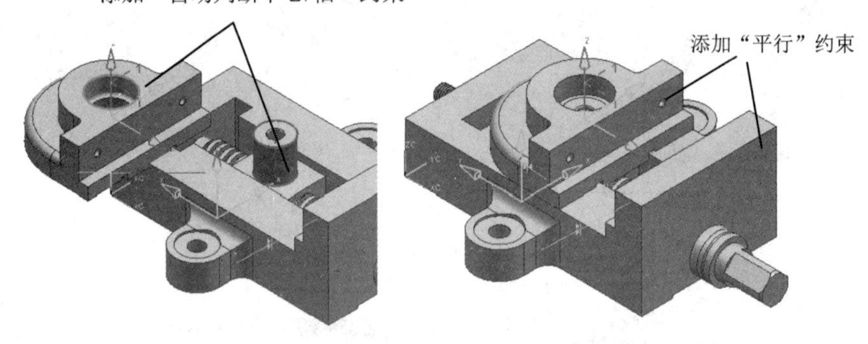

(b) “自动判断中心/轴”约束

图 4.1.13 装配动掌

Step7 装配圆螺丝钉(05 组件)。选择“通过约束”方式添加组件，分别利用“接触”与“自动判断中心/轴”方式对新组件加以约束，如图 4.1.14 所示。

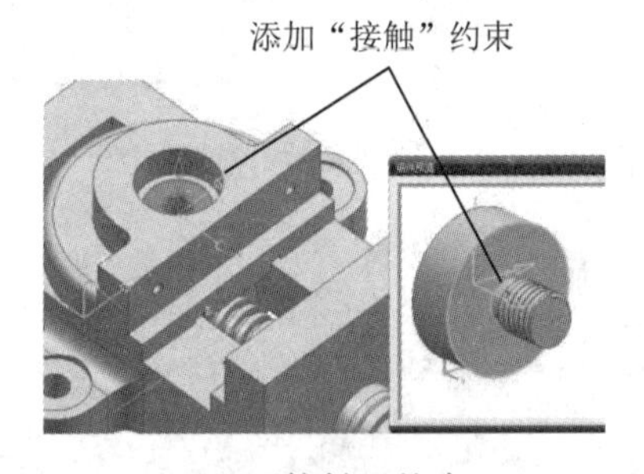

(a) “接触”约束

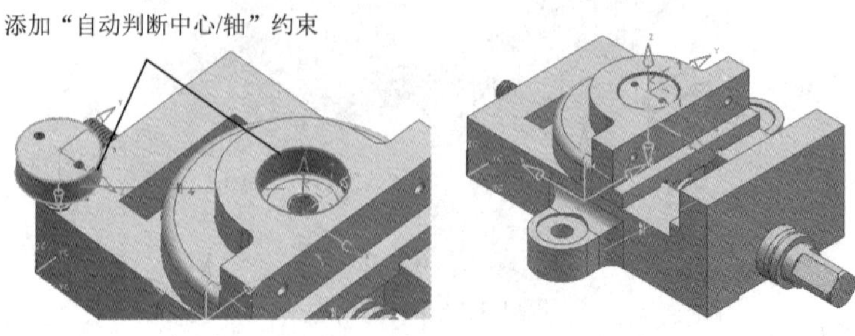

(b) “自动判断中心/轴”约束

图 4.1.14 装配圆螺丝钉

Step8　装配螺母(07组件)。选择“通过约束”方式添加组件，分别利用“接触”与“自动判断中心/轴”方式对新组件加以约束，添加方式与前面相同，效果如图4.1.15所示。

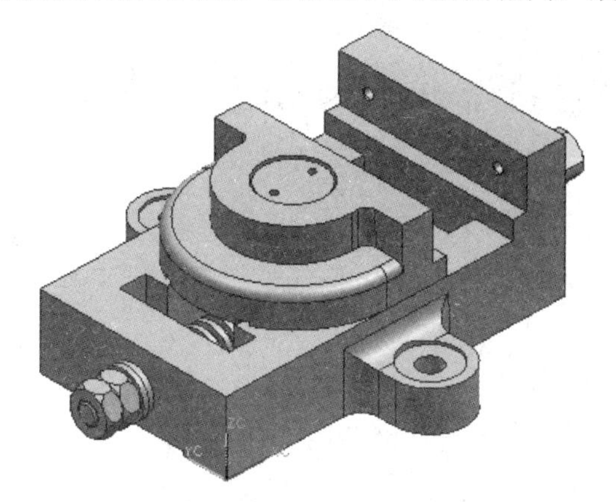

图4.1.15　装配螺母

Step9　装配钳口(04组件)。选择“通过约束”方式添加组件，利用“接触”方式对新组件加以约束，如图4.1.16所示。

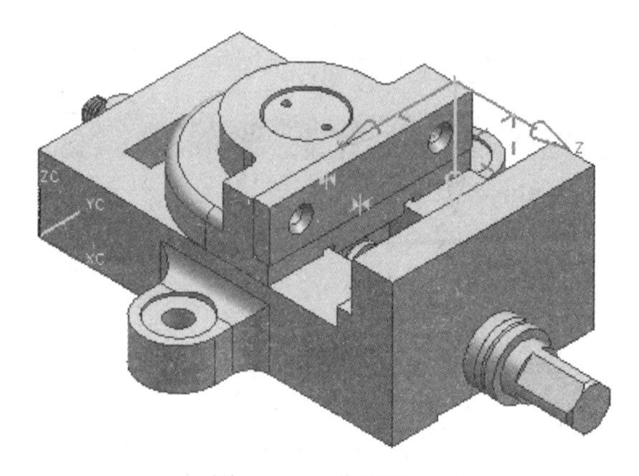

图4.1.16　装配钳口

Step10　装配锥螺丝钉(08组件)。选择“通过约束”方式添加组件，分别利用“接触”与“自动判断中心/轴”方式对新组件加以约束，效果如图4.1.17所示。

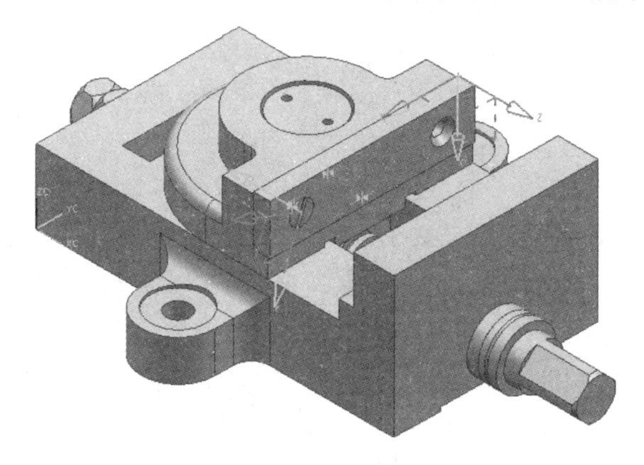

图4.1.17　装配锥螺丝钉

Step11 采用“创建组件阵列”装配另一个锥螺丝钉。

(1) 选择“装配”→“组件”→“创建阵列”命令，弹出“类选择”对话框，如图4.1.18所示。选择螺丝钉组件，单击“确定”按钮。

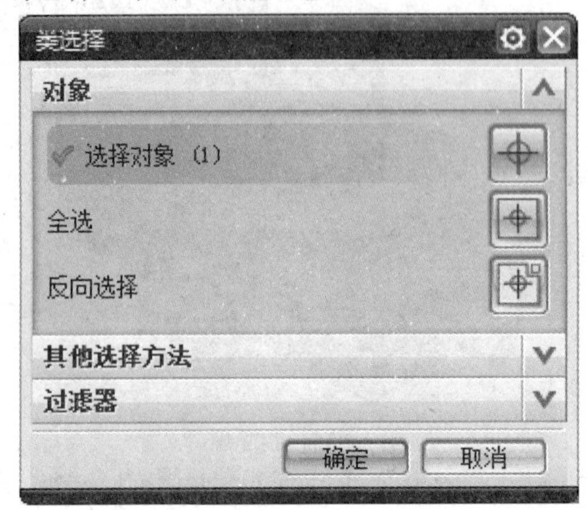

图 4.1.18 “类选择”对话框

(2) 弹出“创建组件阵列”对话框，选择“阵列定义”选项组中的“从实例特征”单选按钮，并指定组件阵列名，如图4.1.19所示。

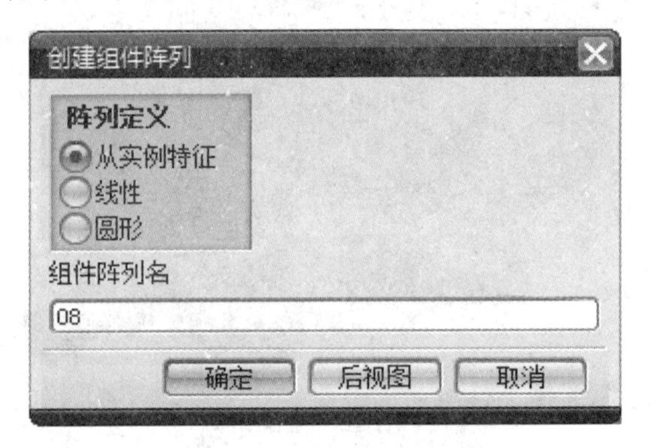

图 4.1.19 “创建组件阵列”对话框

(3) 单击“确定”按钮，即完成该组件阵列，如图4.1.20所示。

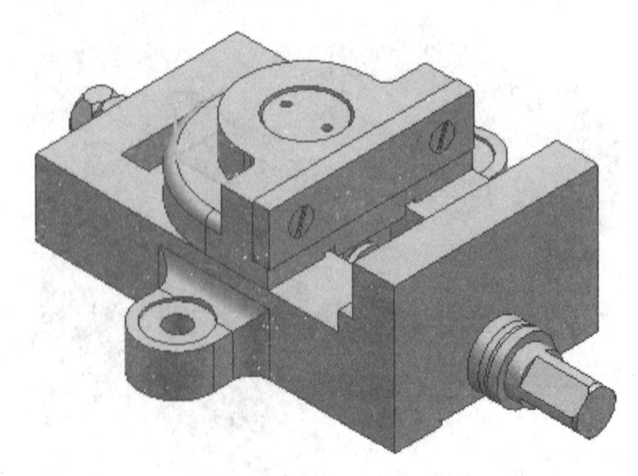

图 4.1.20 装配另一锥螺丝钉

Step12　以“镜像组件”的方式装配另一块钳口和螺钉。

(1) 在“装配”工具栏中单击 (镜像装配)按钮，或者单击菜单栏的“装配”，打开“组件”级联菜单，从中选择“镜像装配”命令，弹出“镜像装配向导”对话框，如图 4.1.21 所示，单击“下一步”按钮。

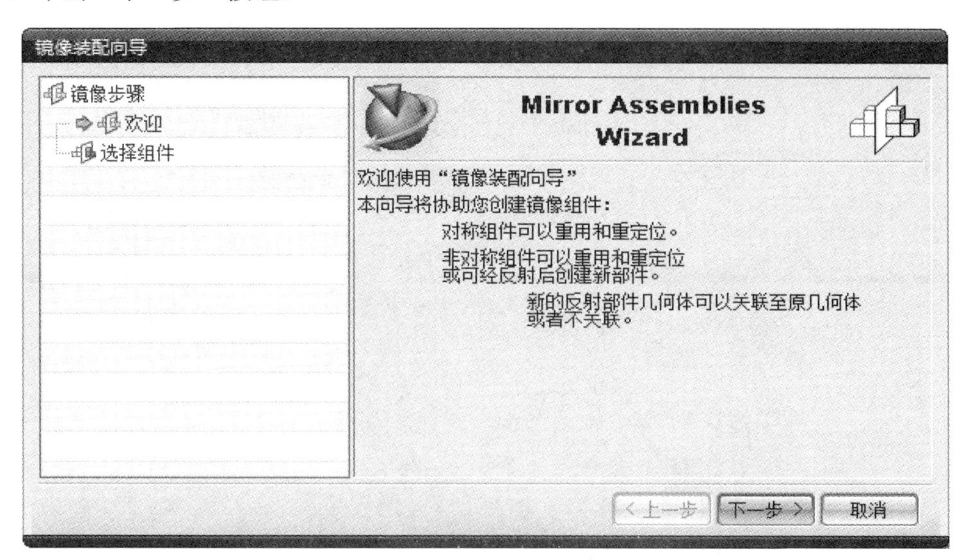

图 4.1.21　“镜像装配向导”对话框

(2) 在装配体中选择钳口和两个螺钉为要镜像的组件，如图 4.1.22 所示，单击“下一步”按钮。

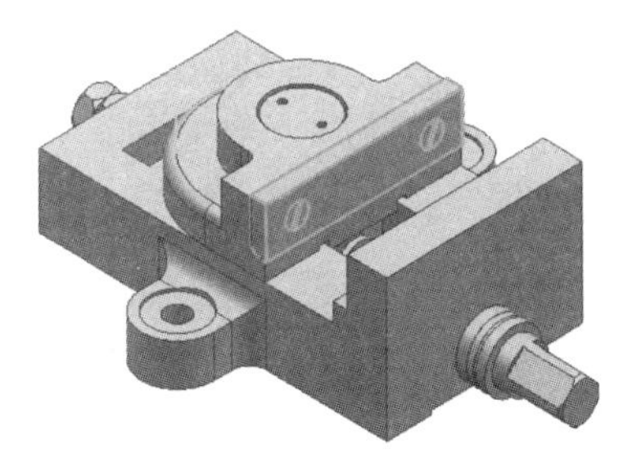

(a) “镜像装配向导”对话框　　(b) 镜像组件

图 4.1.22　选择镜像组件

(3) 在“镜像装配向导”对话框中单击 (创建基准平面)按钮，打开“基准平面”对话框，从类型下拉列表中选择“二等分”选项，然后在装配体中选择钳口部分面对的两个平面，如图 4.1.23 所示。单击“平面”对话框中“确定”按钮，完成基准平面的创建。

★ 注意：如果无法选择平面，则在添加组件的“装配约束”对话框“设置”选项组中不选择“关联”复选框。

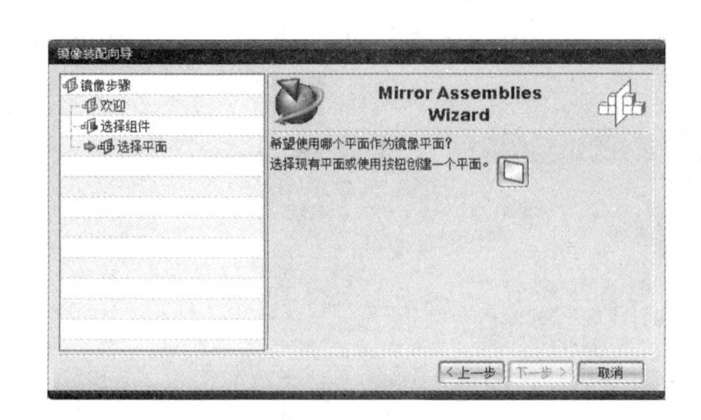

(a) “镜像装配向导”对话框

(b) “基准平面”对话框

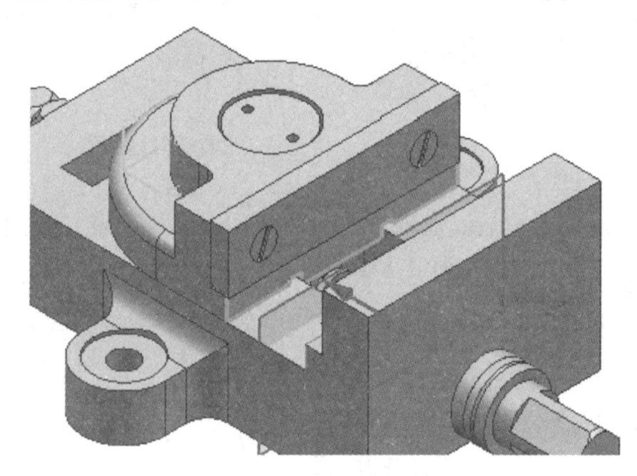

(c) 镜像平面

图 4.1.23 设置镜像平面

(4) 在“镜像装配向导”对话框中单击“下一步”按钮，注意观察镜像解是不是所需要的，如果不是，单击 按钮，然后在“镜像装配向导”对话框中单击“完成”按钮，完成镜像装配操作，如图 4.1.24 所示。

图 4.1.24 完成镜像装配

Step13　再次隐藏草图、基准平面、坐标系等对象，按要求保存文件，完成虎钳的装配设计。

Step14　创建台钳爆炸图。

(1) 单击“装配”工具栏上的“爆炸图”按钮，弹出“爆炸图”工具栏，如图 4.1.25 所示。

图 4.1.25　“爆炸图”工具栏

(2) 单击“新建爆炸图”按钮，弹出如图 4.1.26 所示的对话框，在该对话框中输入爆炸图的名称或接受系统默认名称，单击“确定”按钮，创建一个新的爆炸图。

图 4.1.26　“新建爆炸图”对话框

(3) 爆炸图的生成方式有两种：编辑爆炸图和自动爆炸图方式。本例主要介绍编辑爆炸图方式，它是指使用“编辑爆炸图”工具在爆炸图中对组件重定位，以达到理想的爆炸效果。单击“爆炸图”工具栏上的“编辑爆炸图”按钮，弹出如图 4.1.27 所示对话框。

(4) 选择所有组件 4 和组件 8，单击 MB2 或点选“编辑爆炸图”对话框中的“移动对象”，坐标手柄被激活。此时拖动 ZC 坐标手柄或者选中 ZC 坐标轴，在对话框中输入距离为 100 mm，回车并单击“确认”按钮，结果如图 4.1.28 所示。

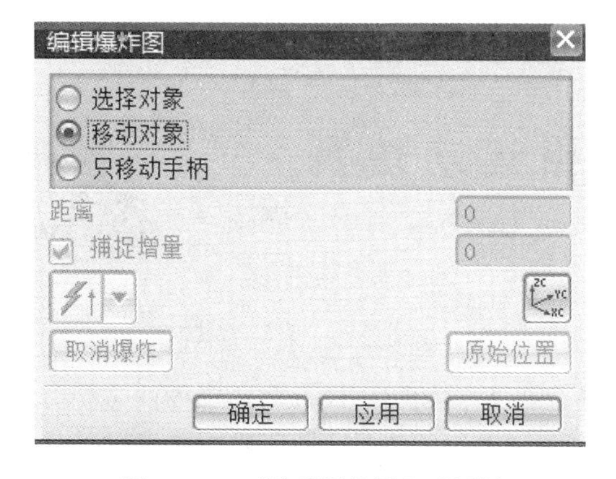

图 4.1.27　“编辑爆炸图”对话框

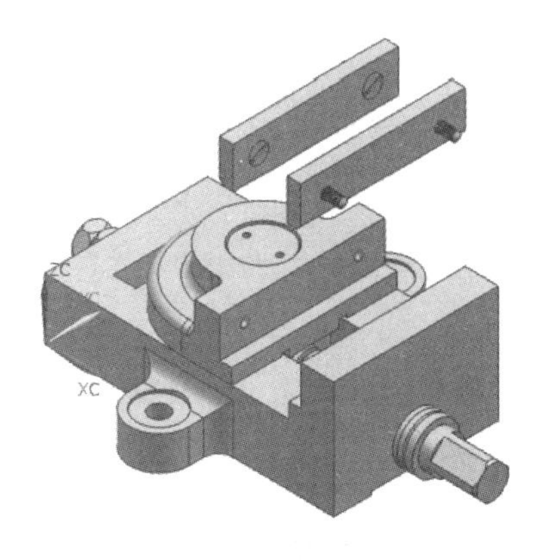

图 4.1.28　移动对象

(5) 同样，继续选择其他组件作为要爆炸的对象，拖动或设置合理的爆炸距离，逐步编辑完成整个爆炸图，具体步骤如图 4.1.29 所示。

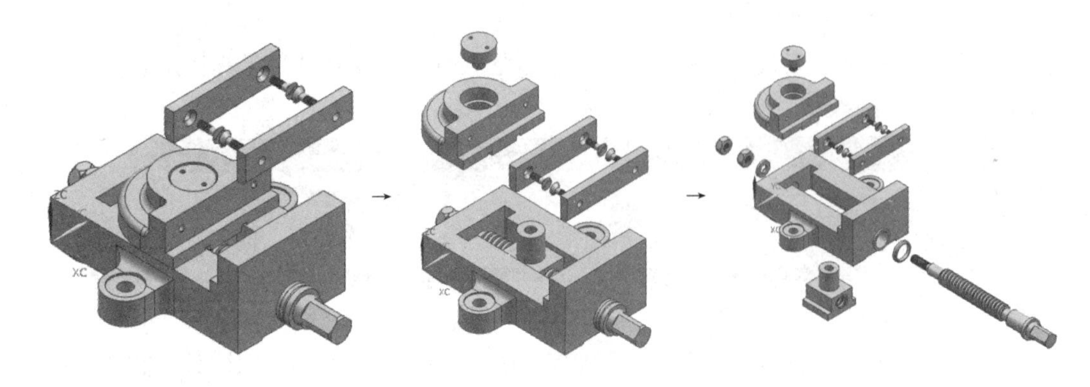

图 4.1.29 爆炸效果图

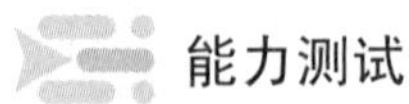

能力测试

(1) 按图 4.1.30 完成“nlcs”文件夹中“jiaolun”部件的脚轮组装配设计并创建爆炸图。

(2) 按图 4.1.31 完成“nlcs”文件夹中“jiaju”部件的夹具装配设计。

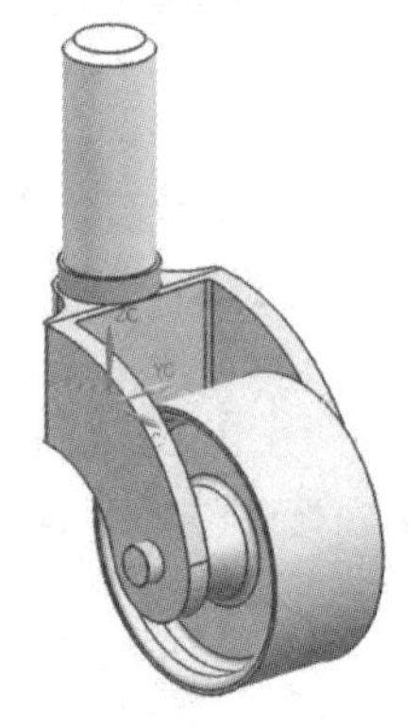

图 4.1.30 爆炸图练习 1

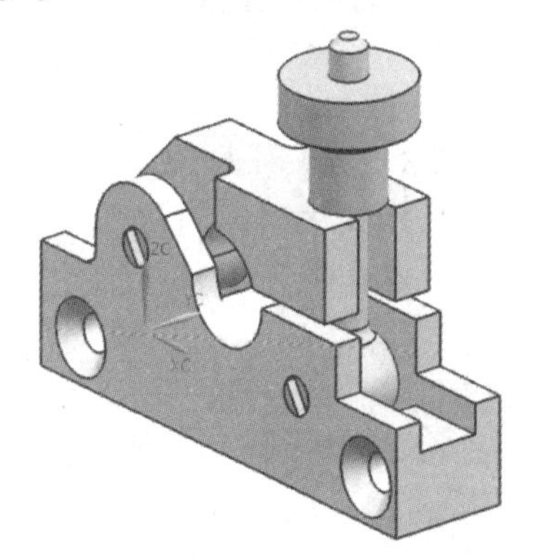

图 4.1.31 爆炸图练习 2

任务二 台钳运动仿真

台钳运动仿真

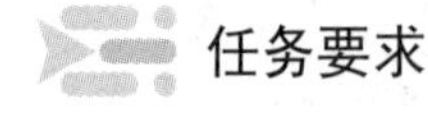

任务要求

通过对本任务的学习，要求学生能正确理解台钳的工作原理与各部件的装配关系，在正确完成台钳的装配工作的基础上，能熟练运用相关工具命令掌握台钳的装配动画的使用方法。

任务分析

通过解除台钳各部件之间的约束关系，利用“装配序列”命令，根据台钳的装配关系正确选择各部件的移动方向及部件间距，最后根据需要完成台钳装配的安装或拆装动画过程，图 4.2.1 是台钳 AVI(Audio Video Lnterleaved，音频视频交错)格式视频的一帧。

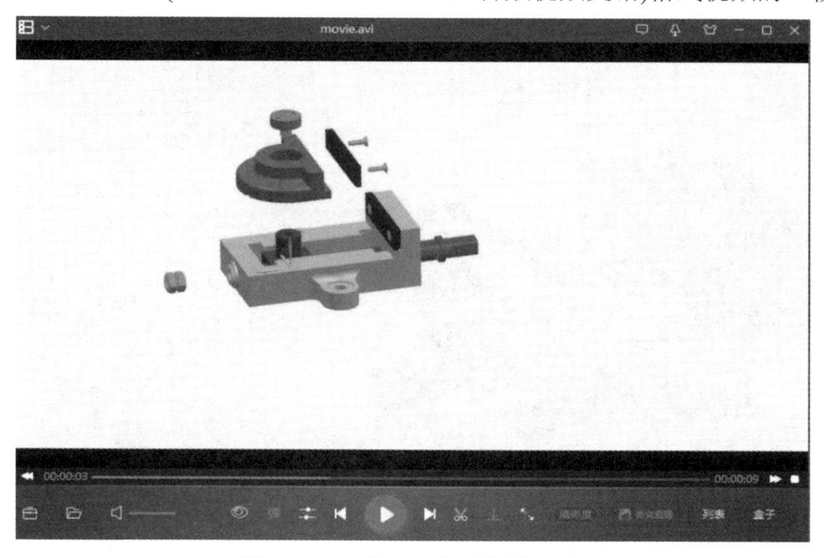

图 4.2.1　台钳 AVI 格式视频(一帧)

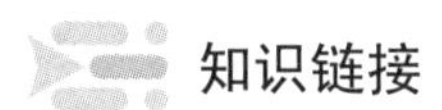

知识链接

一、“插入运动”命令

该命令的使用步骤如下：

(1) 使用鼠标左键选择运动对象，可单个可多个；

(2) 使用鼠标中键选择运动方向或旋转方向；

(3) 按下鼠标左键拖动运动对象至适当位置；

(4) 单击“ √ ”完成运动过程。

二、“序列回放”工具栏

(1) “向后播放”按钮。该按钮完成“插入运动”的反过程，如“插入运动”是台钳的拆装过程，那么该按钮就是台钳的安装过程。

(2) “向前播放”按钮。该按钮与“向后播放”命令作用相反。

(3) “导出至电影”按钮。该按钮用于生成 AVI 格式动画视频，使用时注意保存的位置及文件名。

任务实施

Step1　执行“类选择”命令(快捷键 Ctrl+J)将各部件以不同颜色显示，以区分各部件之间的装配关系，如图 4.2.2 所示。

Step2 打开“约束导航器”菜单栏，解除台钳各部件之间的相互约束关系，如图 4.2.3 所示。

图 4.2.2 编辑台钳各部件显示颜色

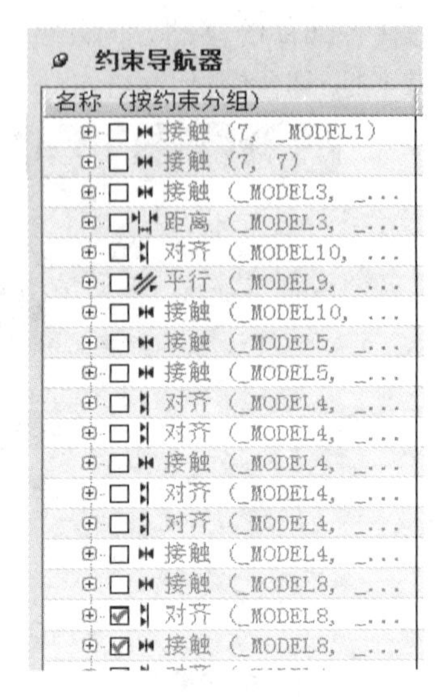

图 4.2.3 解除各部件约束关系

Step3 单击“装配”工具栏中的“装配序列”按钮，进入装配序列状态，如图 4.2.4 所示。

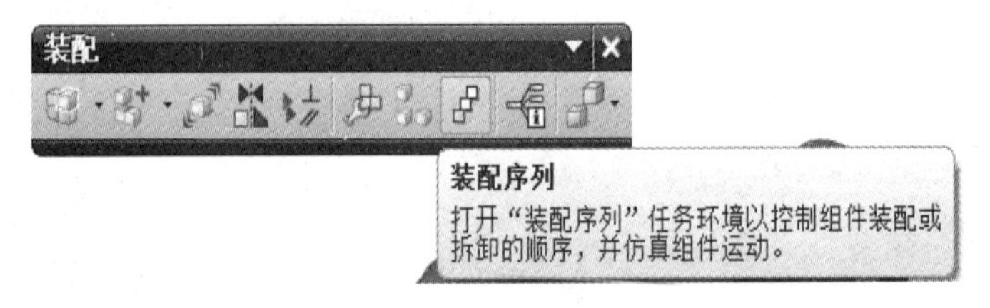

图 4.2.4 装配序列按钮

Step4 创建新建序列，如图 4.2.5 所示。

图 4.2.5 新建序列

Step5 单击“插入运动”按钮，如图 4.2.6 所示。左键选择部件 5“圆螺丝钉”，再单击鼠标中键，弹出运动方向坐标系，如图 4.2.7 所示。选择部件运动方向，按下左键，移动部件到适当位置，单击“√”完成部件 5 的移动，如图 4.2.8 所示。

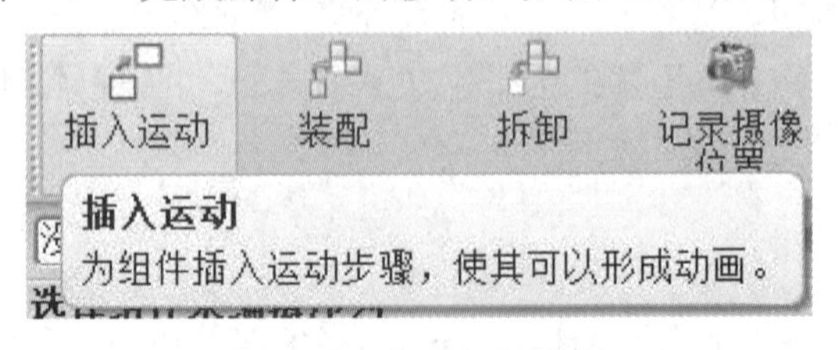

图 4.2.6 插入运动按钮

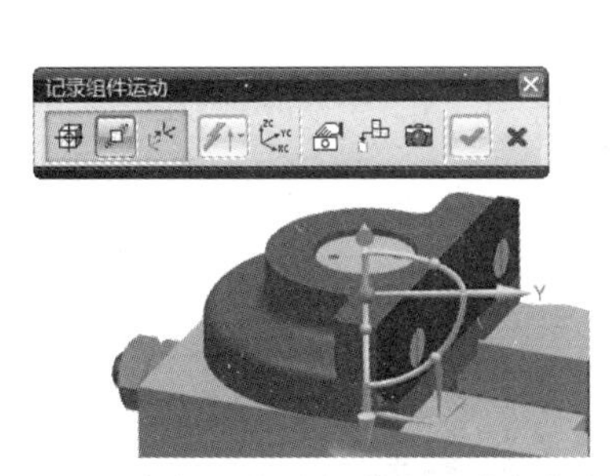

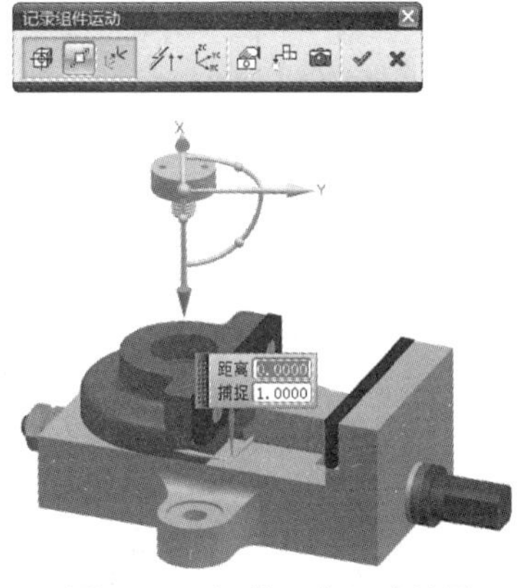

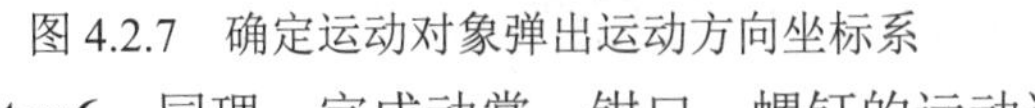

图 4.2.7　确定运动对象弹出运动方向坐标系　　　图 4.2.8　部件 5 的运动结果

Step6　同理，完成动掌、钳口、螺钉的运动过程，如图 4.2.9 所示。

图 4.2.9　动掌、钳口、螺钉的运动结果

Step7　同理，完成螺钉 1 的运动过程，如图 4.2.10 所示。

Step8　同理，完成钳口 1 的运动过程，如图 4.2.11 所示。

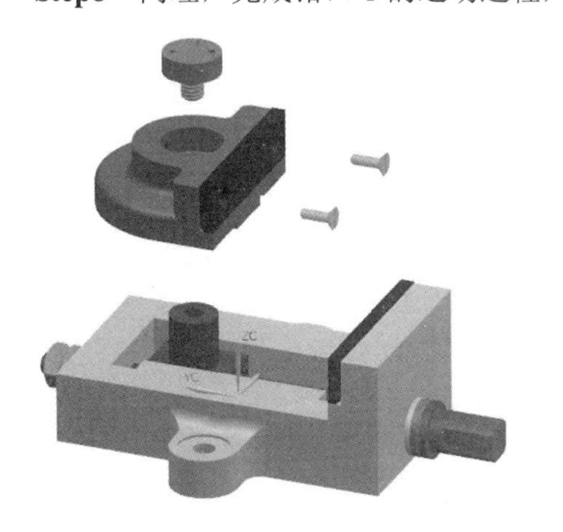

图 4.2.10　螺钉 1 的运动结果

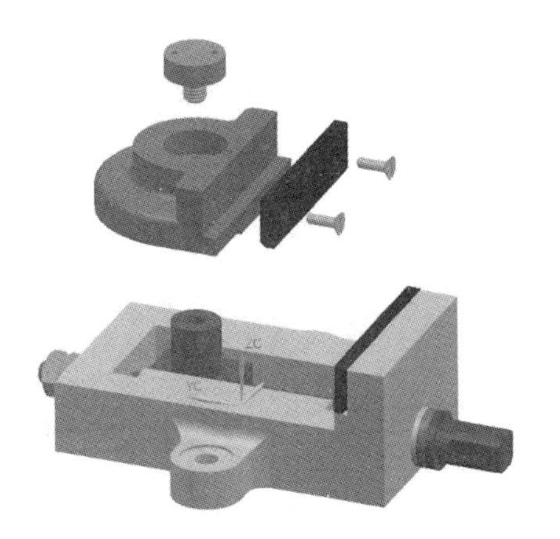

图 4.2.11　钳口 1 的运动结果

Step9 同理，完成螺母的运动过程，如图 4.2.12 所示。

图 4.2.12 螺母的运动结果

Step10 同理，完成丝杆的运动过程，如图 4.2.13 所示。

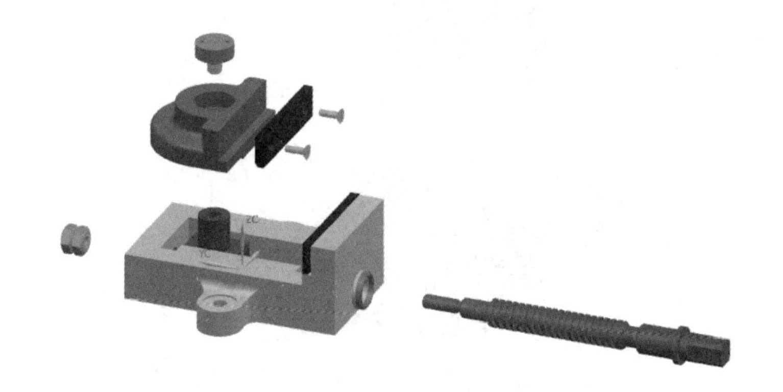

图 4.2.13 丝杆的运动结果

Step11 同理，完成垫片的运动过程，如图 4.2.14 所示。

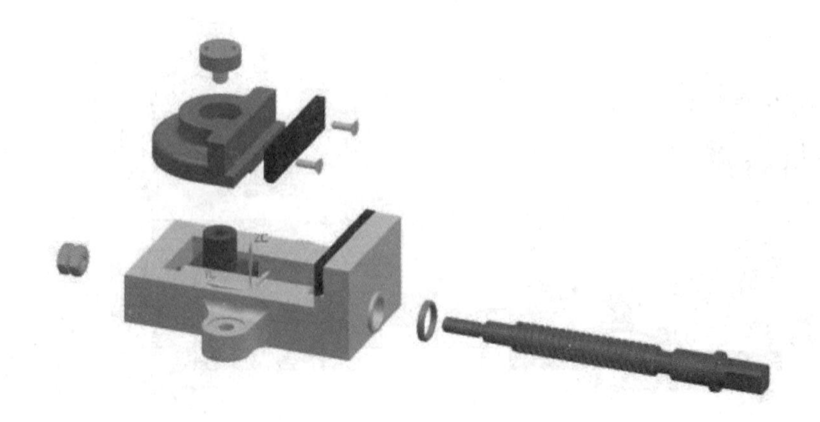

图 4.2.14 垫片的运动结果

Step12　同理，完成滑块的运动过程，如图 4.2.15 所示。

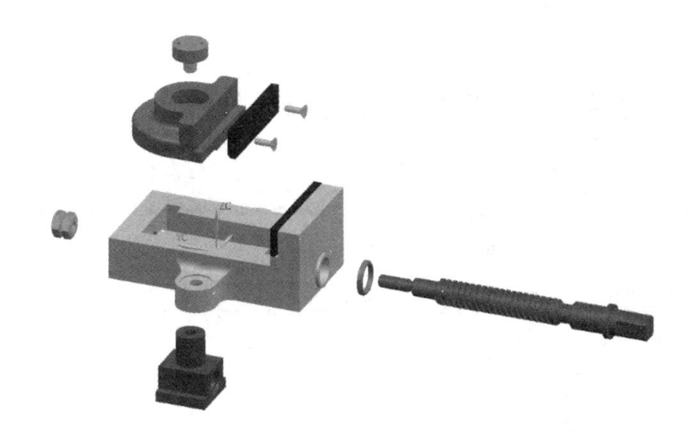

图 4.2.15　滑块的运动结果

Step13　同理，完成螺钉 2 与钳口 2 的运动过程，如图 4.2.16 所示。

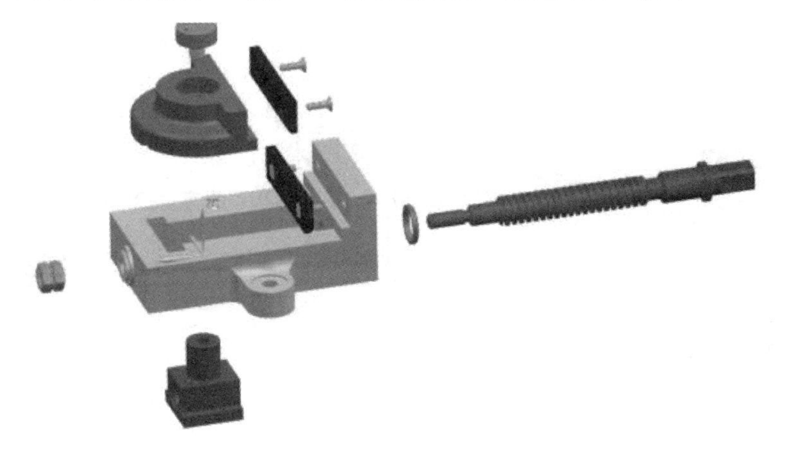

图 4.2.16　螺钉 2 与钳口 2 的运动结果

Step14　同理，完成螺钉 2 的运动，并完成台钳整体的运动过程，如图 4.2.17 所示。

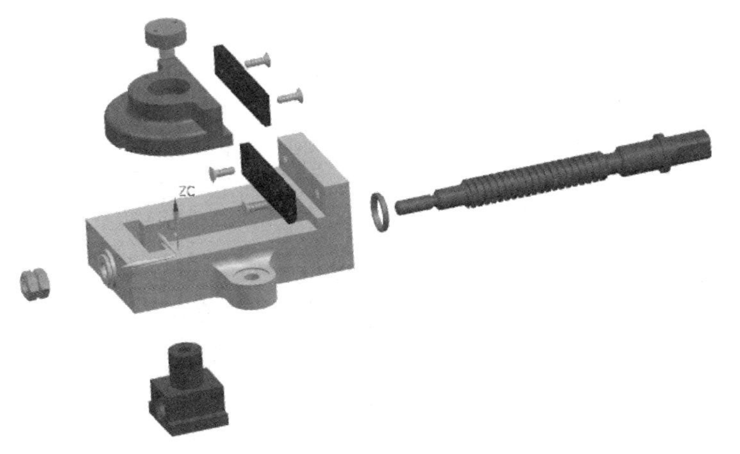

图 4.2.17　螺钉 27 的运动结果

Step15 单击“序列回放”工具栏中的“向后播放”与“向前播放”按钮实现台钳的安装或拆装动画过程，如图 4.2.18 所示。单击“导出至电影”按钮，选择适当的保持路径与文件名完成 AVI 格式视频创建，如图 4.2.19 所示。

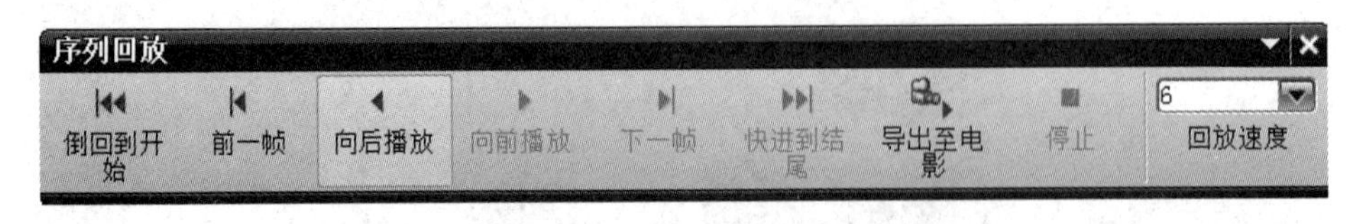

图 4.2.18 序列回放工具栏

图 4.2.19 导出至电影提示

项目五　曲面设计技术

【案例导入】

C919 飞机全称 COMAC919，是中国按照国际民航规章自行研制、具有自主知识产权的大型喷气式民用飞机(见图 5.0.1)，座级 158～168 座，航程 4075～5555 km。C919 于 2015 年 11 月 2 日完成总装下线，性能与国际新一代的主流单通道客机相当，于 2017 年 5 月 5 日成功首飞，于 2023 年 5 月 28 日首次商业载客飞行成功。

15 年攻坚克难，成就国之重器。在 C919 笑傲蓝天的背后，研发团队经历了重重考验。2008 年开始，C919 总设计师吴光辉带领团队从零开始，与时间赛跑。他带头实行“611”和“724”的工作模式：“611”是指 1 个星期工作 6 天，每天工作 11 个小时；“724”是指在攻关关键期，1 周工作 7 天，每天 24 小时。工作人员日复一日地拼搏，为我国大飞机自主创新研发、为 C919 的安全飞行提供了坚实保障。在外形设计方面，不同于传统飞机的 6 块风挡玻璃，C919 只用了 4 块，并采用了曲面设计。这能为飞行员提供更广阔的视野，更流畅的机头线条能帮助飞机减少空气阻力，让飞机更省油。本章我们就将走进 UG 曲面设计的殿堂，让我们张开翅膀，像 C919 一样在天空中翱翔吧！

图 5.0.1　国产 C919 飞机

曲面建模与设计是产品设计的基础和关键，要想熟练掌握并使用 UG 对各种曲面零件进行设计，仅仅依靠理论学习是远远不够的。本项目通过矩形螺纹轴、果盘、风扇、节能灯等经典实例的设计，要求大家能在短时间内迅速掌握各种常用曲面零件的建模方法与技巧。

任务一　矩形螺纹轴

矩形螺纹轴

任务要求

通过对本任务的学习，要求学生能正确掌握“螺旋线”与“扫掠”命令的使用方法，能熟练完成矩形螺纹轴的各项绘制任务，并了解轴类零件的加工方法。

任务分析

矩形螺纹轴结构由轴肩、沟槽、倒角、螺纹等部分组成，造型设计时，执行“旋转”命令完成零件主体造型，执行“倒斜角”命令完成倒角设计。本任务的工作重点在于“螺旋线”与“扫掠”两项。学习“螺旋线”命令时要注意“圈数”“螺距”“定义方位”“点构造器”等选项的设置；学习“扫掠”命令时要注意截面大小的设计，以免造成布尔运算失败的情况。

知识链接

一、“螺旋线”命令

选择“插入”→“曲线”→“螺旋线”，弹出“螺旋线”对话框(见图 5.1.1)，按图输入参数后，生成右旋螺旋线。在设置这些参数时需要注意以下几方面：

(1) 根据图纸尺寸选择螺距。

(2) 根据螺纹长度与螺距大小确定螺旋线的圈数。

(3) 根据图纸设置螺纹部分的半径值。

(4) 螺纹旋转方向一般默认为右旋，特殊要求时选择左旋。

(5) “定义方位”作用为确定螺旋线的方向，可选择直线，默认以 Z 轴的正方向为螺旋线的方向。

(6) “点构造器”作用为确定螺旋线的起点位置，一般选择轮廓的圆心位置。

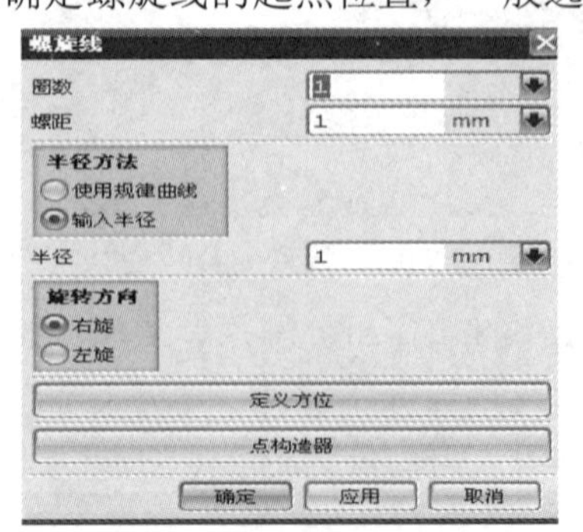

图 5.1.1　“螺旋线”对话框

二、“扫掠”命令

执行“扫掠”命令时需注意“截面”“引导线”“截面选项”等项，如图 5.1.2 所示。

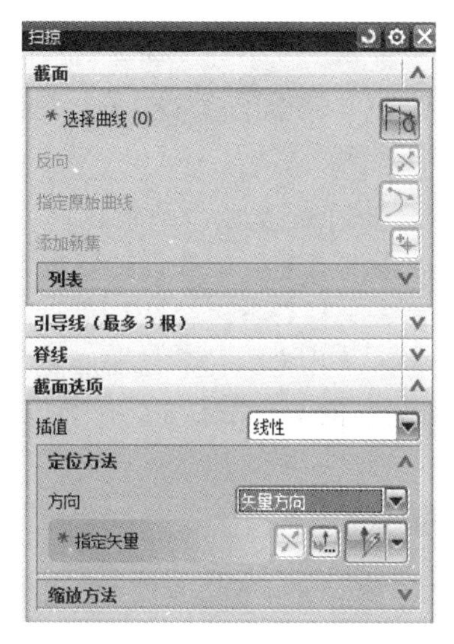

图 5.1.2　“扫掠”对话框

(1) 这里所说的“截面”为生成特征的截面形状。当截面为闭合曲线时，生成实体特征；截面为开放曲线时，生成曲面特征。

(2) 引导线是控制特征轨迹的曲线，最多可设置 3 条，通常情况下引导线与截面是垂直关系。

(3) “截面选项”中，“定位方法”对扫掠特征的形状影响很大。引导线为螺旋线时，应选用螺旋线的轴线为矢量方向。

任务实施

Step1　以 Y—Z 面为草绘平面，完成草图 1，如图 5.1.3 所示。

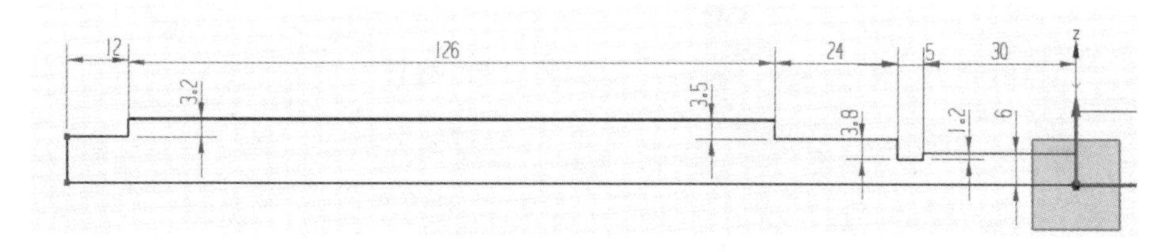

图 5.1.3　旋转轴截面草图

Step2　执行“旋转”命令，以草图 1 为截面，以 Y 轴为旋转轴，完成旋转 1 造型，如图 5.1.4 所示。

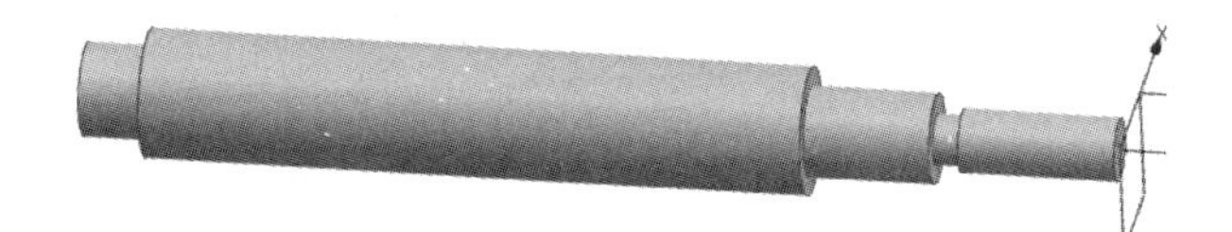

图 5.1.4　回转特征

Step3 执行“倒斜角”命令，将“偏置”选项中横截面设置为“对称”，“距离”分别设置为“1.5”和“3”，选择对应的轮廓边，完成倒斜角操作，如图 5.1.5 所示。

图 5.1.5 倒斜角特征的创建

Step4 执行“螺旋线”命令，“圈数”选项设置为“25”，“螺距”选项设置为“6”，“半径方法”选择“输入半径”，“半径”值设置为“12”，“旋转方向”设置为“右旋”，如图 5.1.6 所示。“指定方位”选择草图 1 中 Y 方向线，如图 5.1.7 所示。“点”构造器选择左端面圆心位置，如图 5.1.8 所示。单击“确定”按钮完成螺旋线的创建，如图 5.1.9 所示。

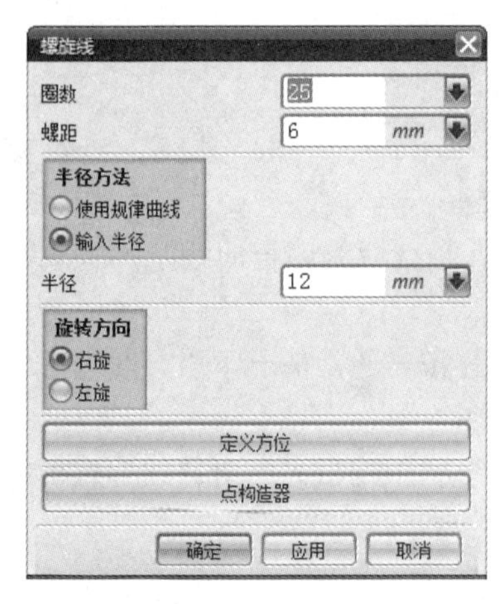

图 5.1.6 “螺旋线”对话框选项

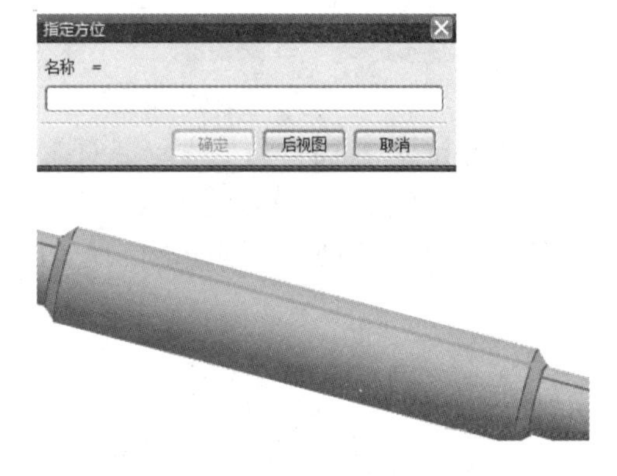

图 5.1.7 “指定方位”对话框

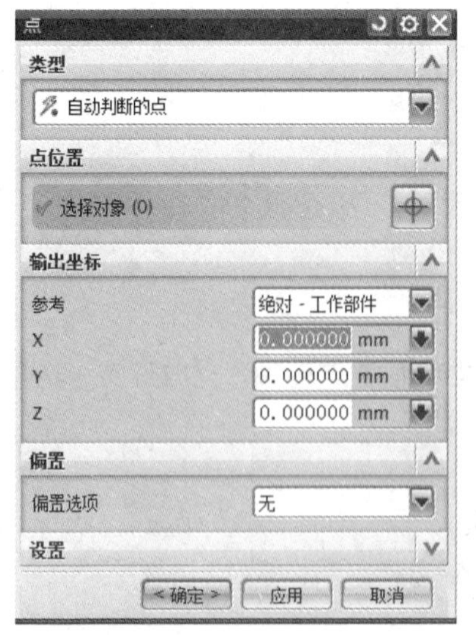

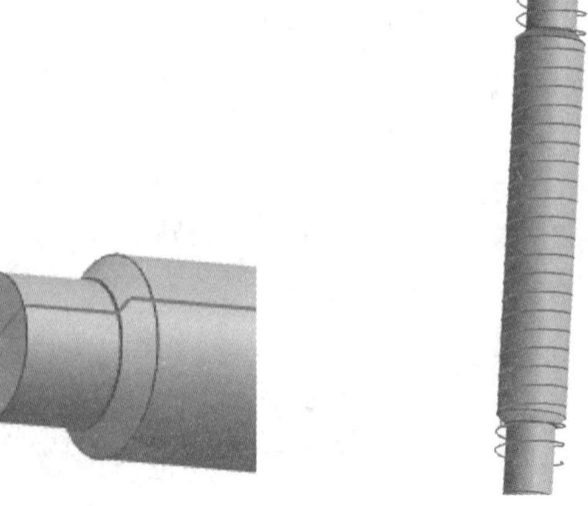

图 5.1.8 “点”构造器选择

图 5.1.9 螺旋线创建

Step5　执行任务环境中的“创建草图”命令，将“类型”选项设置为“基于路径”，“轨迹”项选择“螺旋线”，“平面位置”选项中的“弧长百分比”值设置为“0”，利用“矩形”等命令完成草图 2 的创建，如图 5.1.10 所示。

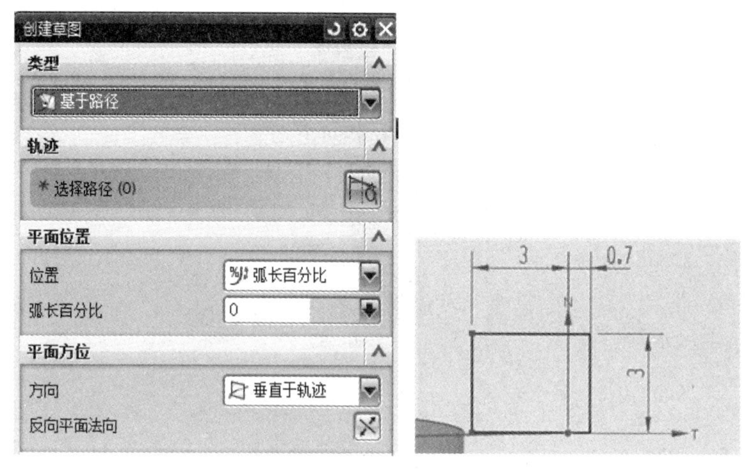

图 5.1.10　草图 2 的创建

Step6　执行“扫掠”命令，“截面”选择“草图 1”，“引导线”选择“螺旋曲线”，将“定位方法”选项中的“方向”设置为“矢量方向”选项，“指定矢量”选择 Y 轴，单击“确定”按钮完成矩形螺纹的创建，如图 5.1.11 所示。

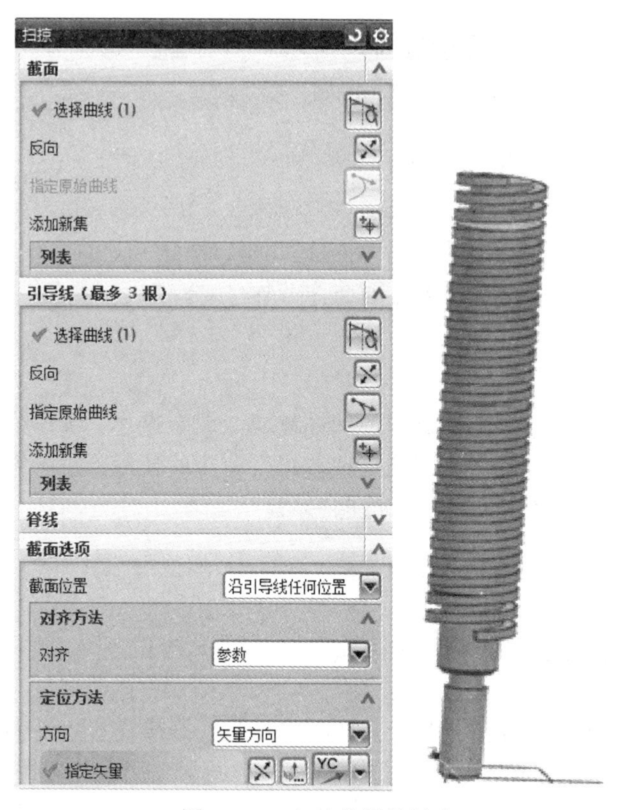

图 5.1.11　扫掠特征的创建

Step7 执行“求差”命令，“目标体”选择“绘制 1”，“刀具体”选择“矩形螺纹”，单击“确定”按钮完成求差操作，如图 5.1.12 所示。

图 5.1.12 求差结果

任务二 果 盘

果盘

任务要求

通过对本任务的学习，要求学生能正确掌握“规律曲线”“通过曲线组”“缝合”“加厚”命令的使用方法，能熟练完成果盘的各项绘制任务。

任务分析

果盘实例创建过程由二维曲线创建、曲面创建、缝合操作、加厚操作等部分组成，本任务的重点为掌握“规律曲线”与“通过曲线组”命令的使用方法，并要具备一定的数学知识，能正确理解各参数设置对规律曲线的影响。

知识链接

一、“规律曲线”命令

“规律曲线”选项用于使用规律子函数创建样条，规律样条定义为一组 X、Y 及 Z 分量，必须指定每个分量的规律，如图 5.2.1 所示。函数通常先通过“表达式”命令设定完成，如图 5.2.2 所示。

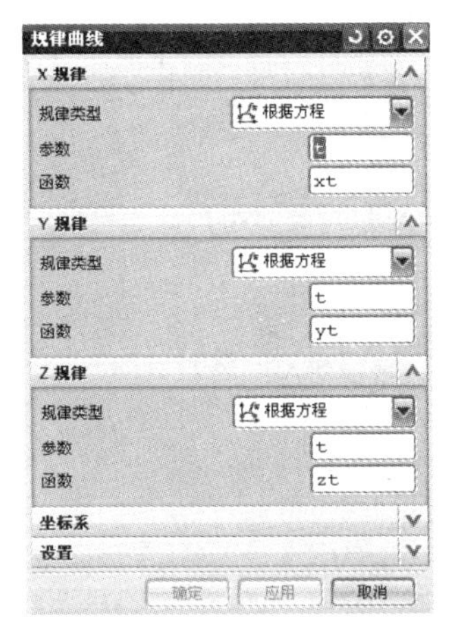

图 5.2.1　“规律曲线”对话框

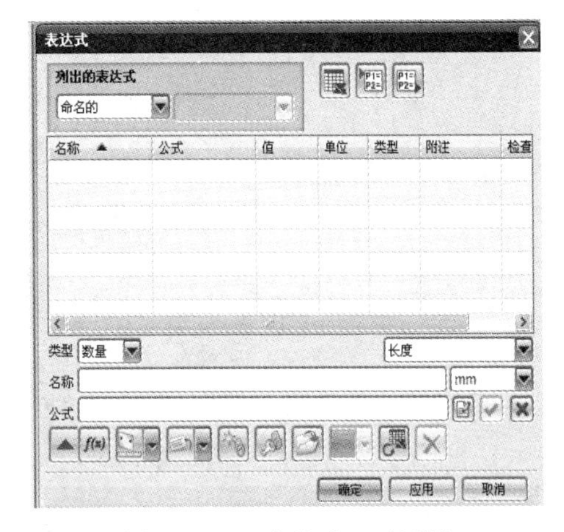

图 5.2.2　“表达式”对话框

在 UG 中，我们必须把方程都转换为参数方程，如圆的参数方程为：$x = r \cdot \sin t$，$y = r \cdot \cos t$。因为 UG 中的 t 是永远只从 0 递增到 1，而实际上我们要求的 t 从 0 到 360，所以需将方程转换为：$xt = r \cdot \sin(360 \cdot t)$，$yt = r \cdot \cos(360 \cdot t)$(因为 UG 默认 x、y 变量为 xt、yt，所以一般把 x、y 写成 xt、yt)。常用的规律曲线有以下两种：

(1) 星形线：

$a = 5$

$t = 1$

$xt = a(\cos(360t))^3$

$yt = a(\sin(360t))^3$

(2) 螺旋线：

$T = 0$

$a = 1$

$b = 1.5$

$c = 2$

$d = 10$

$r = 1$

$xt = a \cdot r \cdot \sin(d \cdot 360t)$

$yt = b \cdot r \cdot \cos(d \cdot 360t)$

$zt = c \cdot t$

其中，a、b 为圆的参数，c 为螺距，d 为螺纹圈数。

二、“通过曲线组”命令

执行“通过曲线组”命令可以创建多组截面线串之间的片体或实体，并且可以定义第一截面线串和最后截面线串与现有曲面的约束关系，使生成的曲面与原有曲面圆滑过渡。选择“插入”→“网格曲面”→“通过曲线组”命令，或者单击“曲面”工具栏中的“通过曲线组”按钮，系统弹出如图 5.2.3 所示的“通过曲线组”对话框。

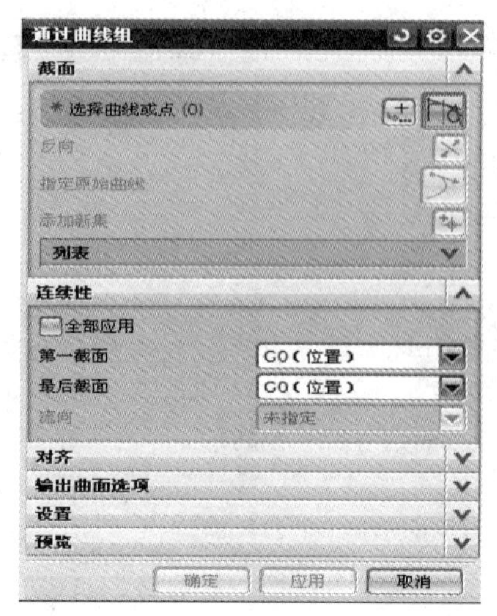

图 5.2.3 “通过曲线组”对话框

1. 截面

(1) 选择曲线或点：单击“通过曲线组”对话框中的“选择曲线或点”按钮(默认为激活状态)，可以直接选择截面曲线；也可以单击此栏中的“点”构造器按钮，直接创建一个点作为截面线串。执行曲线组命令最多允许选择 150 组截面线串。

(2) 反向：单击“反向”按钮，可以切换对齐点的方向，在选择了截面线串后，系统会在截面线串上显示出箭头，此箭头与直纹面的箭头不同，用户可以直接双击更改对齐方向。

(3) 指定原始曲线：当选择了封闭线串作为截面线串时，单击“指定原始曲线”按钮，然后在曲线上选择新的起点位置。

(4) 添加新设置：选择了一个截面线串后，单击“添加新设置”按钮，然后选择另外一个截面线串；也可以在选择了一个截面线串后，直接单击鼠标中键，即可选择另外的截面线串。

(5) 删除：在列表中选择一个截面线串，单击“删除”按钮，可以删除通过曲线组定义的截面线串。

(6) 向上移动和向下移动：创建通过曲线组曲面使用的截面，这里是有先后顺序的，单击这两个按钮可以调整截面线串的顺序。

2. 连续性

(1) 应用于全部：选择此复选框，可以设置第一截面线串和最后截面线串与现有曲面相同的约束关系。

(2) 第一截面线串和最后截面线串：可以选择下拉列表框中的 G0(位置)、G1(相切)和 G2(曲率)三种方式，设置第一曲面线串和最后曲面线串与现有曲面的约束关系，曲面连续与曲线连续相似。

(3) 流路方向：当设置了 G1 或者 G2 连续时，此项变为可用。在这里可以设置生成曲面与约束面之间的 U/V 向的流路方向有以下三种：

① 未指定：指系统直接将各个边按直线方向连接，此时生成的曲面侧边缘与原有曲线的边缘线连接不平滑。

② 等参数：使生成的曲面的 U/V 向与约束曲线的 U/V 向曲线一致，此时生成的曲面侧边缘线与原有曲线的边缘线连接比“未指定”方式平滑。

③ 垂直：使用垂直于约束面边缘线的方向定义曲面的 U/V 向。

三、“缝合”命令

“缝合”命令可以将具体公共边的两个或多个片体组合成单个片体，也可以通过缝合公共面将两个实体组成一个实体。需要注意的是，如果将若干片体缝合在一起以形成完全封闭的空间，并且在建模首选项中将体类型设置为“实体”，那么这个缝合体将自动生成实体。

执行“缝合”命令时分别选择“目标”片体和“工具”片体项，必要情况下设置公差值，单击“确定”按钮即可完成操作。“缝合”对话框如图 5.2.4 所示。

图 5.2.4　“缝合”对话框

四、“加厚”命令

“加厚”命令的设计思路为：先创建好曲面模型，然后通过为其增加厚度来创建实体，选择“插入”→“偏置/缩放”→“加厚”，弹出“加厚”对话框，如图 5.2.5 所示。其典型的操作步骤如下：

(1) 选取要加厚的曲面；

(2) 在“厚度”选项组中分别设置“偏置 1”和“偏置 2”的尺寸，单击“反向”按钮切换加厚方向；

(3) 根据设计需求设置布尔运算选项。

图 5.2.5　“加厚”对话框

任务实施

Step1 规律曲线的创建。执行“表达式”命令，定义图 5.2.6 所示各参数；执行“规律曲线”命令完成规律曲线的创建，如图 5.2.7 所示。

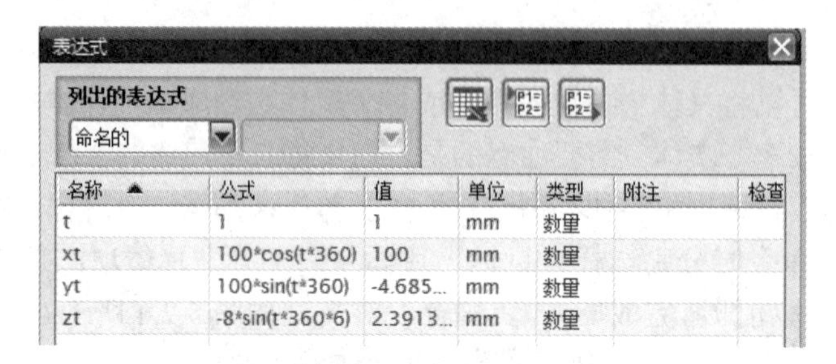

图 5.2.6 设置表达式参数

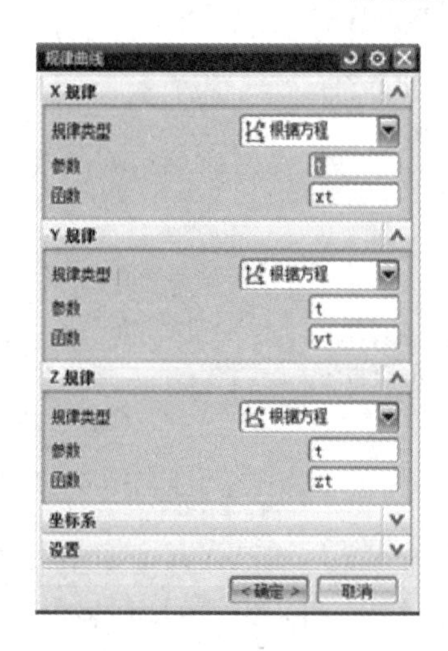

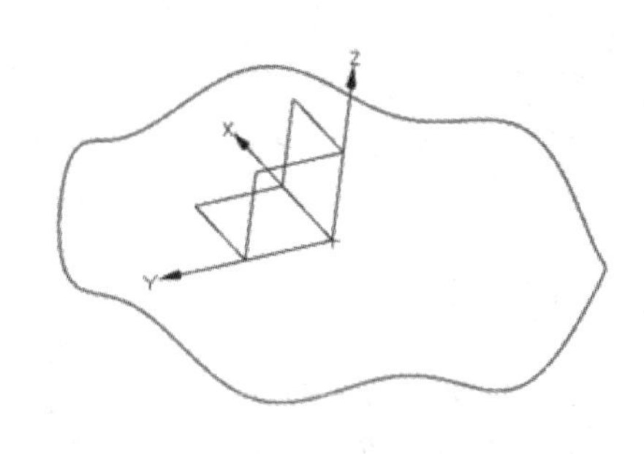

图 5.2.7 设置规律曲线参数

Step2 选择“按某一距离”类型，以 X-Y 面为参考平面，设置偏置距离值为“30”，完成基准平面 1 的创建，如图 5.2.8 所示。

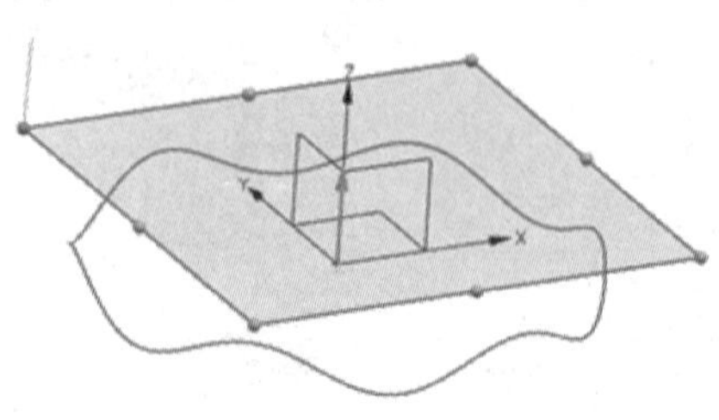

图 5.2.8 基准平面 1 的创建

Step3 以基准平面 1 为草绘平面，以坐标系原点为圆心、120 mm 长为直径完成草图 1 的创建，如图 5.2.9 所示。

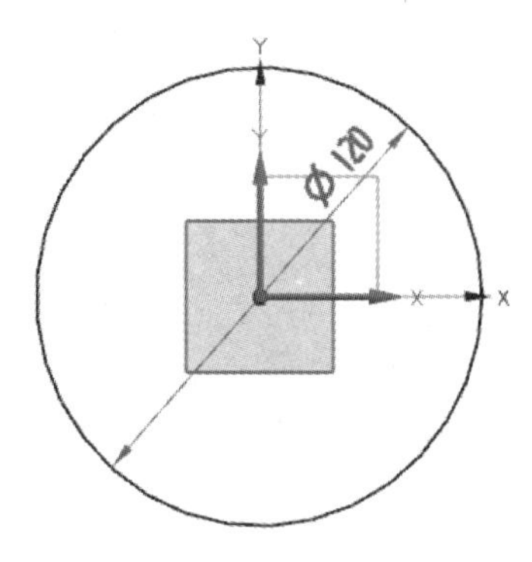

图 5.2.9　草图 1 的创建

Step4　执行“通过曲线组”命令，以规律曲线为第一截面，以草图 1 为最后截面，完成曲面 1 的造型设计，如图 5.2.10 所示。

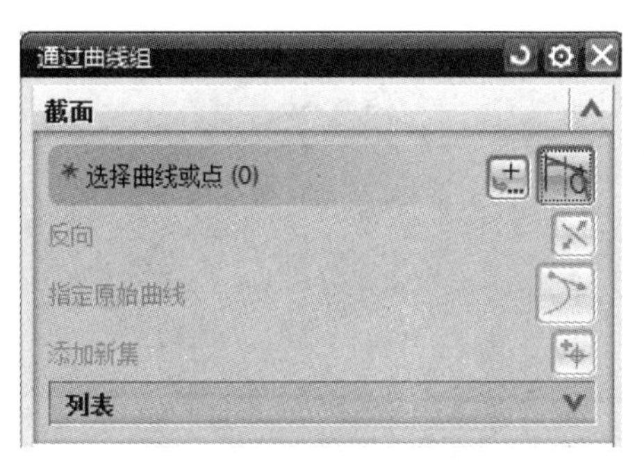

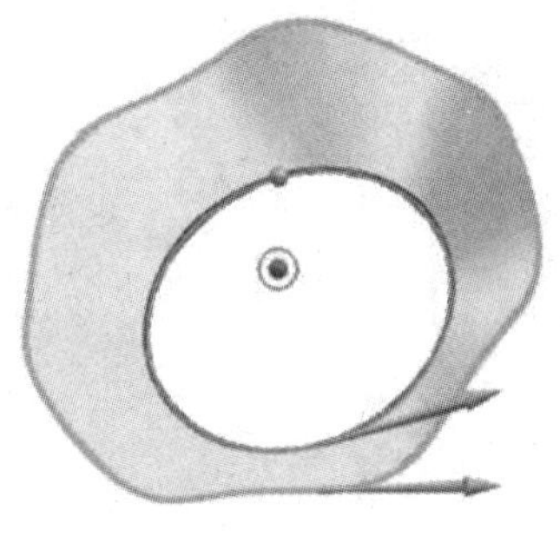

图 5.2.10　“通过曲线组”创建曲面

Step5　执行“N 边曲面”命令，“类型”设置为“已修剪”，“外环”中“选择曲线(1)”，勾选“设置”项中的“修剪到边界”，完成曲面 2 造型的创建，如图 5.2.11 所示。

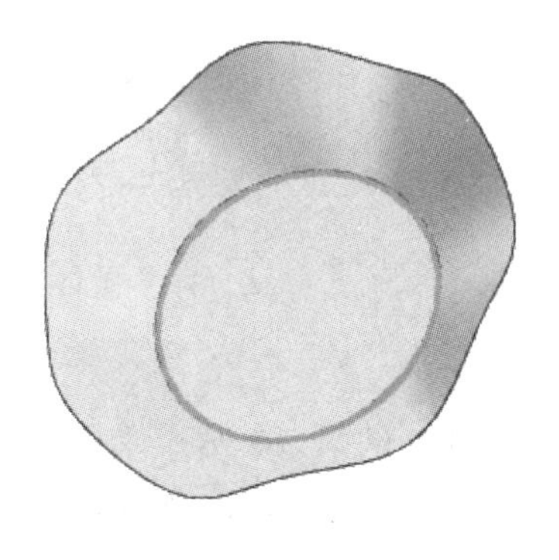

图 5.2.11　N 边曲面的创建

Step6　分别选择曲面 1 与曲面 2 为目标和工具，执行“缝合”命令，完成两曲面的缝合工作。

Step7　执行“边倒圆”命令，将盘底与盘身间圆角“半径”设置为“30”，完成圆角的创建，如图 5.2.12 所示。

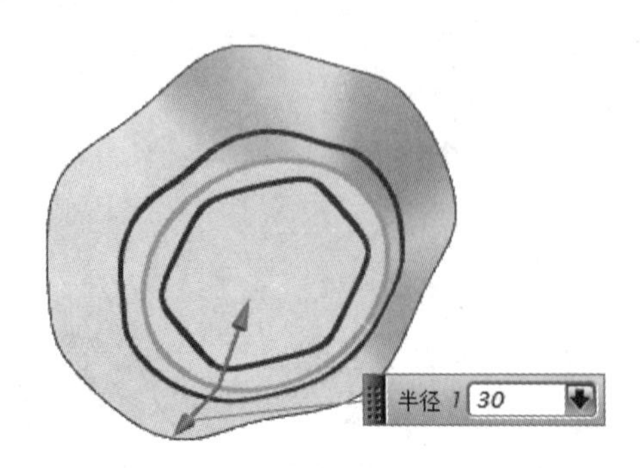

图 5.2.12 边倒圆特征的创建

Step8 执行“加厚”命令，将“偏置 1”设置为“1”，完成果盘整体造型的创建，如图 5.2.13 所示。

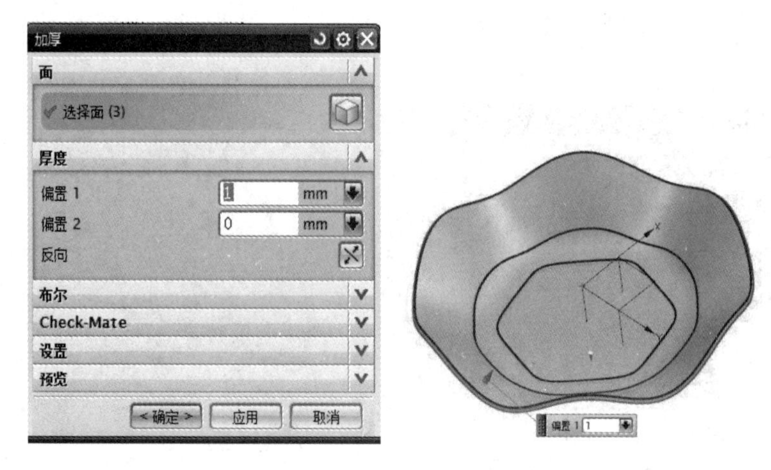

图 5.2.13 加厚特征的创建

任务三 风 扇

风扇

任务要求

通过对本任务的学习，要求学生能正确掌握“通过曲线网格”命令的使用方法，能熟练运用“投影”“直线”等命令完成风扇的二维草图的构建。

任务分析

风扇实例创建过程为利用偏置面、投影、直线等命令设计风扇的曲线轮廓，运用“通过曲线网格”创建单个叶片本体，最后通过阵列及圆角完成整体造型设计。本任务的重点为掌握“通过曲线网格”命令的使用方法，要求操作规范细致。

知识链接

使用“通过曲线网格”命令，需要先定义两个方向上的曲线，并且每个方向都可以选择多组截面线串，再保证两个方向上的曲线在设定的公差范围内相交，即可生成网格曲面。由于通过曲线网格命令创建曲面实际上定义了两个方向上的控制线，并且可以定义 4 个边界与现有曲面的约束关系，所以可以很好地控制曲面的形状。因此，它也是最重要、最常用的曲面命令。

选择“插入”→“网格曲面”→“通过曲线网格”命令，或者单击“曲面”工具栏中的“通过曲线网格”按钮，系统弹出如图 5.3.1 所示的“通过曲线网格”对话框。

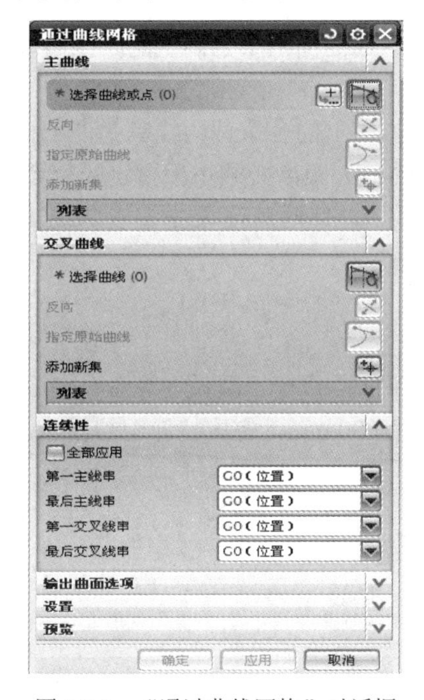

图 5.3.1　“通过曲线网格”对话框

“通过曲线网格”对话框中的主要操作选项如下。

1. 主曲线和交叉曲线

此栏中有关按钮的作用已经介绍过，可以参照通过曲线组曲面的相关内容，不同的是，用户可以定义两个方向的截面线串。当选择了封闭线串作为主线串时，可以在最后选择第一交叉线串作为最后交叉线串，使生成的曲面沿主线串方向封闭。

2. 连续性

此栏中的约束类型之前介绍过，可以参照通过曲线组曲面的相关内容。

3. 脊线

当选择了平面线作为第一主线串或最后主线串时，对话框中多出了“脊线”栏。可以单击此栏中的“选择曲线”按钮，然后选择垂直于两个主线串的曲线作为脊线串，用来约束通过曲线网格曲面的 U 方向；也可以不选择脊线，因为脊线需要满足以上的条件，虽然选择了可以提高曲面的平滑程度，但是如果不选择脊线，曲面的质量也不会很差。

4. 输出曲面选项

(1) 强调：当选择的主曲线与交叉曲线未相交时，通过此项可以设置曲面通过的截面线串。如下所述：

- 两者皆是：生成曲面位于主曲线与交叉曲线之间。
- 主线串：生成的曲面完全通过主曲线。
- 叉号：生成的曲面完全通过交叉曲线。

(2) 构造：此栏中 3 个选项的作用之前已经介绍过，可以参照通过曲线组曲面的相关内容。

5. 设置

(1) 重新构造：重新定义生成曲面两个方向上的阶次与段数，可以选择无、手工和高级三种方式进行定义。

(2) 交点：当选择的两个方向上的各个截面线串允许不相交时，此时就需要设置交点的数值了(各个截面线串之间的最大距离必须小于指定的交点距离)。系统可以在工作区域中看到不相交的曲线以高亮显示，此时就需要先编辑曲线使其相交，然后再创建通过曲线网格曲面。

任务实施

Step1 以 X-Y 面为草绘平面，执行“圆弧”等命令完成图 5.3.2 所示草图 1 的设计。执行“拉伸”命令，拉伸高度为 80 mm，完成拉伸 1 的创建，如图 5.3.3 所示。

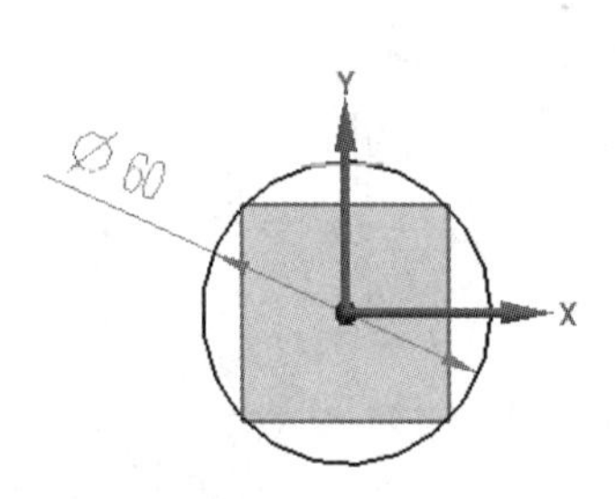

图 5.3.2 草图 1 的设计

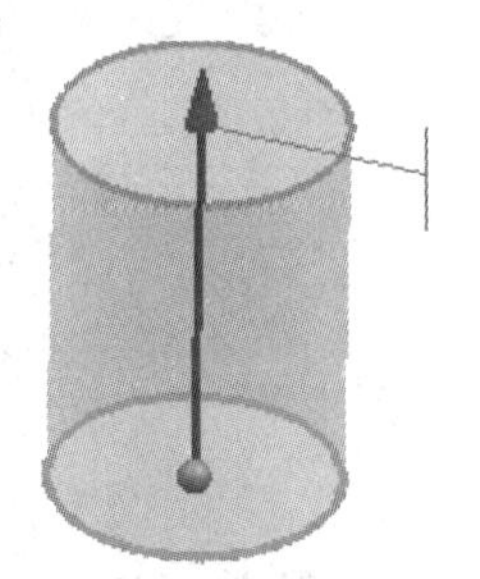

图 5.3.3 拉伸 1 的创建

Step2 以 X-Y 面为草绘平面，执行“矩形”命令完成图 5.3.4 所示草图 2 的设计。执行“拉伸”命令，拉伸高度为 80 mm，布尔运算设置为求差，完成拉伸 2 造型的创建，如图 5.3.5 所示。

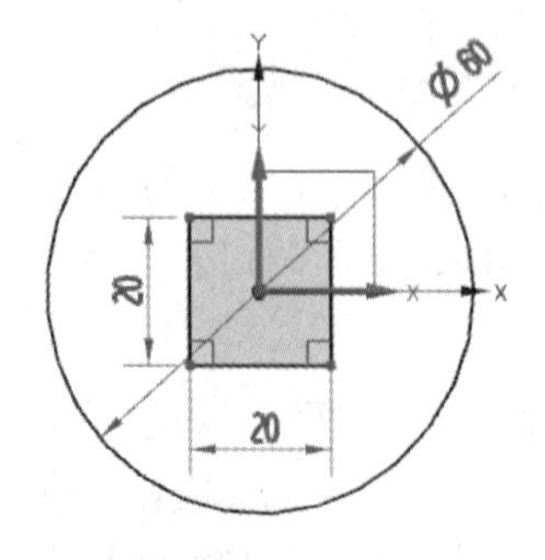

图 5.3.4 草图 2 的设计

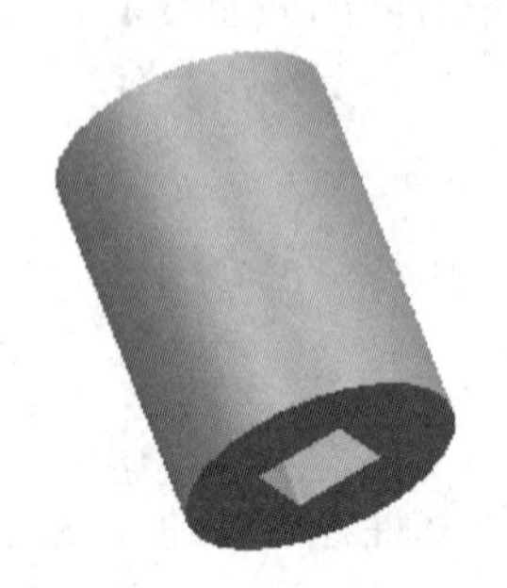

图 5.3.5 拉伸 2 的创建

Step3　执行“偏置曲面”命令，偏置距离设置为“100”，完成偏置曲面的创建，如图 5.3.6 所示。

(a) “偏置曲面”对话框

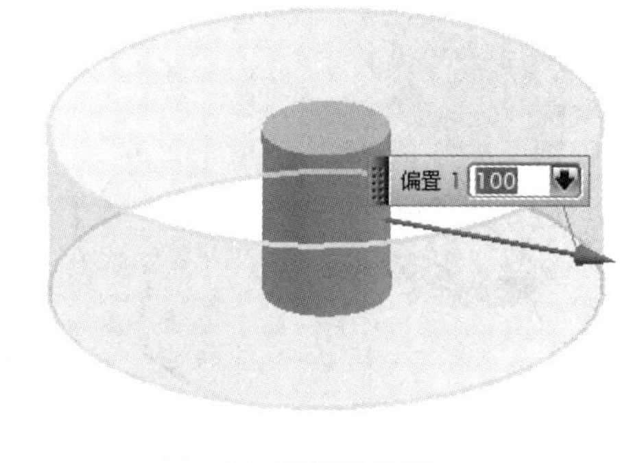

(b) 偏置的曲面

图 5.3.6　偏置曲面的创建

Step4　以 Y-Z 面为草绘平面，执行“圆弧”命令完成图 5.3.7 所示草图 3 的设计，仅需注意高度尺寸，其他尺寸按照轮廓形状自定。执行“投影曲线”命令后，分别选择两圆弧曲线为要投影的曲线，并分别以两圆柱面为要投影的对象，投影方向选择“沿矢量”方式，选取 X 轴为矢量方向，完成两投影曲线的创建，如图 5.3.8 所示。

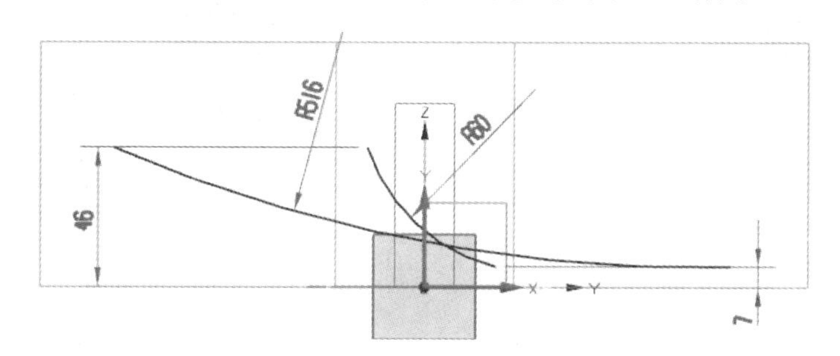

图 5.3.7　草图 3 的设计

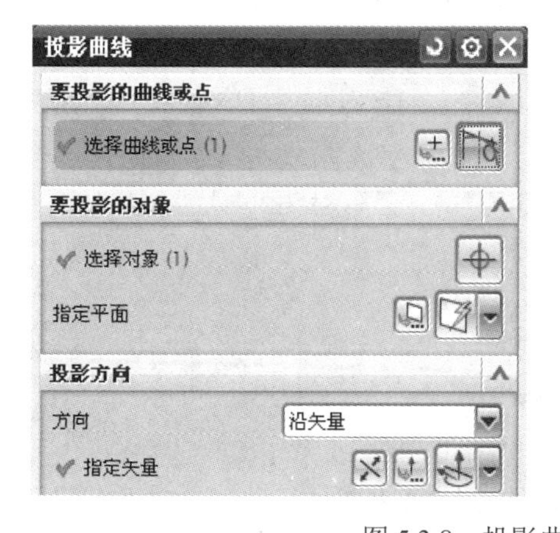

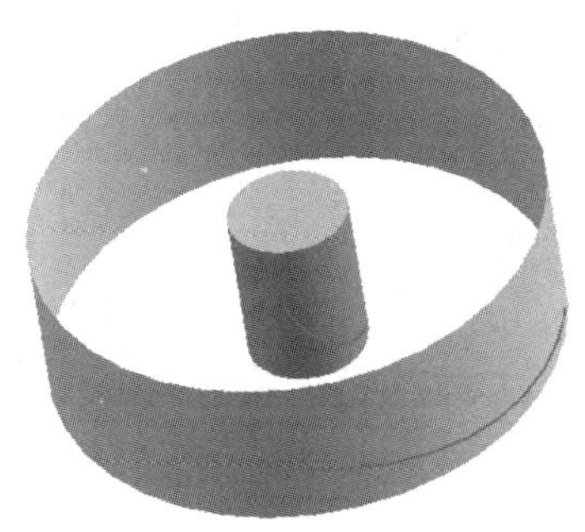

图 5.3.8　投影曲线的创建

Step5 执行“直线”命令，依次选取两投影曲线端点，完成两空间直线的创建，如图5.3.9 所示。

Step6 执行“通过网格曲面”命令，依次选取圆柱面的“投影曲线”作为主曲线，两主曲线之间用鼠标中间隔开；选择“交叉曲线”选项，依次选取空间直线作为交叉曲线，完成单个叶片的创建，如图 5.3.10 所示。

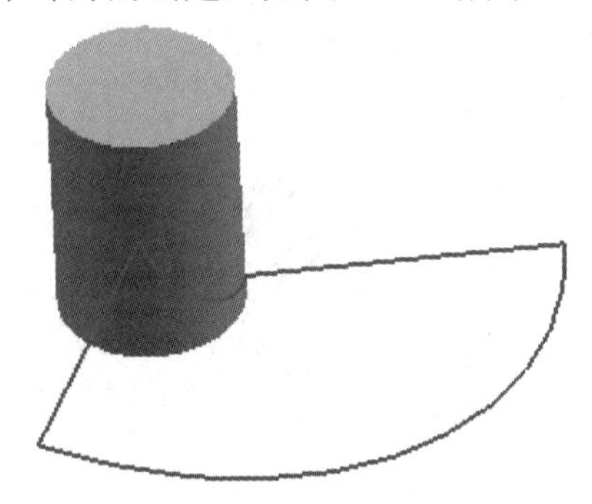

图 5.3.9 空间直线的创建

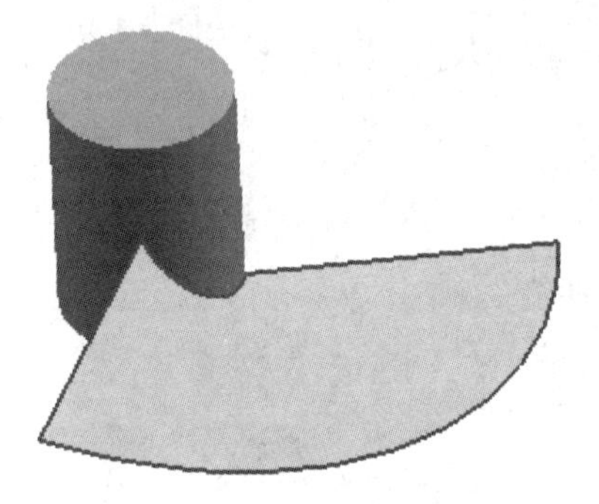

图 5.3.10 叶片曲面的创建

Step7 执行“加厚”命令，厚度设置为 2.5 mm，完成叶片加厚设计，如图 5.3.11 所示。执行“边倒圆”命令，圆角半径分别设置为 36 mm 和 50 mm，完成边倒圆的造型设计，如图 5.3.12 所示。

图 5.3.11 叶片加厚的创建

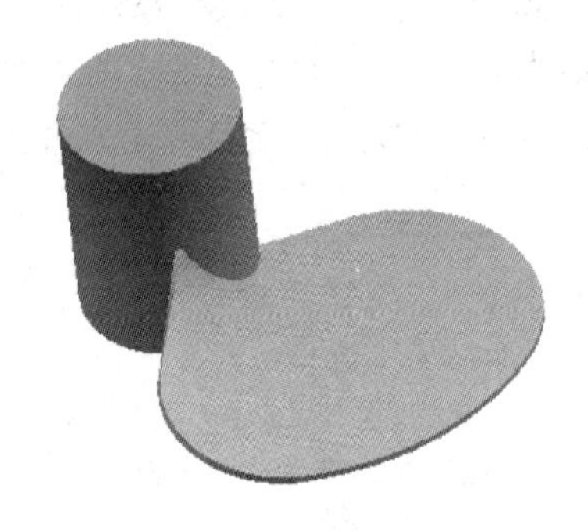

图 5.3.12 叶片圆角的创建

Step8 执行“偏置面”命令，偏置长度设置为“10”，隐藏拉伸设置为“1”，选择叶片与拉伸 1 相切面，完成叶片偏置的创建，如图 5.3.13 所示。

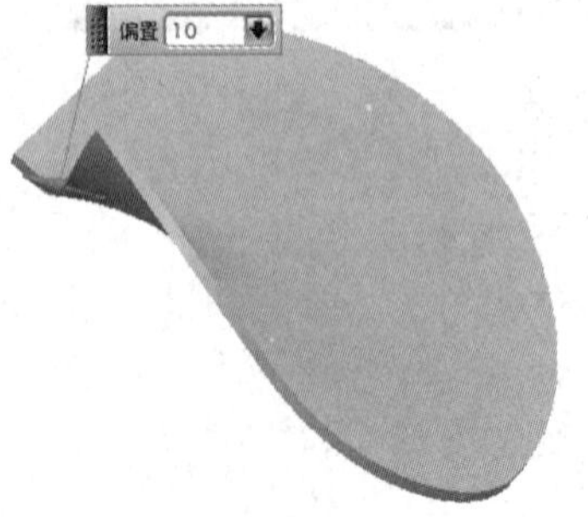

图 5.3.13 叶片偏置创建

Step9 选择“求和”命令，将叶片与拉伸 1 连接为整体；执行“边倒圆”命令，半径设置为“4”，完成叶片与拉伸 1 之间圆角的创建，如图 5.3.14 所示。

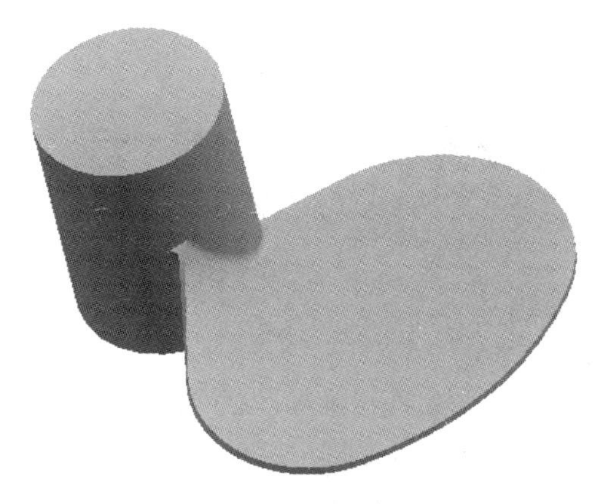

图 5.3.14　叶片圆角的创建

Step10　执行“对特征形成图样”命令，将叶片曲面到“边倒圆”之间的所有操作设置为阵列对象，如图 5.3.15 所示。布局样式选择“圆形”，旋转轴为 Z 轴，360° 范围内阵列 3 个图素，完成圆形阵列操作，如图 5.3.16 所示。

通过曲线网格 (10)
加厚 (11)
边倒圆 (12)
边倒圆 (13)
偏置面 (14)
求和 (15)
边倒圆 (16)
边倒圆 (17)

图 5.3.15　选择阵列对象

图 5.3.16　阵列特征的创建

Step11　执行“边倒圆”命令，半径值设置为“30”，选择拉伸 1 顶部曲线，完成圆角的创建，如图 5.3.17 所示。

图 5.3.17　边倒圆的创建

任务四 节 能 灯

节能灯

任务要求

通过对本任务的学习，要求学生能正确掌握空间曲线的创建与编辑，能熟练运用“旋转”“对特征形成图样”命令完成节能灯的造型设计。

任务分析

节能灯实例创建过程由顶部实体旋转、灯管曲线创建与编辑、管道和对特征形成图样圆形阵列等部分组成。本任务的重点为空间曲线的创建与编辑，要求学生熟练应用操作技巧。

知识链接

一、“直线”命令

“直线”命令可以使用点、方向及切线来指定线段的起点和终点选项，如图 5.4.1 所示。

图 5.4.1 “直线”对话框

使用“支持平面”下拉列表可以指定构建直线的平面，其中：“自动平面”是指软件系统根据指定的直线起点与终点来自动判断临时自动平面；“锁定平面”是指如果更改起点或终点则自动平面仍然保持锁定状态，不可移动；“选择平面”是指启用“指定平面”选项，可定义用于构建直线的平面。

二、“基本曲线”命令

“基本曲线”命令的功能是非参数化建模中最常用的工具，可用于创建实体特征或曲面截面，它包括直线、圆弧、圆、圆角、裁剪等功能，如图 5.4.2 所示。直线与圆弧指令较为简单，这里不作详细介绍，下面对曲线倒圆和修剪指令加以简单介绍。

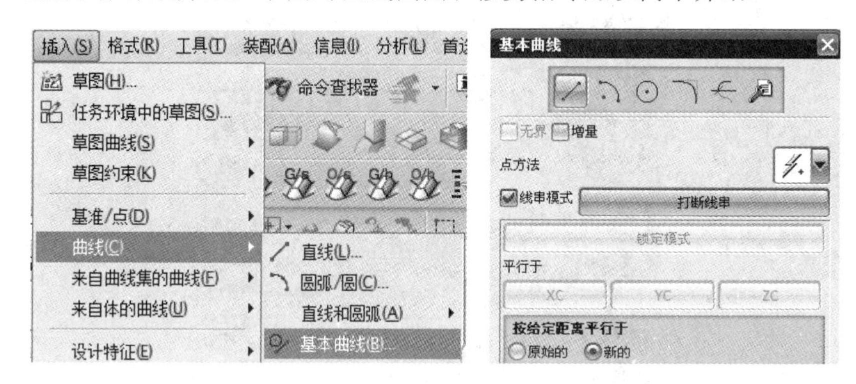

图 5.4.2　“基本曲线”对话框

1. 曲线倒圆

该选项的功能为在两个或三个曲线的交点处建立圆角(曲线之间不一定要相交)，如图 5.4.3 所示。具体操作如下：

(1) 曲线圆角方法：

① 简单圆角 ：在两直线之间倒圆角；

② 2 曲线圆角 ：在两任意曲线之间倒圆角；

③ 3 曲线圆角 ：在三任意曲线之间倒圆角。

(2) 半径：用于指定圆角默认半径。对于 3 曲线圆角，该设置无效。

(3) 继承：继承另一圆角的半径参数。3 曲线圆角时无效。

(4) 修剪选项：指定建立圆角时对原曲线的修剪(延长)的方法。

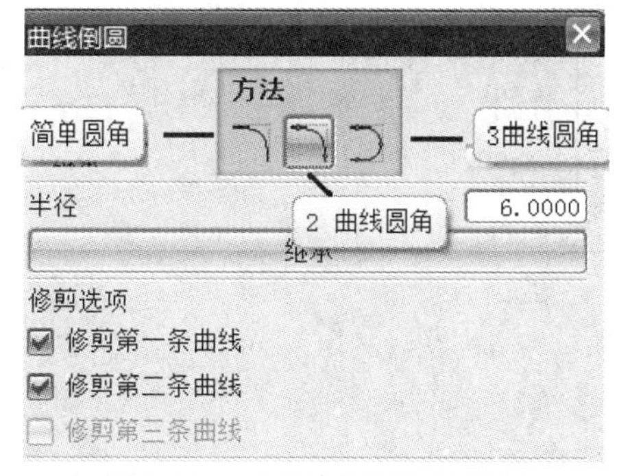

图 5.4.3　“曲线倒圆”对话框

2. 修剪

该选项的功能为修剪曲线的多余部分到指定的边界对象，或者延长曲线一端到指定的边界对象。可以指定一个或者两个边界对象，同时完成对边界对象的修剪(或延长)，如图

5.4.4 所示。操作步骤如下：

(1) 选择第一条边界曲线；

(2) 必要时选择第二条边界曲线；

(3) 必要时指定对话框中的其他参数；

(4) 选择要修剪或延长的曲线。

图 5.4.4 “修剪曲线”对话框

任务实施

Step1 以 X-Z 面为草绘平面，完成草图 1 的创建，如图 5.4.5 所示。

Step2 执行“旋转”命令，以草图 1 为截面，以 Z 轴为旋转轴，完成旋转实体的造型，如图 5.4.6 所示。

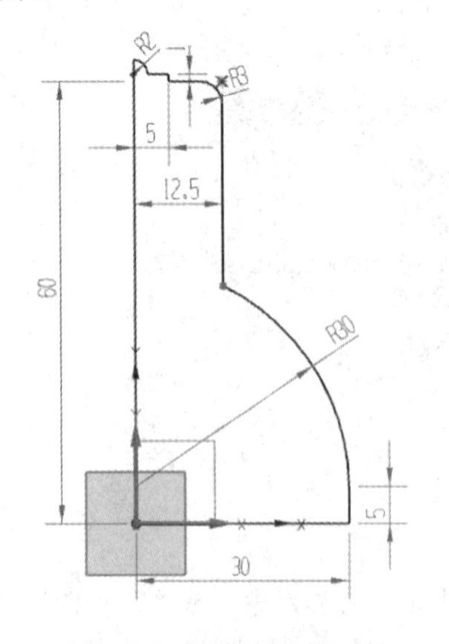

图 5.4.5 草图 1 的创建

图 5.4.6 旋转实体的造型

Step3　以 X-Y 面为草绘平面，完成草图 2 的创建，如图 5.4.7 所示。

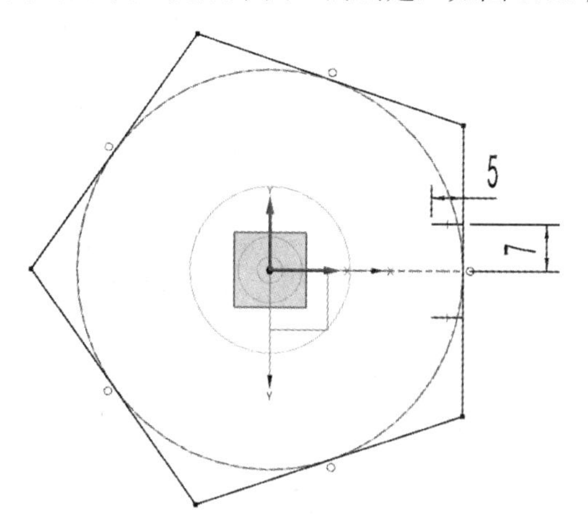

图 5.4.7　草图 2 的创建

Step4　单击“曲线”工具栏中的“直线”按钮，以草图 2 中 5 mm 长的直线端点为起点，沿 Z 轴方向，长度设置为–40 mm，完成空间直线 1 与空间直线 2 的绘制，如图 5.4.8 所示。

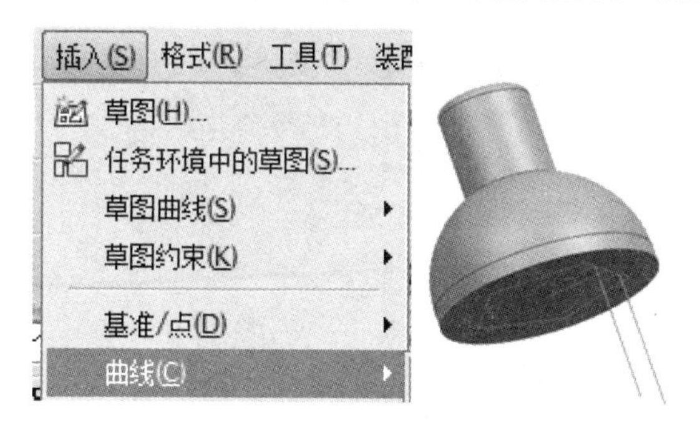

图 5.4.8　“Z”向直线的创建

Step5　选择“按某一距离”类型，以 X-Y 面为参考平面，设置距离值为 40 mm(注意方向选择)，完成基准平面 1 操作，以基准平面 1 为草绘平面，完成草图 3 的创建，如图 5.4.9 所示。

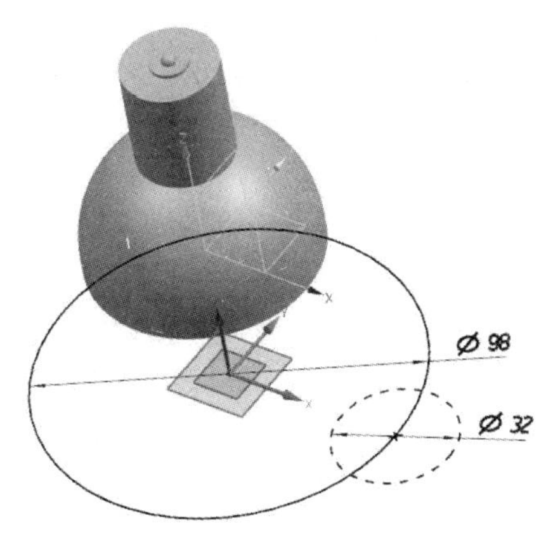

图 5.4.9　草图 3 的创建

Step6　单击“曲线”工具栏中的“直线”按钮，分别以两空间直线端点为起点，将

“终点选项”设置为“相切”，绘制 Φ32 mm 圆弧的两切线，完成空间直线 3 与空间直线 4 的绘制，如图 5.4.10 所示。

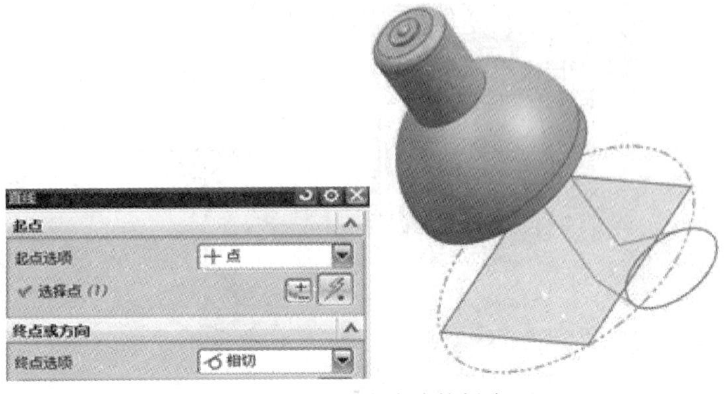

图 5.4.10　切向直线的创建

Step7　单击“基本曲线”工具栏中的“曲线倒角”按钮，圆弧半径设置为 15 mm，完成对应空间直线间的倒角操作(操作时注意圆角圆心位置设置)，如图 5.4.11 所示。

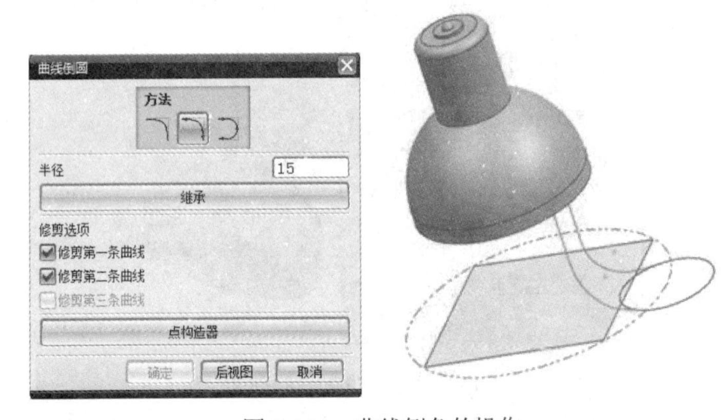

图 5.4.11　曲线倒角的操作

Step8　单击“基本曲线”工具栏中的“修剪曲线”按钮，选取圆弧要修剪的部分为“要修剪的曲线”，选取空间直线 3、空间直线 4 为“边界对象”，完成曲线修剪操作，如图 5.4.12 所示。

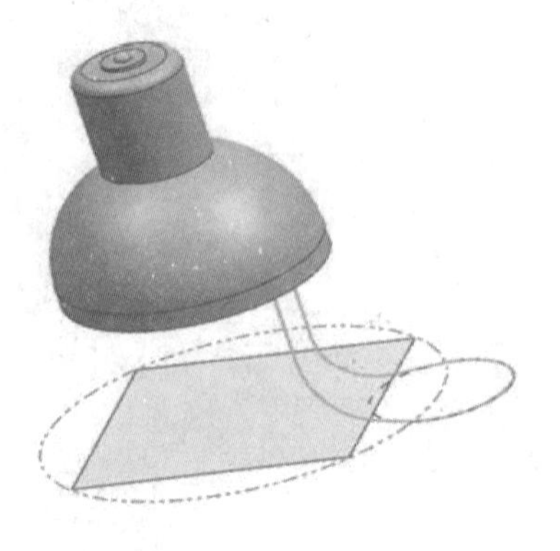

图 5.4.12　修剪曲线的操作

Step9　执行“管道”命令，“路径”选取“灯管中心轨迹”，横截面“外径”设置为

“6”、“内径”设置为“0”，完成管道 1 灯管模型的创建，如图 5.4.13 所示。

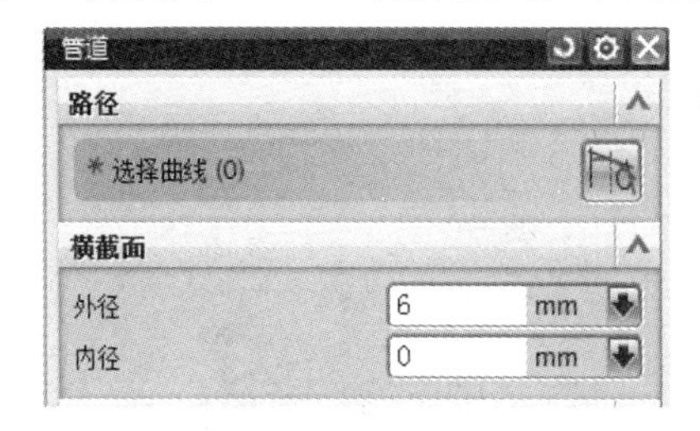

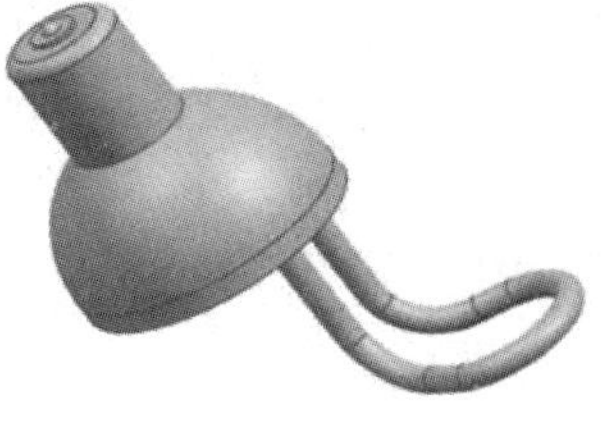

图 5.4.13　管道特征的创建

Step10　执行“对特征形成图样”命令，选取管道 1 为“要形成图样的特征”，将“阵列定义”中“布局”设置为“圆形”，旋转轴为 Z 轴，“角度方向”中的“间距”设置为“数量和跨距”，“数量”设置为“5”，“跨角”设置为“360”，完成节能灯造型的整体创建，如图 5.4.14 所示。

图 5.4.14　圆形阵列特征的创建

能力测试

练习一　耳机造型

耳机

Step1　以 X-Y 面为草绘平面，以坐标系原点为圆心、14 mm 长为直径完成草图 1，如图 5.4.15 所示。

Step2　选择“按某一距离”类型，以 X-Y 面为参考平面，设置距离为 8 mm，完成基准平面 1 的创建，如图 5.4.16 所示。

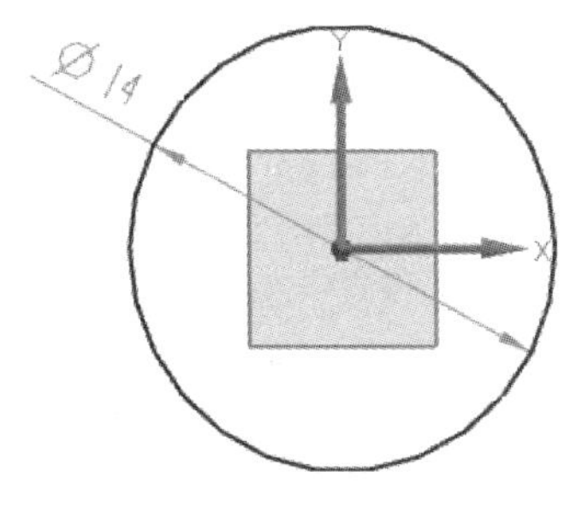

图 5.4.15　草图 1 的创建

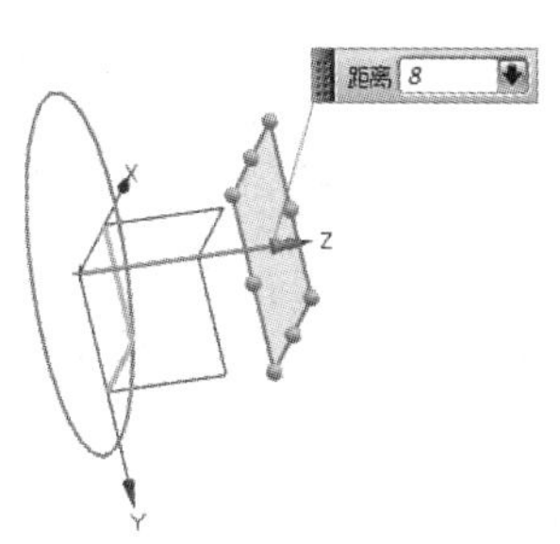

图 5.4.16　基准平面 1 的创建

Step3 以基准平面 1 为草绘平面，执行“椭圆”命令，以坐标系原点为中心，大半径为 4 mm、小半径为 2 mm 完成草图 2 mm 的创建，如图 5.4.17 所示。

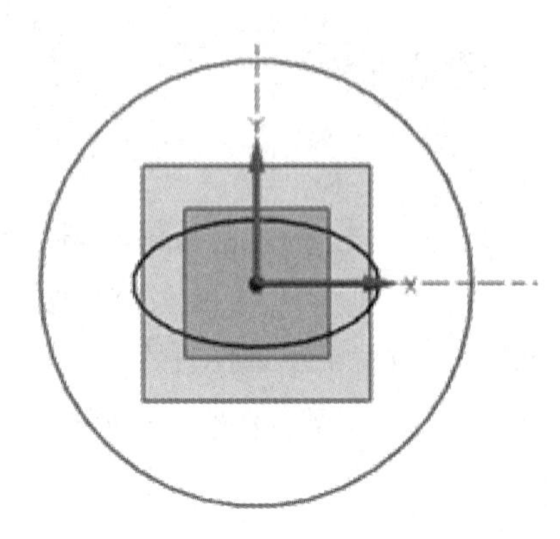

图 5.4.17 草图 2 的创建

Step4 以 X-Z 面为草绘平面，执行“直线”与“圆弧”等命令完成草图 3 的创建，如图 5.4.18 所示。

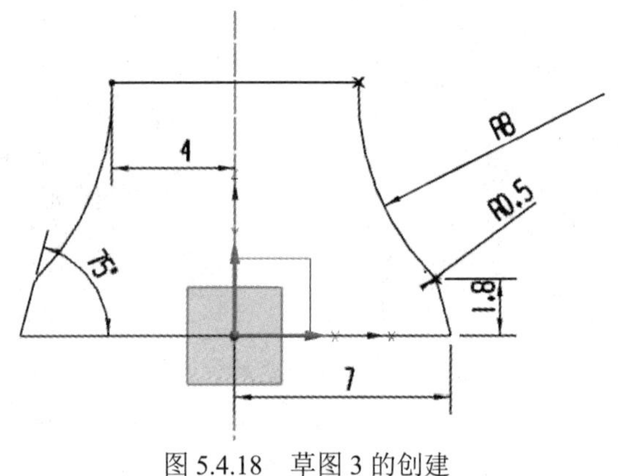

图 5.4.18 草图 3 的创建

Step5 执行“镜像曲线”命令，以草图 3 为曲线，以 Y-Z 面为镜像平面完成镜像操作，如图 5.4.19 所示。

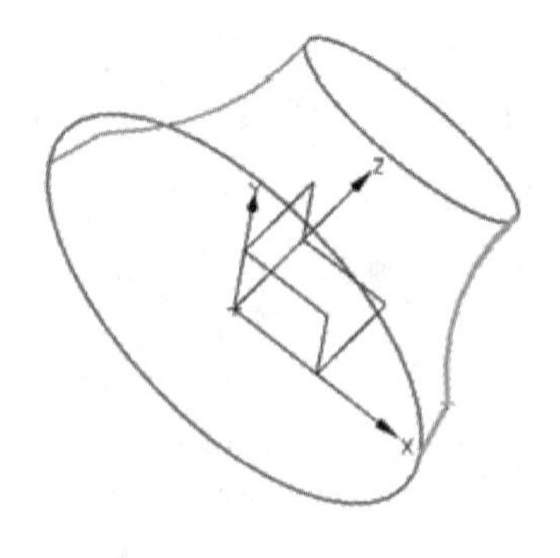

图 5.4.19 镜像曲线的创建

Step6 执行“扫掠”命令，以草图 1 与草图 2 为截面，以草图 3 与镜像曲线为引导线完成扫掠造型，如图 5.4.20 所示。

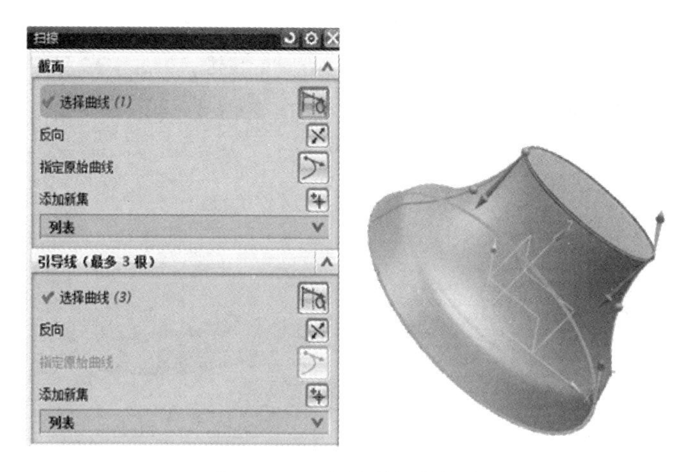

图 5.4.20　扫掠特征的创建

Step7　以 X-Z 面为草绘平面，利用直线与椭圆(大半径 15 mm、小半径 3 mm)命令完成草图 4 的创建，如图 5.4.21 所示。

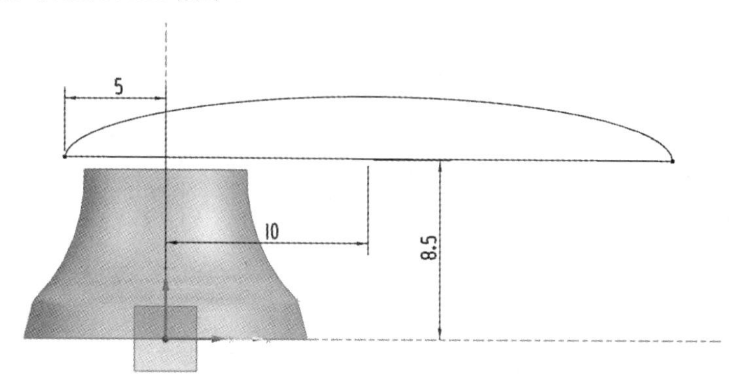

图 5.4.21　草图 4 的创建

Step8　执行回转命令，以草图 4 为截面，以草图 4 中的直线为轴，布尔运算设置为“求和”，完成回转造型 1 的创建，如图 5.4.22 所示。

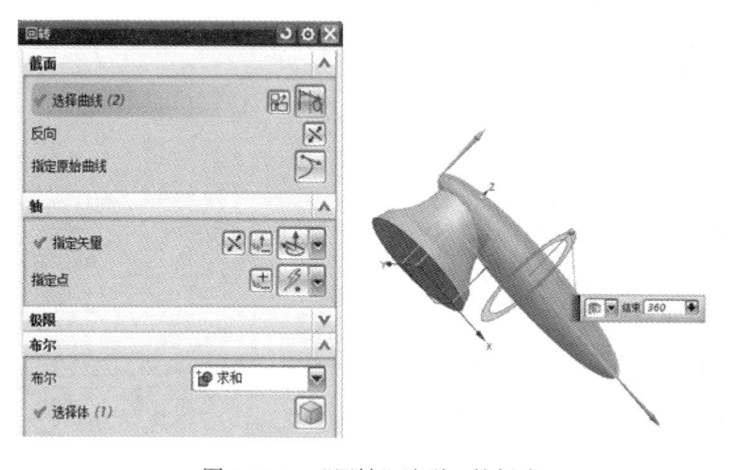

图 5.4.22　“回转”造型 1 的创建

Step9 以 X-Z 面为草绘平面，执行“直线”与“圆弧”等命令完成草图 5 的创建，再选择“回转”命令，以草图 5 为截面，以草图 Z 轴为选择轴，“布尔运算”设置为“求和”，完成回转造型 2 的创建，如图 5.4.23 所示。

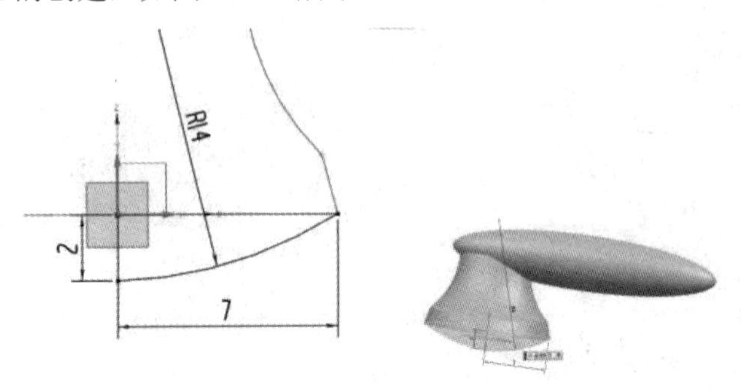

图 5.4.23 回转造型 2 的创建

练习二 花朵

Step1 以 X-Y 面为草绘平面，利用“圆弧”等命令完成图 5.4.24 所示草图的设计，选择“阵列曲线”命令，布局类型选择“圆形”，以原点为中心，360° 范围内阵列 6 个特征，完成草图 1，如图 5.4.25 所示。

花朵

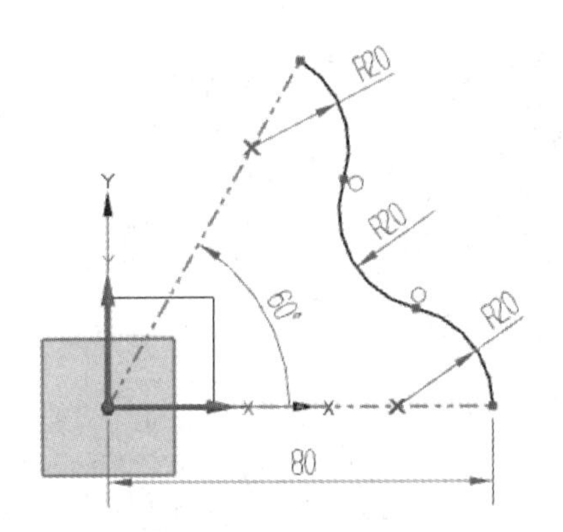

图 5.4.24 圆弧草图的设计

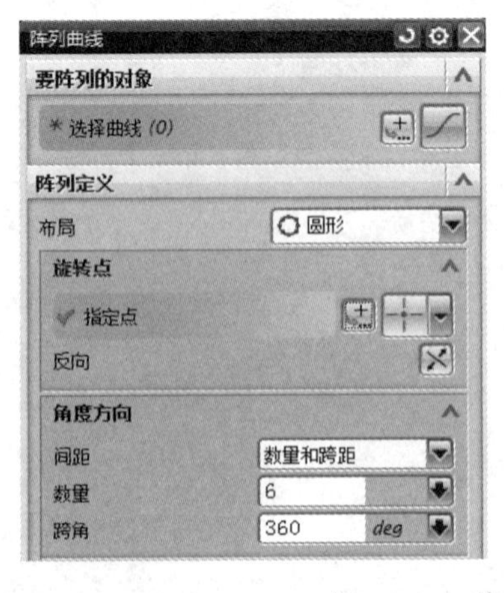

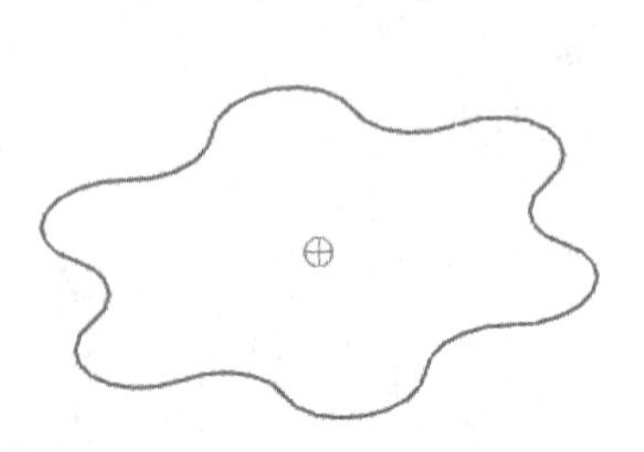

图 5.4.25 阵列曲线的创建

Step2　以 X-Z 面为草绘平面，利用“圆弧”等命令完成草图 2，如图 5.4.26 所示。

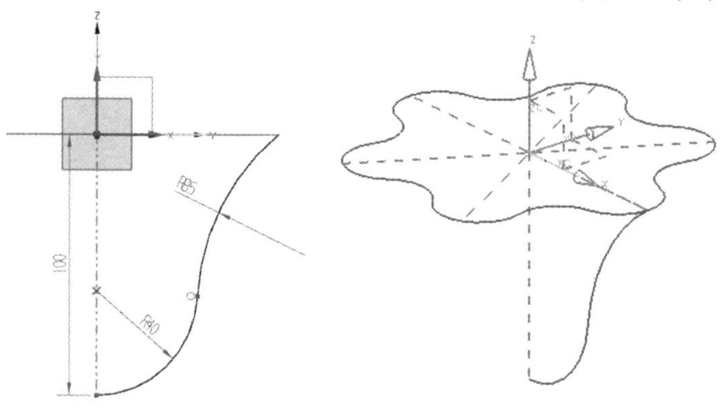

图 5.4.26　花朵底部曲面的创建

Step3　执行“对特征形成图样”命令，布局样式选择“圆形”，旋转轴为 Z 轴，360° 范围内阵列 6 个图素，完成圆形阵列操作，如图 5.4.27 所示。

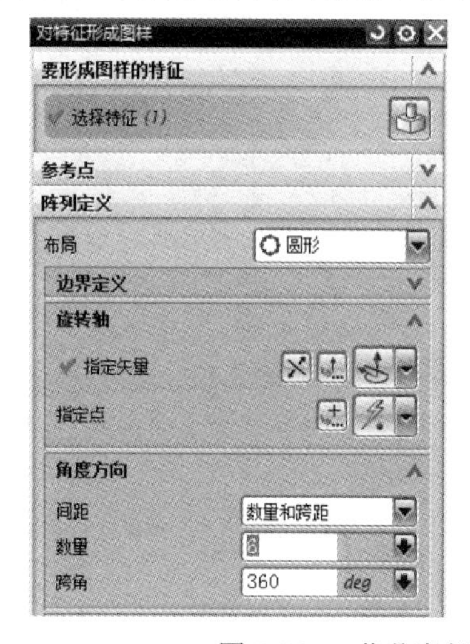

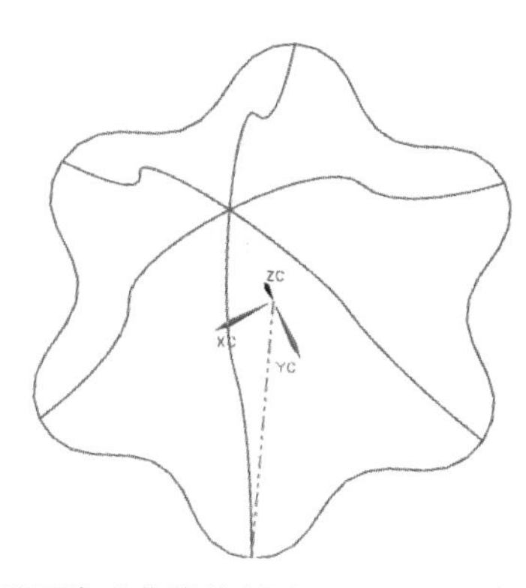

图 5.4.27　花朵底部圆形阵列曲线的创建

Step4　执行“通过网格曲面”命令，选取底部曲线的“交点”作为主曲线 1，选取草图 1 作为主曲线 2，然后点选“交叉曲线”选项，按顺时针或逆时针依次选择侧边各曲线作为交叉曲线(交叉曲线 7 与交叉曲线 1 相同)，体类型选择“实体”选项，完成花朵主体的创建，如图 5.4.28 所示。

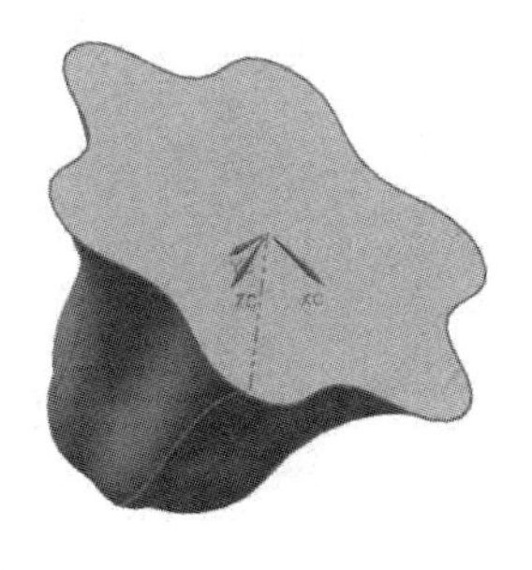

图 5.4.28　花朵主体的创建

Step5　执行“抽壳”命令，“类型”设置为“移除面，然后抽壳”，“要穿透的面”选择花朵“上表面”，“厚度”设置为“1”，完成抽壳造型，如图 5.4.29 所示。

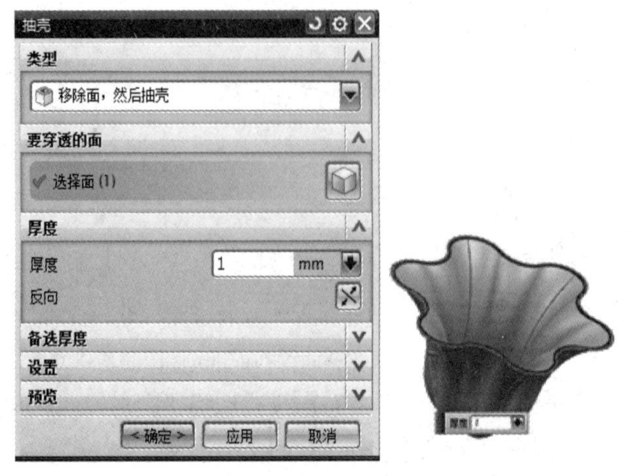

图 5.4.29　抽壳特征的创建

Step6　以 X-Z 面为草绘平面，以花朵底部为顶点，执行“样条曲线”命令完成草图 3，如图 5.4.30 所示。

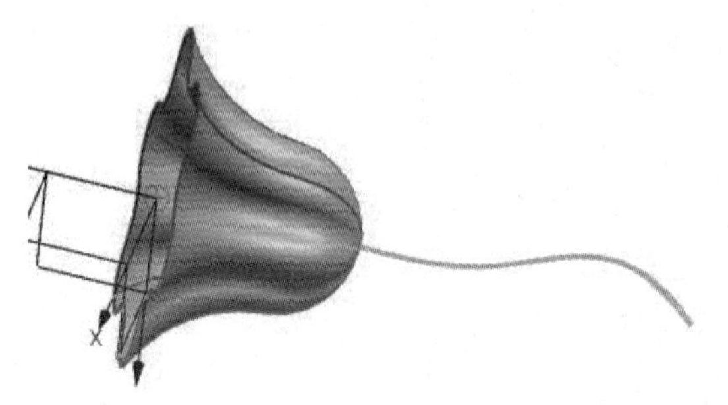

图 5.4.30　花径曲线的创建

Step7　执行“管道”命令，设置管道外径为 8 mm、内径为 0，布尔运算选择“求和”模式，设置输出样式为“单段”，完成花径造型设计，如图 5.4.31 所示。

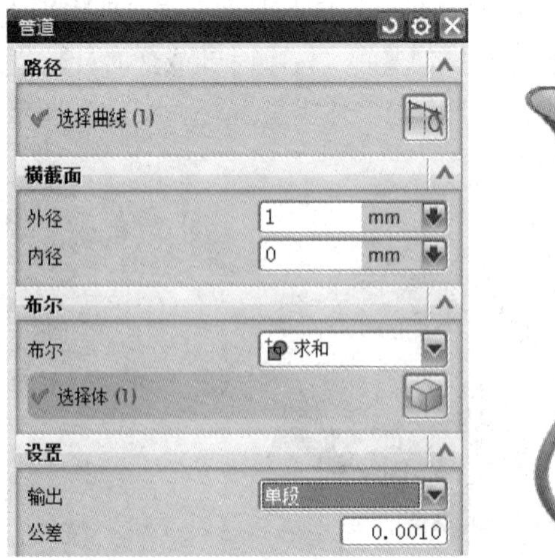

图 5.4.31　花径造型设计

练习三　电吹风造型

电吹风

Step1　以 X-Y 面为草绘平面，完成草图 1 的创建，如图 5.4.32 所示。

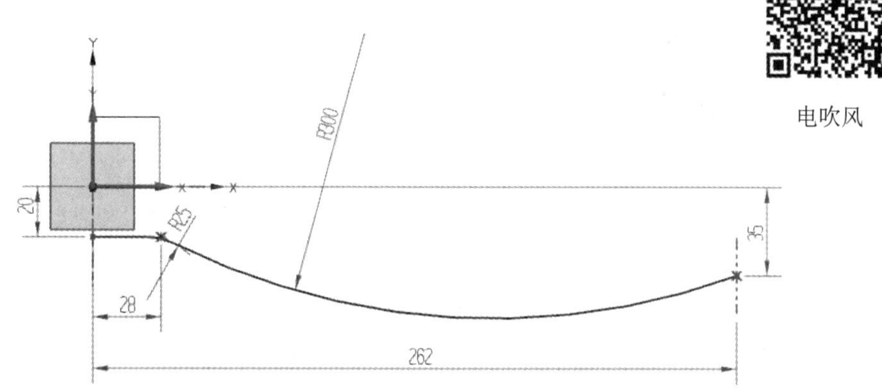

图 5.4.32　草图 1 的创建

Step2　执行“镜像曲线”命令，以 X-Z 面为镜像平面，完成镜像曲线的创建，如图 5.4.33 所示。

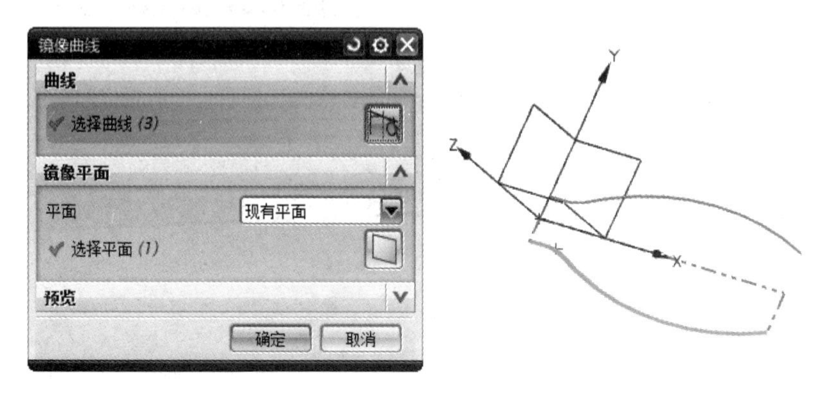

图 5.4.33　镜像曲线的创建

Step3　以 Y-Z 为草绘平面，以草绘 1 与镜像曲线两端点连线为直径，完成草图 2 半圆的绘制，如图 5.4.34 所示。

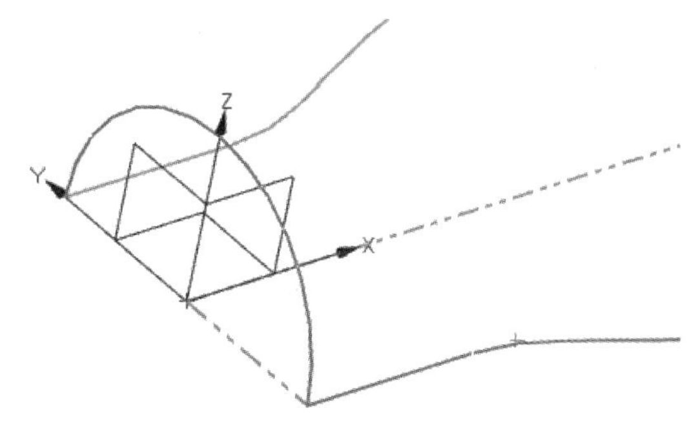

图 5.4.34　草图 2 的创建

Step4　选择“按某一距离”类型，以 Y-Z 面为参考平面，设置偏置距离值为 160 mm(注意方向选择)，完成基准平面 1 的创建，如图 5.4.35 所示。

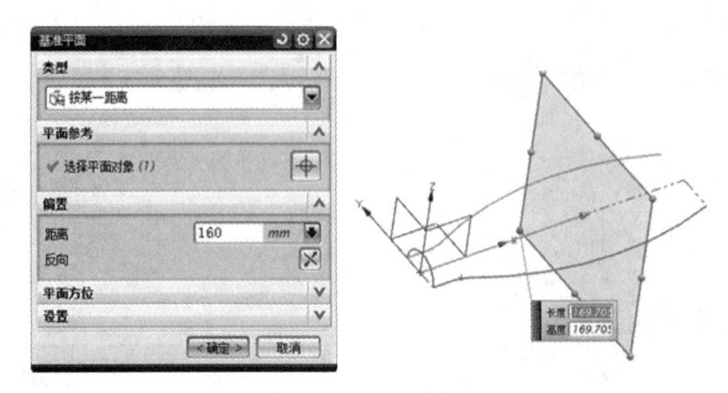

图 5.4.35 基准平面 1 的创建

Step5 执行“点”命令，选择类型为“交点”，以基准平面 1 为“选择对象(1)”，以镜像曲线为“要相交的曲线”，完成交点 1 的创建；同理，以草图 1 为“要相交的曲线”，完成交点 2 的创建，完成两交点的创建，如图 5.4.36 所示。

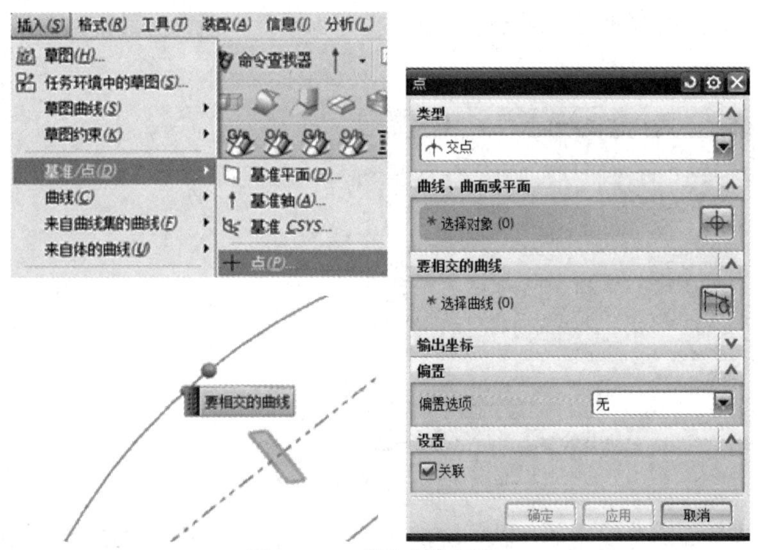

图 5.4.36 基准点的创建

Step6 以基准平面 1 为草绘平面，以交点 1、交点 2 为端点，设置圆弧半径为 54 mm，完成草图 3 的创建，如图 5.4.37 所示。

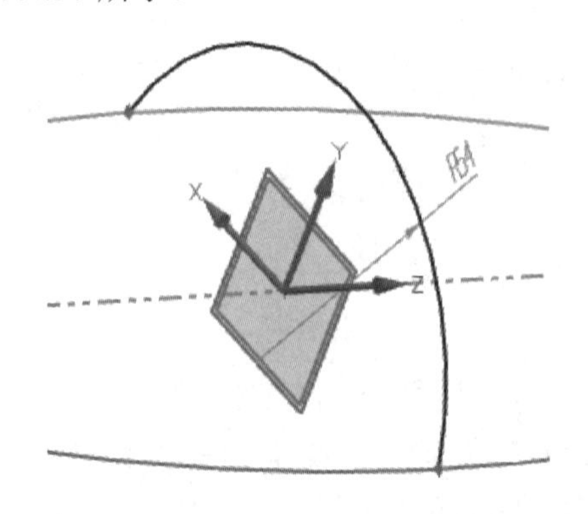

图 5.4.37 草图 3 的创建

Step7　选择“按某一距离”类型，以 Y-Z 面为参考平面，设置距离为 262 mm，完成基准平面 2 的操作，再以基准平面 2 为草绘平面，以两圆弧端点为端点，设置圆弧半径为 35 mm，完成草图 4 的创建，如图 5.4.38 所示。

Step8　以 X-Y 面为草绘平面，以两圆弧端点为端点，设置圆弧半径为 38 mm，完成草图 5 的创建，如图 5.4.39 所示。

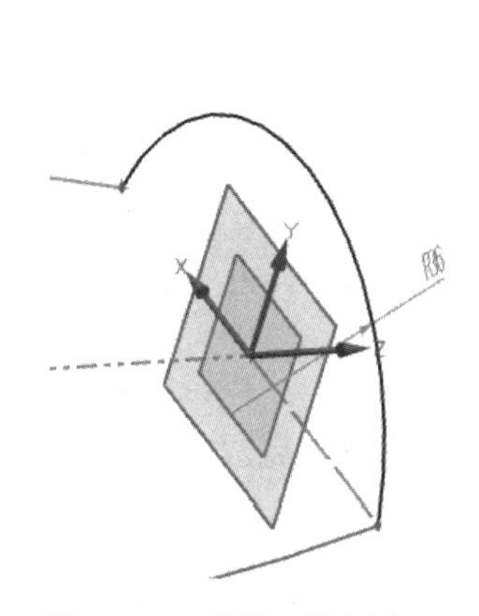

图 5.4.38　草图 4 的创建

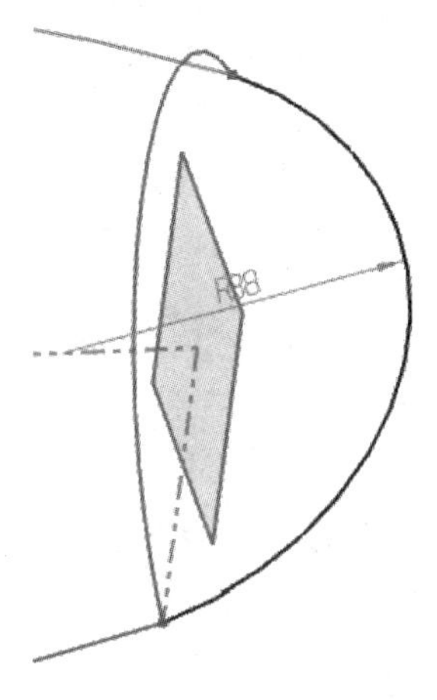

图 5.4.39　草图 5 的创建

Step9　执行“通过曲线网格”命令，以草图 1 与镜像曲线为主曲线，以草图 2、草图 3、草图 4 为交叉曲线完成曲面 1 造型的创建，如图 5.4.40 所示。

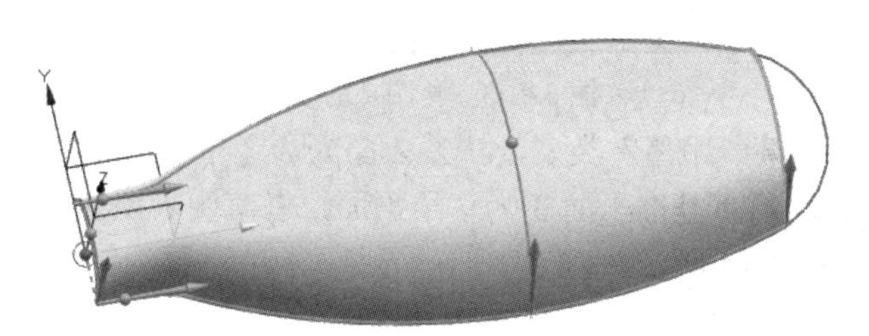

图 5.4.40　曲面 1 造型的创建

Step10　执行“通过曲线组”命令，以草图 4 为第一截面，以草图 5 为最后截面，将第一截面的连续性设置为相切，选择曲面 1 为参考，将最后截面的连续性设置为位置，完成曲面 2 造型的创建，如图 5.4.41 所示。

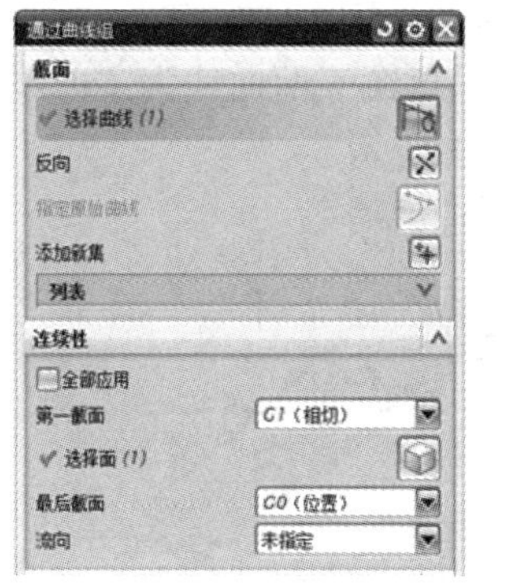

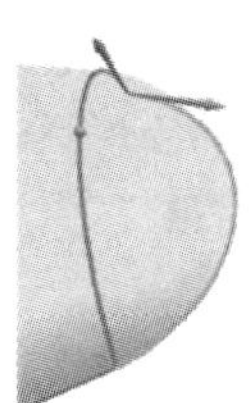

图 5.4.41　曲面 2 造型的创建

Step11 分别选择曲面 1 与曲面 2 为目标和工具，执行“缝合”命令，完成两曲面缝合的操作。

Step12 以 X-Y 面为草绘平面，完成草图 6 的创建，如图 5.4.42 所示。

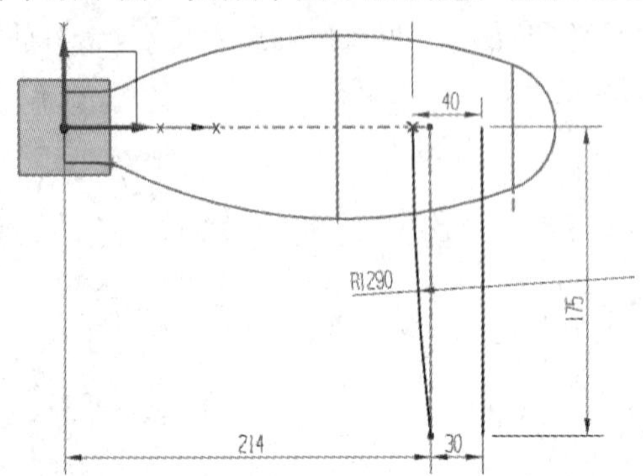

图 5.4.42 草图 6 的创建

Step13 以 X-Z 面为草绘平面，以草图 6 两曲线端点为边长完成草图 7 的创建，如图 5.4.43 所示。

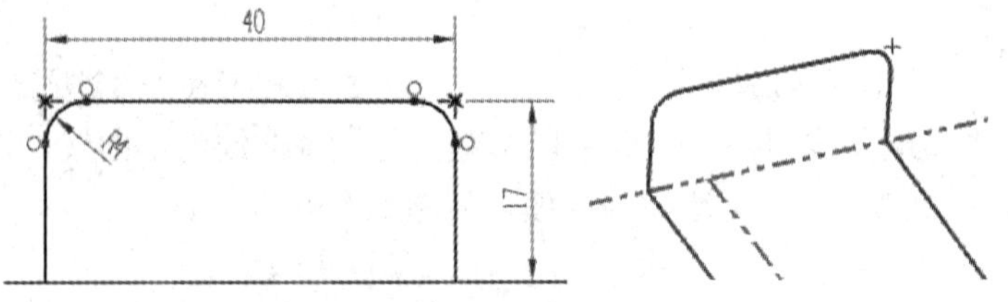

图 5.4.43 草图 7 的创建

Step14 选择“按某一距离”类型，以 X-Z 面为参考平面，设置距离值为 175 mm，完成基准平面 3 的操作。再以基准平面 3 为草绘平面，以草图 6 两曲线另外端点为边长完成草图 8 的创建，如图 5.4.44 所示。

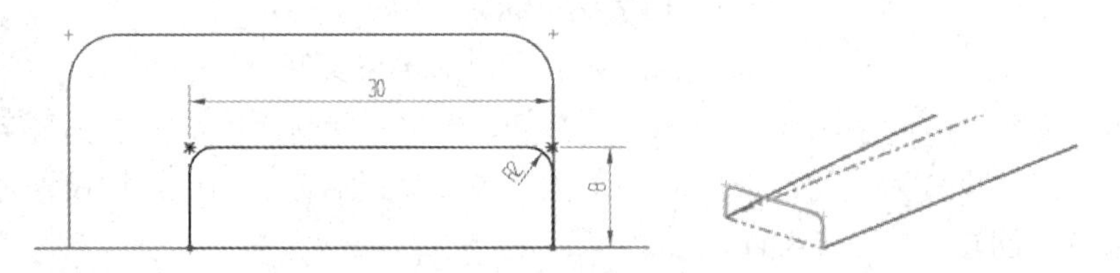

图 5.4.44 草图 8 的创建

Step15 执行“曲线网格”命令，以草图 6 两曲线为主曲线，以草图 7、草图 8 为交叉曲线完成曲面 3 造型的创建，如图 5.4.45 所示。

图 5.4.45 曲面 3 造型的创建

Step16　选择“修剪和延伸”命令，“类型”选择“制作拐角”，目标与工具选择两曲面(注意方向调整)，完成曲面修剪操作生成曲面 4，如图 5.4.46 所示。

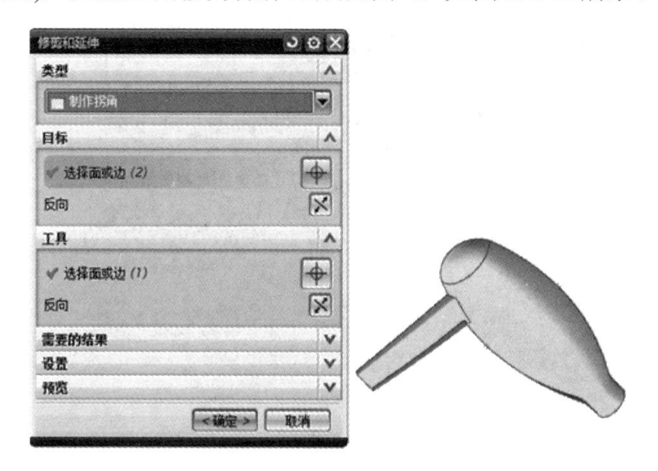

图 5.4.46　曲面 4 造型的创建

Step17　以 X-Y 面为草绘平面，完成草图 9，利用拉伸命令生成圆柱曲面 5，拉伸高度为 200 mm，如图 5.4.47 所示。

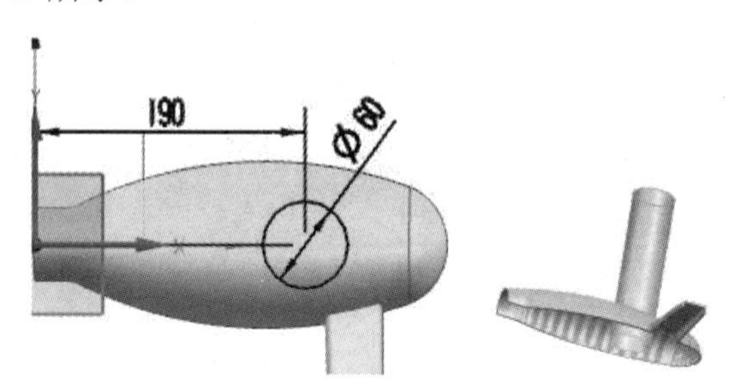

图 5.4.47　曲面 5 造型的创建

Step18　执行“偏置曲面”命令，将曲面 4 向内偏置 5 mm，完成曲面 6 的造型，如图 5.4.48 所示。

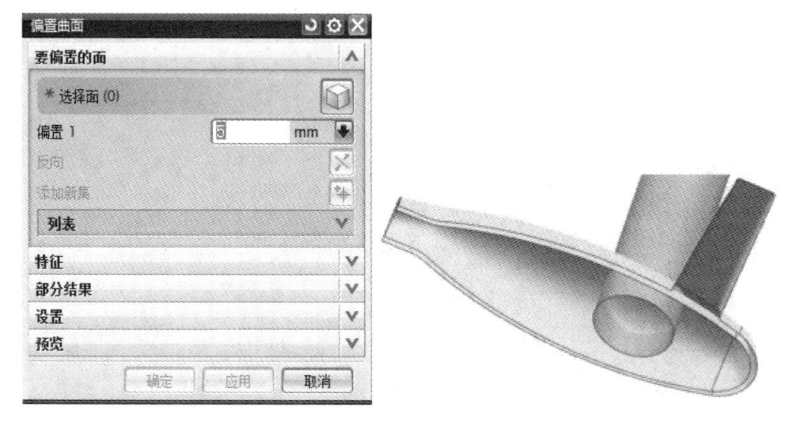

图 5.4.48　曲面 6 造型的创建

Step19　执行“修剪与延伸”命令，类型选择“制作拐角”，目标与工具分别选择曲面 5 和曲面 6(注意方向调整)，完成曲面修剪操作生成曲面 7，如图 5.4.49 所示。

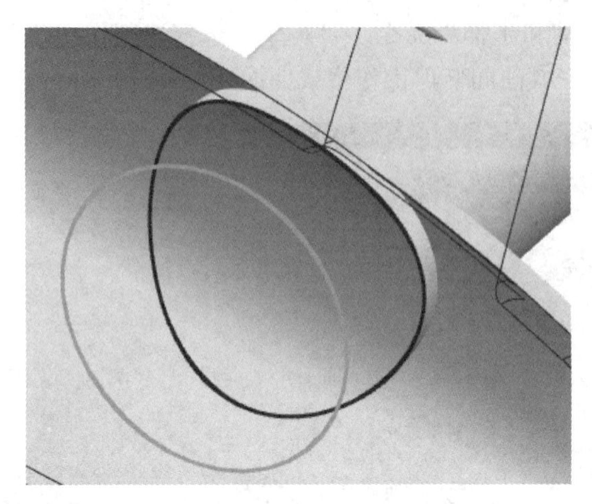

图 5.4.49　曲面 7 造型的创建

Step20　执行“修剪与延伸”命令，类型选择“制作拐角”，目标与工具分别选择曲面 4 和曲面 7(注意方向调整)，完成曲面修剪操作生成曲面 8，如图 5.4.50 所示。

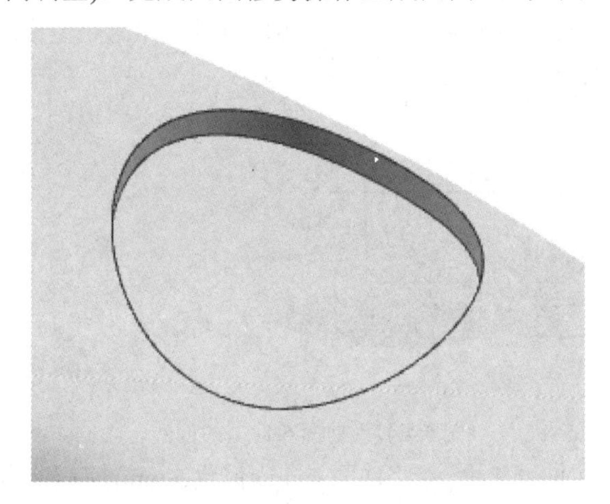

图 5.4.50　曲面 8 造型的创建

Step21　以 X-Y 面为草绘平面，完成草图 10，利用拉伸命令生成拉伸实体 1，拉伸高度为 100 mm，如图 5.4.51 所示。

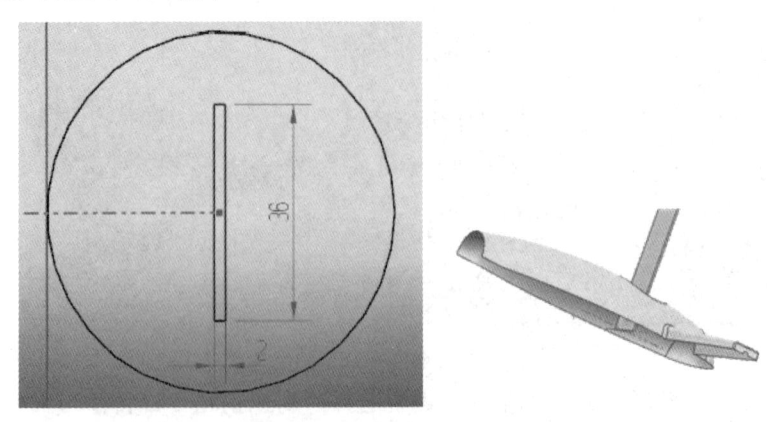

图 5.4.51　拉伸实体 1 的创建

Step22　执行“对特征形成图样”命令，要形成的特征选择长方体拉伸 1，布局选择“线性”，方向 1 中矢量选择 X 轴，“间距”采用“数量和节距”，“数量”设置为“5”，“节距”设置为“4.5”，勾选“对称”选项，完成线性阵列创建，如图 5.4.52 所示。

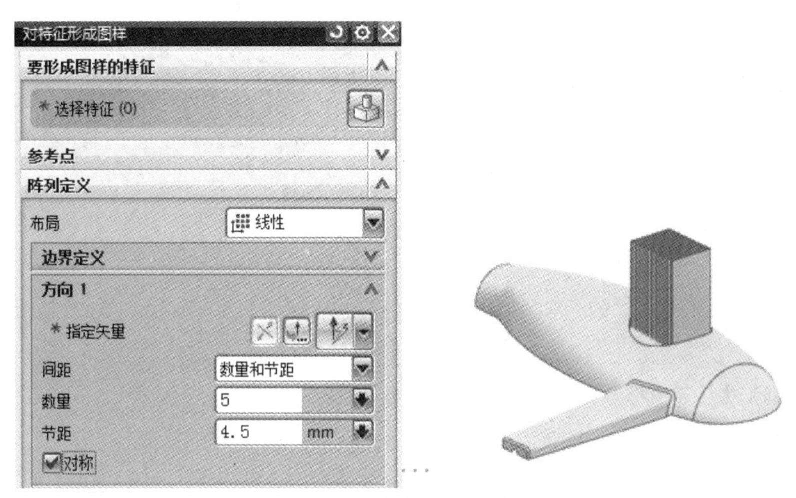

图 5.4.52　线性阵列的创建

Step23　通过“求差”命令，以曲面 8 为目标体，以线性阵列长方体为刀具，完成曲面修剪设计，如图 5.4.53 所示。

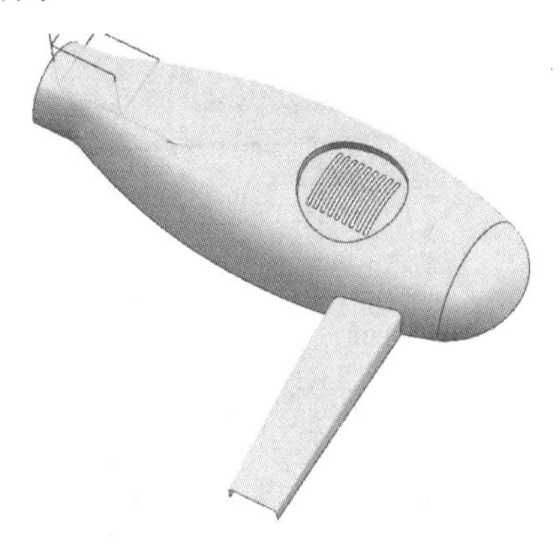

图 5.4.53　曲面修剪的创建

Step24　执行“边倒圆”命令，将手柄与本体间圆角半径设置为“5”，散热口两头圆角半径设置为“1”，完成圆角设计，如图 5.4.54 所示。

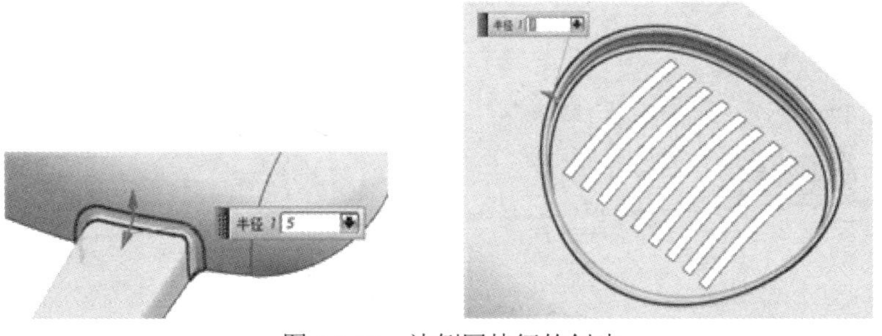

图 5.4.54　边倒圆特征的创建

Step25 执行“加厚”命令，将“偏置 1”设置为“2”(注意方向选择)，完成电吹风整体造型的设计，如图 5.4.55 所示。

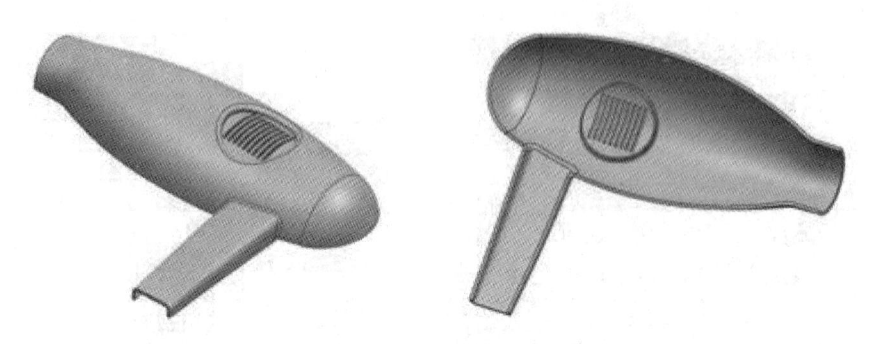

图 5.4.55 加厚特征的创建

练习四 喷淋头造型

喷淋头

Step1 以 X-Y 面为草绘平面，完成草图 1，如图 5.4.56 所示。

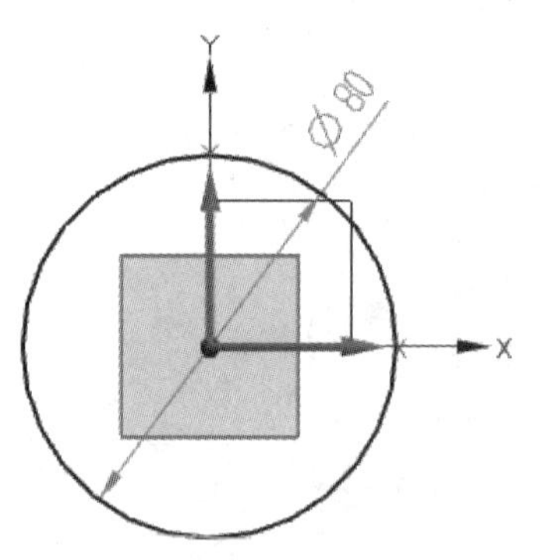

图 5.4.56 草图 1 的创建

Step2 选择“基准平面”命令，选用“按某一距离”类型，以 Y-Z 面为参考平面，设置距离值为 200 mm，完成基准平面 1 的操作。以基准平面 1 为草绘平面，设置椭圆大半径为 20 mm、小半径为 15 mm，完成草图 2，如图 5.4.57 所示。

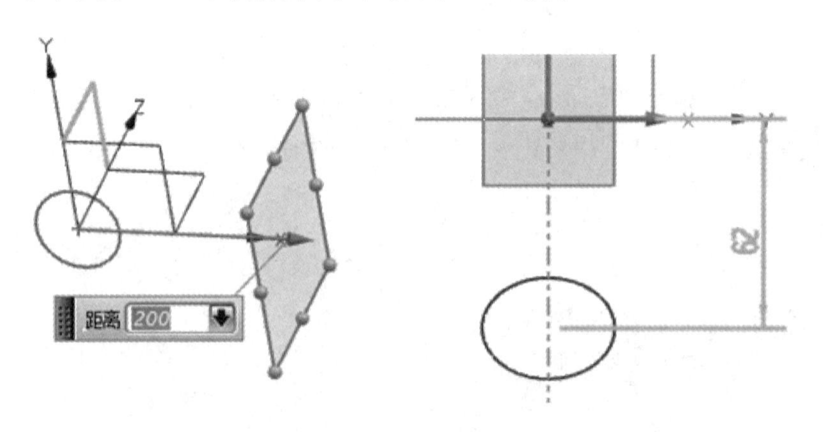

图 5.4.57 草图 2 的创建

Step3　以 Y-Z 面为草绘平面；选择投影曲线，将草图 1 整圆与草图 2 椭圆投影为两直线；以投影曲线为基准完成草图 3 的创建，如图 5.4.58 所示。

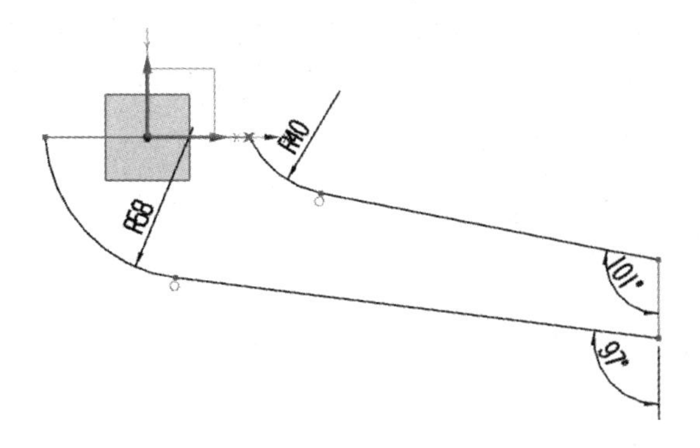

图 5.4.58　草图 3 的创建

Step4　执行“空间直线”命令，以草图 3 中圆弧与直线的交点为端点创建空间直线 1，如图 5.4.59(a)图所示。

Step5　执行“空间直线”命令，以直线 1 一端点为起点，沿 Y 方向生成 40 mm 长的空间直线 2，如图 5.4.59(b)所示。

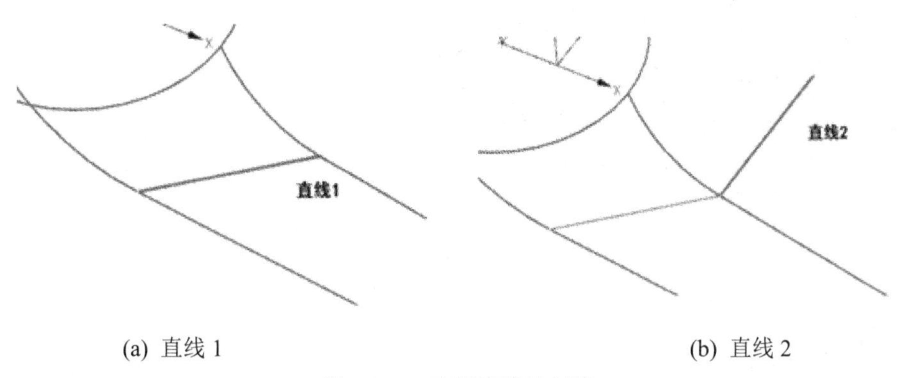

(a) 直线 1　　(b) 直线 2

图 5.4.59　空间直线的创建

Step6　执行“基准平面”命令，选用“两直线”类型，分别以直线 1 与直线 2 为对象完成基准平面 2 的创建，如图 5.4.60 所示。

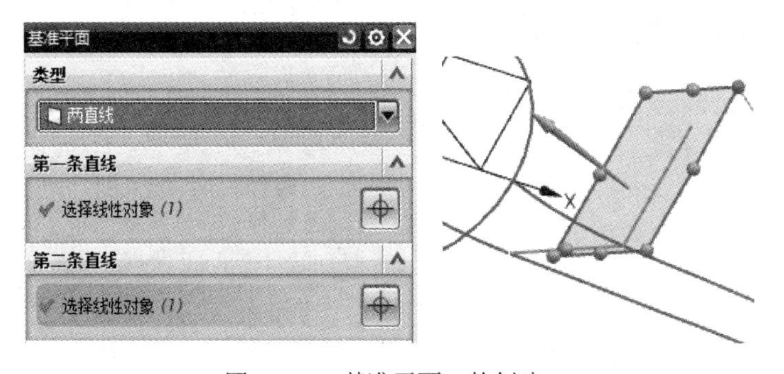

图 5.4.60　基准平面 2 的创建

Step7 以基准平面 2 为草绘平面，以空间直线 1 为直径，完成草图 4 的创建，如图 5.4.61 所示。

Step8 执行“基准平面”命令，选择“按某一距离”类型，以 Y-Z 面为参考平面，设置距离值为 140 mm，完成基准平面 3 的创建，如图 5.4.62 所示。

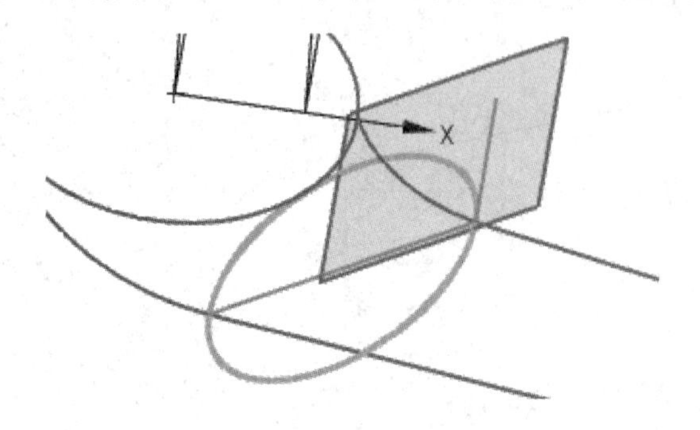

图 5.4.61 草图 4 的创建

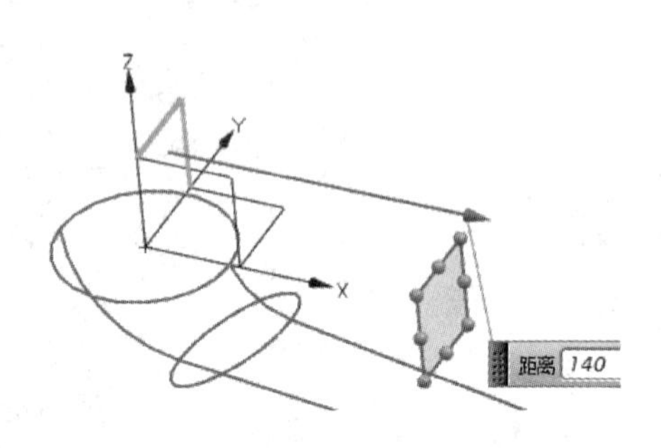

图 5.4.62 基准平面 3 的创建

Step9 执行“点”命令，选择“交点”类型，以基准平面 3 为对象 1，以草图 3 中任意直线为对象 2 创建点 1；同样，用草图 3 中另一直线创建点 2，如图 5.4.63 所示。

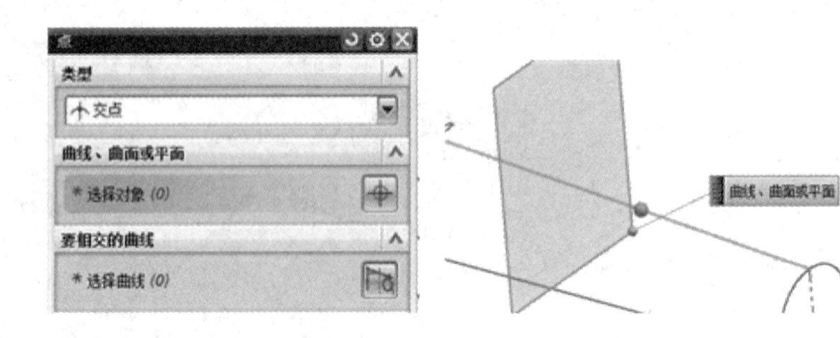

图 5.4.63 基准点的创建

Step10 以基准平面 3 为草绘平面，以点 1 与点 2 为直径，完成草图 5 的绘制(注意约束的使用)，如图 5.4.64 所示。

Step11 执行“曲线网格”命令，以草图 3 两曲线为主曲线，以草图 1、草图 4、草图 5、草图 2 为交叉曲线完成曲面 1 的造型，如图 5.4.65 所示。

Step12 执行“镜像特征”命令，以曲面 1 为特征、以 X-Z 面为镜像平面，完成曲面 2 的创建，如图 5.4.66 所示。

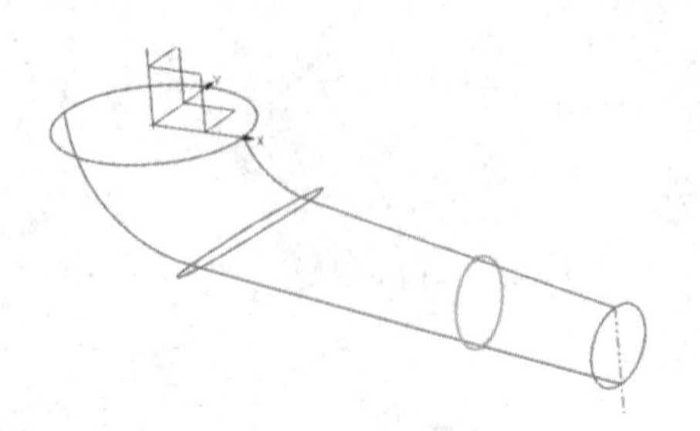

图 5.4.64 草图 5 的创建

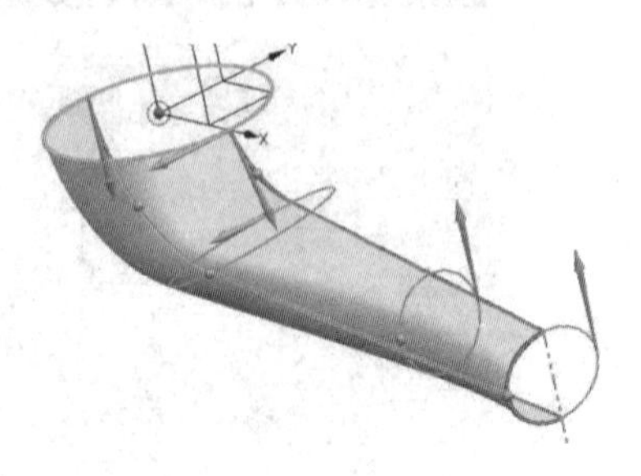

图 5.4.65 曲面 1 的造型

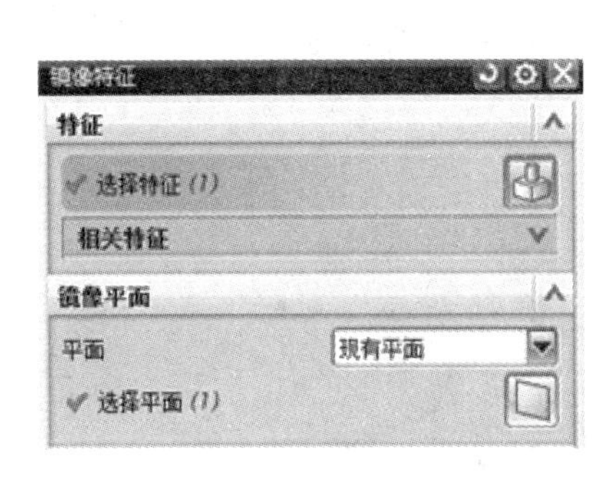

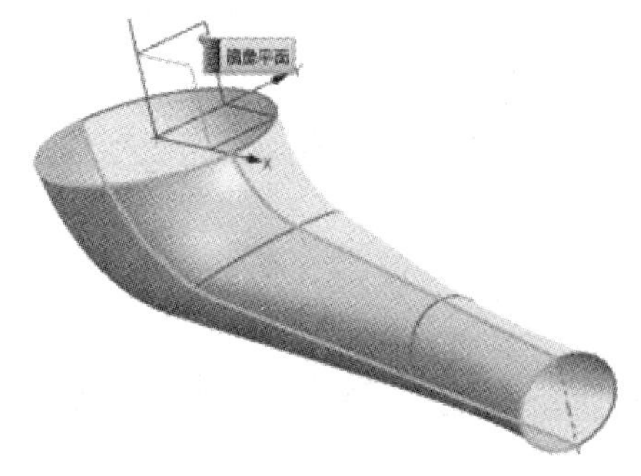

图 5.4.66　镜像特征的创建

Step13　执行“有界平面”命令，选用“已修剪”类型，分别选择草图 1 与草图 2 为对象，勾选“修剪到边界”选项，完成曲面 3 和曲面 4 的创建，如图 5.4.67 所示。

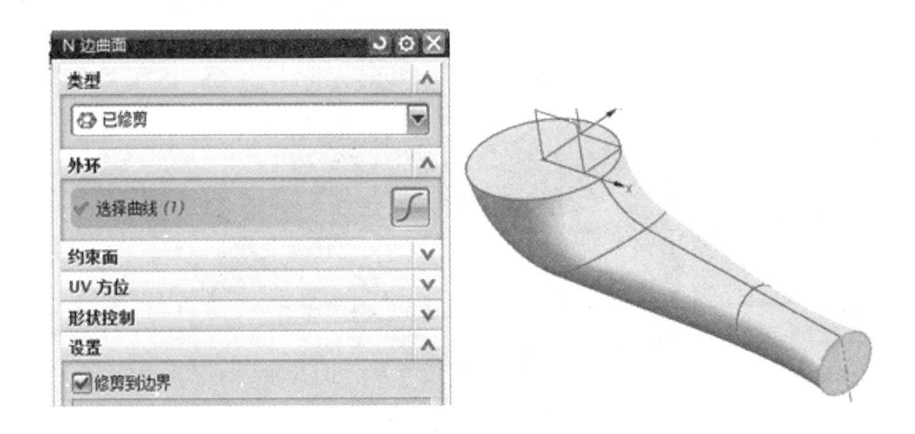

图 5.4.67　N 边曲面的创建

Step14　单击“缝合”工具按钮，以曲面 1 为目标，以曲面 2、曲面 3、曲面 4 为工具，完成缝合操作。当缝合曲面为封闭体时就可以将其实体化，从而完成实体创建，执行“视图截面”命令，变换剖切平面即可观察内部填充情况，如图 5.4.68 所示。

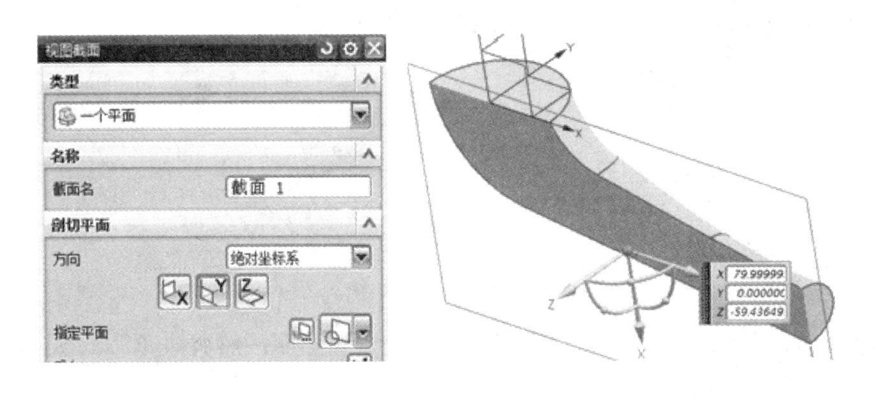

图 5.4.68　“视图截面”对话框

Step15 执行“回转”命令，以 X-Z 面为草绘平面，执行“直线”与“圆弧”等命令完成草图 6 的绘制，布尔运算选择“求和”模式，如图 5.4.69 所示。

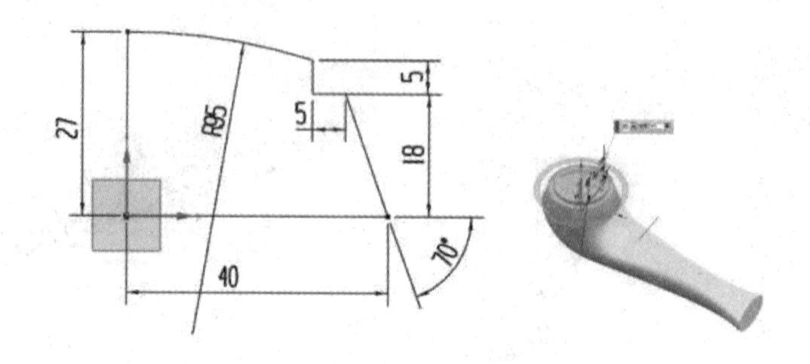

图 5.4.69 草图 6 的创建

Step16 执行“边倒圆”命令，将圆角半径设置为 4 mm，完成圆角的创建，如图 5.4.70 所示。

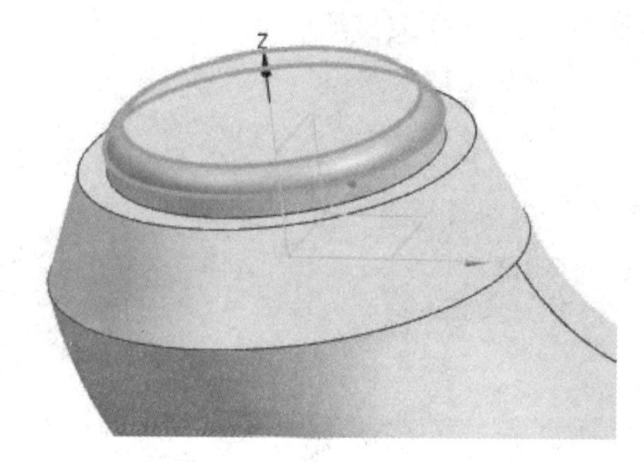

图 5.4.70 边倒圆特征的创建

Step17 以基准平面 1 为草绘平面，选择草图 2 中的椭圆心为圆心，完成直径为 26 mm 的整圆的创建，执行“拉伸”命令生成圆柱造型，拉伸高度为 115 mm，布尔运算选择“求和”模式，完成拉伸 1 造型的创建，如图 5.4.71 所示。

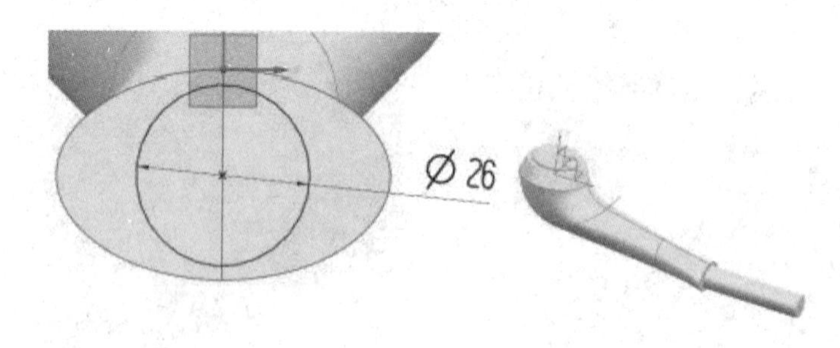

图 5.4.71 拉伸 1 造型的创建

Step18 执行“抽壳”命令，“类型”设置为“移除面，然后抽壳”，移除面选择手柄底部，“厚度”设置为“1”，备选厚度面为“手柄”，厚度值为“2”，完成抽壳造型，如图 5.4.72 所示。

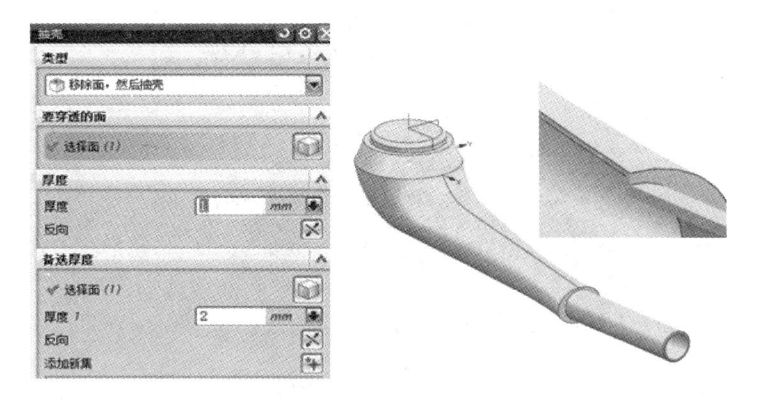

图 5.4.72　抽壳特征的创建

Step19　执行“倒斜角”命令，偏置方式选择“对称”，偏置距离设置为“0.8”，完成倒斜角造型，如图 5.4.73 所示。

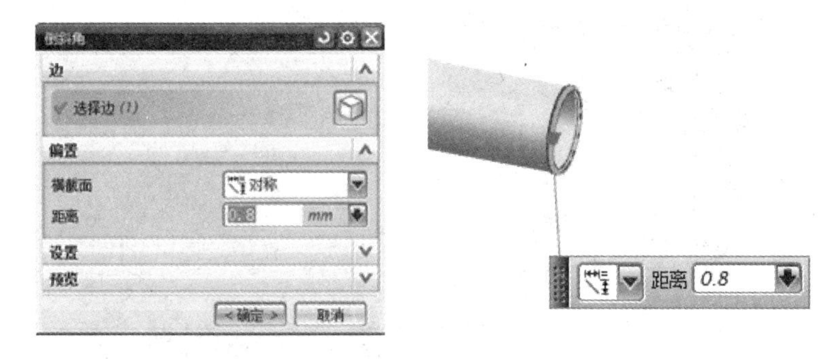

图 5.4.73　倒斜角特征的创建

Step20　执行“螺纹”命令，类型选择“详细”，选取手柄圆柱面为螺纹面，距手柄端面 2 mm 处建一平行基准平面，设置螺纹相关参数，完成螺纹造型创建，如图 5.4.74 所示。

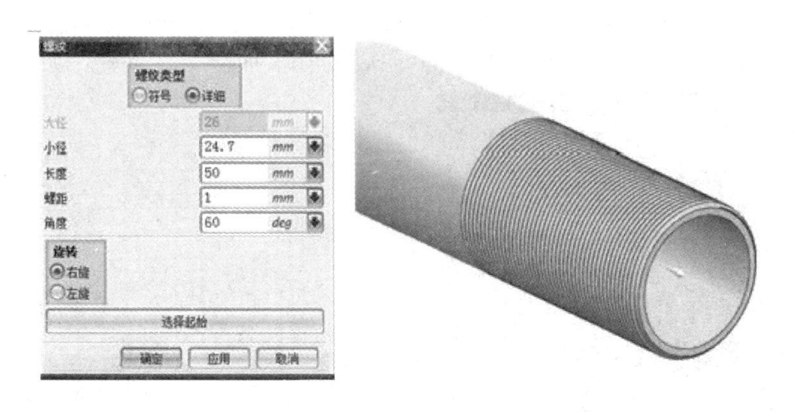

图 5.4.74　螺纹特征的创建

Step21　以 X-Y 面为草绘平面、坐标系原点为圆心，设置圆弧直径为“1.5”，完成草图的创建，拉伸长度为“50”，布尔运算选择“求差”模式，完成拉伸 2 造型的创建，如图 5.4.75 所示。

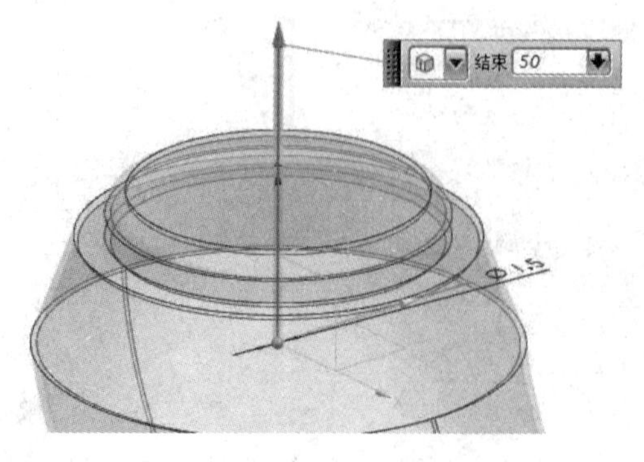

图 5.4.75 拉伸 2 造型的创建

Step22 执行“对特征形成图样”命令，要形成的特征选择拉伸 2，“布局”选择“线性”，方向 1 中矢量选择 Y 轴，“间距”采用“数量和节距”，“数量”设置为“8”，“节距”设置为“3”，完成线性阵列特征的创建，如图 5.4.76 所示。

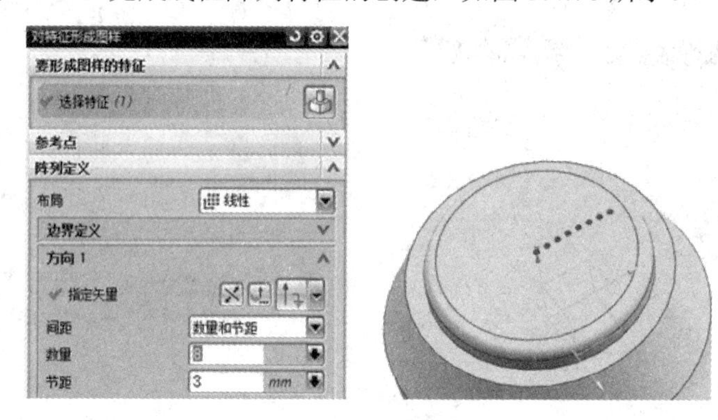

图 5.4.76 线性阵列特征的创建

Step23 执行“对特征形成图样”命令，选取线性阵列组中第一对象为特征，布局选择“圆形”，指定矢量选择 Z 轴，“间距”采用“数量和跨距”，“数量”设置为“6”，“跨角”设置为“360”，完成圆形阵列 1 的创建。同样，依次选择不同对象为特征对象，数量依次设置为 16、20、24、28、32、36，完成圆形阵列 2～8 的创建，如图 5.4.77 所示。

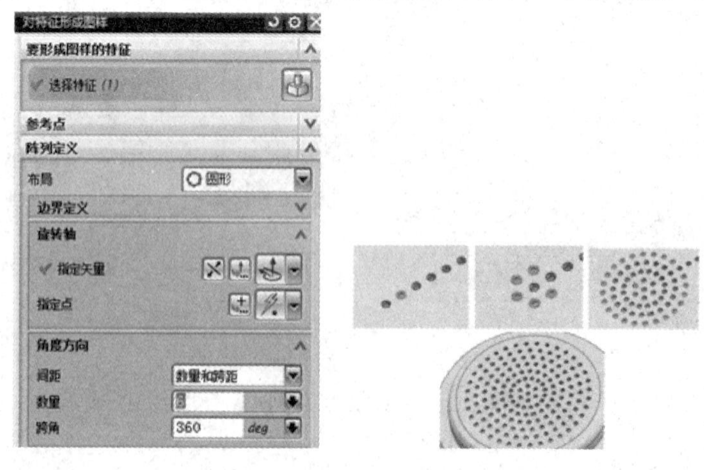

图 5.4.77 圆形阵列特征的创建

Step24　执行“类选择”命令(Ctrl + J)，更改颜色设置，完成喷淋头整体造型，如图 5.4.78 所示。

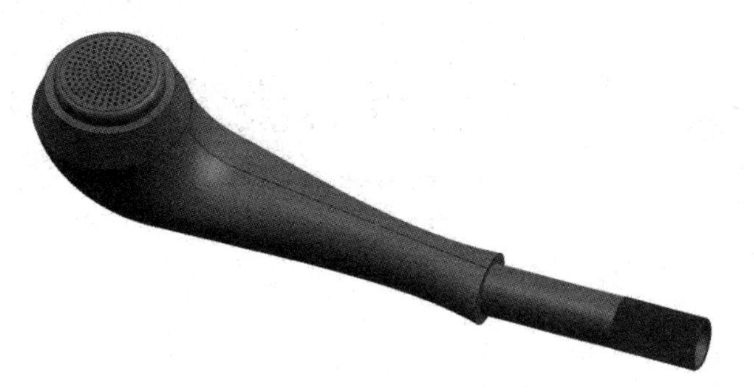

图 5.4.78　喷淋头整体造型

项目六　肥皂盒凹凸模的设计与加工

【案例导入】

中国是世界四大文明古国之一，在几千年的发展过程中，创造了璀璨的文化。在这其中，跟我们生活最近的就是建筑，中国的古建筑是古人给我们留下的优秀文化遗产。

中国古建筑主要是由木质材料建成，令人称赞的是，这些木质建筑既不用钉子，也不用螺丝，而是用一种叫做榫卯的结构进行固定。中国木质的古建筑，各个构件采取凹凸部位相结合的连接方式，以实现各部位的固定，保证建筑具有良好的抗震稳定性，这种连接木质器物的结构方式就是榫卯(见图 6.0.1)。

图 6.0.1　榫卯结构模型图

榫卯结构中凸出的部位称为“榫”，凹进去的部位称为“卯”。通过这“一凹一凸”，使得建筑能够在复杂的外部环境影响下，各部件牢不可分。这种创造性的连接方式，使得传承下来的建筑历经几百甚至上千年，依旧屹立如初，实现了科学和艺术的完美结合。榫卯结构的“一凹一凸”作为中国传统文化的重要组成部分，为中国的复兴之路提供了强大的文化自信。在 UG 模具设计中介绍凹模和凸模的分型方法，这和榫卯结构有异曲同工之效。

UG NX 8 在注塑模的设计加工中有着广泛的应用，本项目通过肥皂盒产品凹凸模(见图 6.0.2)的设计和加工介绍了利用 UG NX 8 进行模仁分型和数控加工编程的一般方法和流程。

图 6.0.2　肥皂盒及凹凸模图形

任务一　肥皂盒造型

肥皂盒造型

任务要求

本任务要求学生完成如图 6.1.1 所示的肥皂盒底座造型。同时通过对本任务的学习，使学生巩固 UG NX 8 软件造型基础知识，并学会腔体、曲面加厚等特殊特征命令的使用。

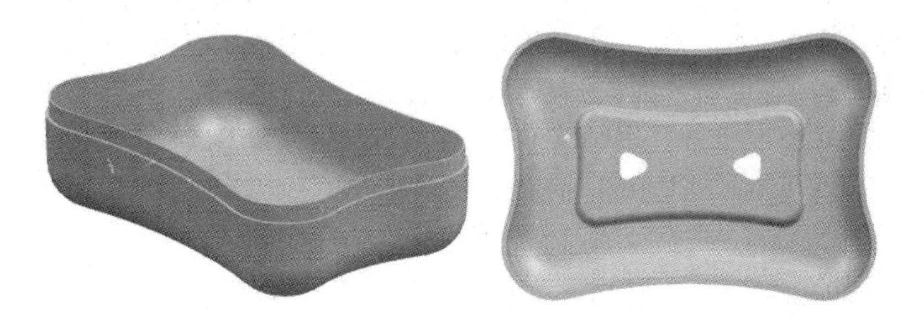

图 6.1.1　肥皂盒造型

任务分析

肥皂盒的造型相对来说比较复杂，由较多的曲面构成，因而在造型的过程中应遵循先易后难，先主体后细节的造型方针，其基本步骤可归纳为→外轮廓造型→底部腔体造型→抽壳→漏水孔造型→止口造型。

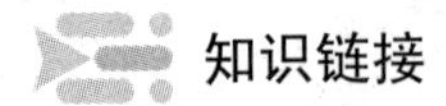
知识链接

一、实体造型方法——腔体

腔体是 UG NX 8 中特有的一种造型特征，选择“插入”→“设计特征”→“腔体”命令进行调用，多用于在实体上生成各种规则或不规则型腔。

在 NX 中腔体有“柱”“矩形”和“常规”三种生成方式(见图 6.1.2)，从左到右分别是矩形腔体、柱形腔体和常规腔体。其中，矩形腔体的截面是矩形(或带圆角矩形)，柱形腔体的截面是圆，常规腔体的截面是草绘图形或空间图形在水平面(以腔体的法向 Z 轴为例)的投影。

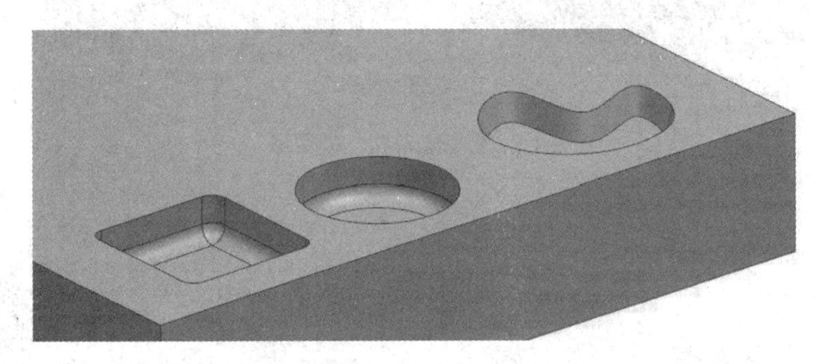

图 6.1.2 腔体

腔体命令可以看成“草图”+“拉伸”+“拔模”+“圆角”+“求差”等一系列特征的集合，通过该命令可以简化造型的模型树结构，提高造型效率。

二、曲面造型方法——加厚片体

在产品设计中，曲面加厚是常用的设计方法，对于一些形状和结构较为复杂的零件，直接通过拉伸、旋转等实体方法进行造型较为困难，可通过先构建该产品的外观曲面，然后赋予这些曲面一定厚度的方法来进行造型。

如图 6.1.3(a)所示的实体，用一般实体造型的方法进行造型比较困难，因而可以先通过扫掠等方式构建其外表面的曲面，如图 6.1.3(b)所示，再赋予该曲面一定厚度，从而得到实体。

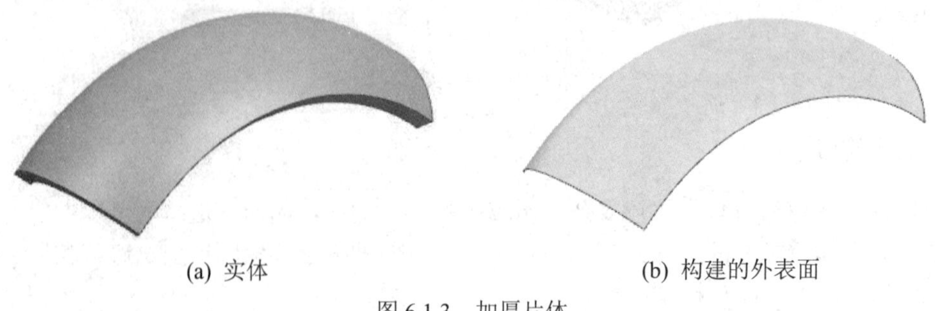

(a) 实体　　(b) 构建的外表面

图 6.1.3 加厚片体

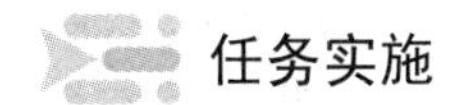

任务实施

一、外轮廓造型

Step1 绘制外轮廓草图。

启动 UG NX 8 软件并新建模型，在 X-Y 平面上创建任务环境中的草图，并完成图 6.1.4 所示草图的绘制。其具体步骤如下：

(1) 绘制一个关于 X 轴和 Y 轴对称的矩形，长 110 mm(X 方向)、宽 75 mm(Y 方向)；

(2) 绘制 4 个等半径的圆，分别和矩形的 4 个角的两条边都相切，圆的直径为 30 mm；

(3) 在 Y 方向上下绘制两个对称的圆弧，圆心落在 Y 轴上，上方的圆弧和矩形上方的两个圆外切，下方亦然，圆弧半径为 300 mm；

(4) 在 X 方向左右绘制两个对称的圆弧，圆心落在 X 轴上，左侧的圆弧和矩形左侧的两个圆外切，右侧亦然，圆弧半径为 100 mm；

(5) 完成并退出草图。

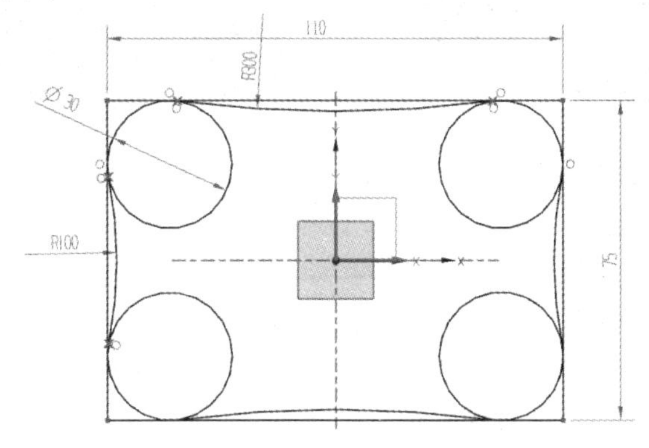

图 6.1.4 肥皂盒外轮廓草图

Step2 拉伸外轮廓。

选择“插入”→“设计特征”→“拉伸”命令，在选择过滤器中指定选择曲线的方式为“单条曲线”，并使“在相交处停止”按钮按下处于高亮显示状态。然后依次分别选择肥皂盒外轮廓草图上的 8 段圆弧，完成轮廓线，如图 6.1.5 所示。

拉伸的方向为默认的 Z 轴方向，拉伸高度为 25 mm，“拔模”方式为“从起始限制”，拔模角为 –2°。

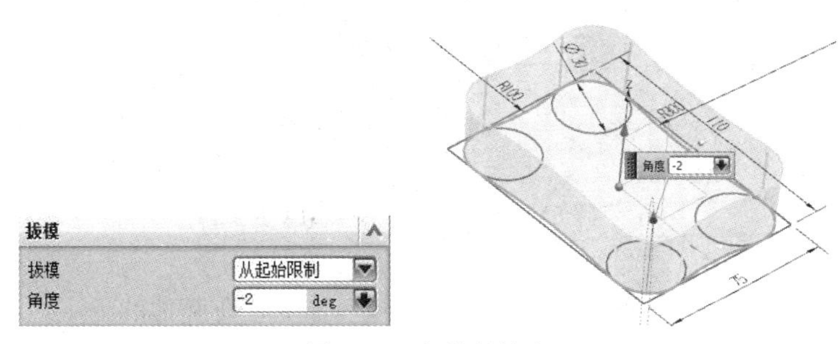

图 6.1.5 拉伸外轮廓

★ 小技巧：利用选择过滤器中的“在相交处停止”按钮可以实现交叉线段中单条线段的选取，从而降低草图绘制的难度；也可以实现将多个特征的草图绘制在同一张草图而不影响特征的构建，从而减少草图的数量和绘制工作量。

二、底部腔体造型

Step1　底部倒圆角。选择“插入”→“细节特征”→“边倒圆”命令，选择实体底部外侧轮廓边，输入圆角半径 12 mm，完成底部圆角的绘制，如图 6.1.6 所示。

Step2　绘制腔体草图。选择实体的顶面作为草绘平面，执行“偏置曲线”命令将顶面外轮廓向内偏置 20 mm，并对 4 个角进行倒圆角，圆角半径为 5 mm，如图 6.1.7 所示。

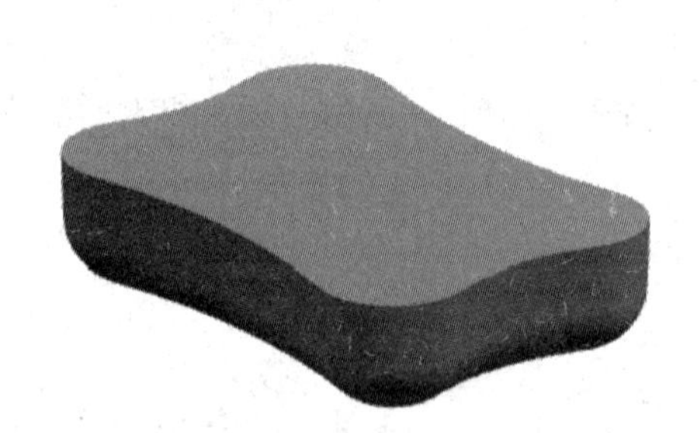

图 6.1.6　倒圆角

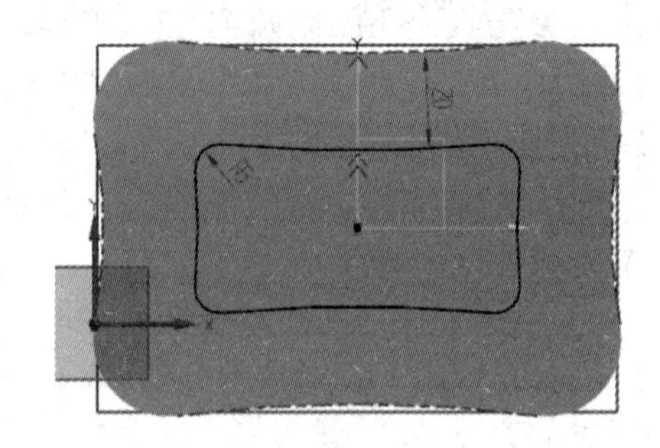

图 6.1.7　腔体草图

Step3　腔体造型。选择“插入”→“设计特征”→“腔体”命令，选择“常规”方式，完成腔体的创建，具体过程如下：

(1) 单击腔体对话框中的“放置面”按钮，选择实体的底面为腔体放置面；

(2) 单击“放置轮廓”按钮，选择上一步绘制的草图为腔体轮廓；

(3) 单击“底面”按钮，输入偏置距离 3 mm，如图 6.1.8(a)所示；

(4) 单击“底面轮廓曲线”按钮，输入腔体的锥角 15°，如图 6.1.8(b)所示；

(5) 单击“确定”按钮完成腔体的创建。

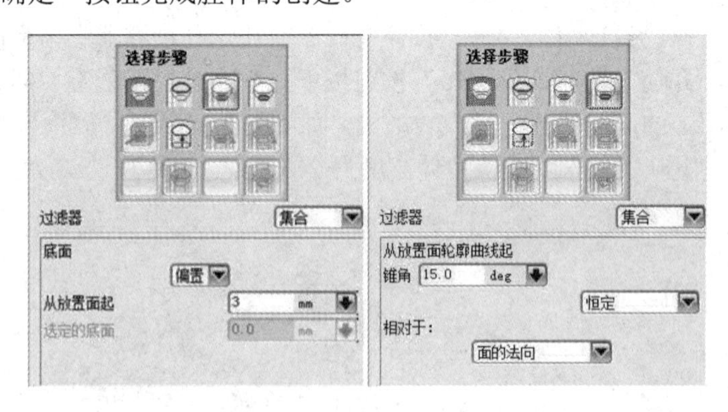

(a) 步骤(3)　　(b) 步骤(4)

图 6.1.8　腔体命令操作

(6) 选择“插入”→“细节特征”→“边倒圆”命令，在腔体的上下边倒半径为 1 mm 的圆角。

三、抽壳

Step1　选择“插入”→“细节特征”→“边倒圆”命令，选择抽壳的方式为“移除面，然后抽壳”，选择顶面为移除面，输入抽壳的厚度为1.5 mm，如图6.1.9所示。

(a) 抽壳前　　(b) 抽壳后

图6.1.9　抽壳前后效果对比

Step2　选择“插入”→“细节特征”→“边倒圆”命令，在肥皂盒底部凸起处进行半径为1 mm的倒圆角操作。

四、漏水孔造型

Step1　绘制漏水孔草图。执行“任务环境下中的草图”命令在X-Y平面创建如图6.1.10所示的草图。

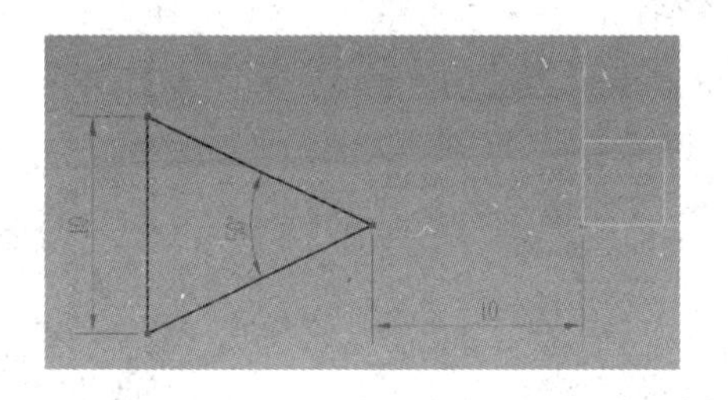

图6.1.10　漏水孔草图

Step2　拉伸求差。

(1) 执行“拉伸”命令拉伸草图，并对原几何体“求差”，拉伸长度为贯通，做出漏水孔草图，如图6.1.11所示。

(2) 执行“镜像特征”命令，以左侧漏水孔为原型，Y-Z平面为对称面，作出另一侧漏水孔。

(3) 执行“边倒圆”命令，将漏水孔的三个锐角进行倒圆角，圆角半径设为2 mm，如图6.1.12所示。

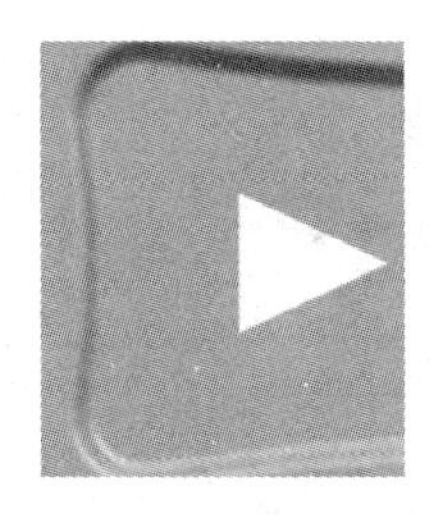

图6.1.11　漏水孔拉伸求差

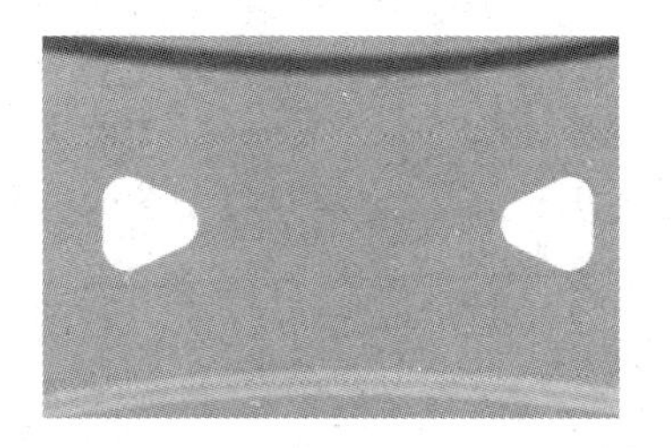

图6.1.12　漏水孔倒圆角

五、止口造型

Step1 拉伸曲面。选择“插入”→“设计特征”→“拉伸”命令，选择肥皂盒上缘内侧曲线作为拉伸曲线，拉伸长度为 5 mm，在“设置”对话框中选择拉伸体为“图纸页”，完成曲面的拉伸，如图 6.1.13 所示。

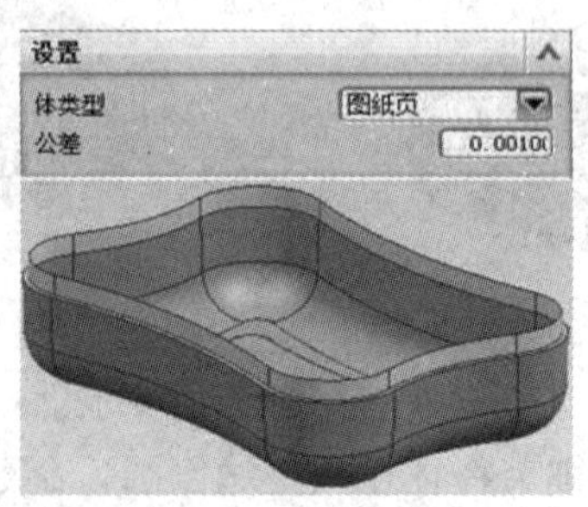

图 6.1.13 拉伸曲面

★提示：在 UG 的其他版本中，曲面的拉伸分为“实体”和“片体”两种类型，其中“片体”为只有形状没有厚度的曲面。而在 NX8 的版本中，片体被翻译成图纸页，只是名称不同，不影响造型的效果。

Step2 加厚曲面。

选择“插入”→“偏置/缩放”→“加厚”命令，选择上一步拉伸的曲面作为加厚对象，偏置方向设置为外侧，偏置厚度设置为 0.5 mm，如图 6.1.14 所示。

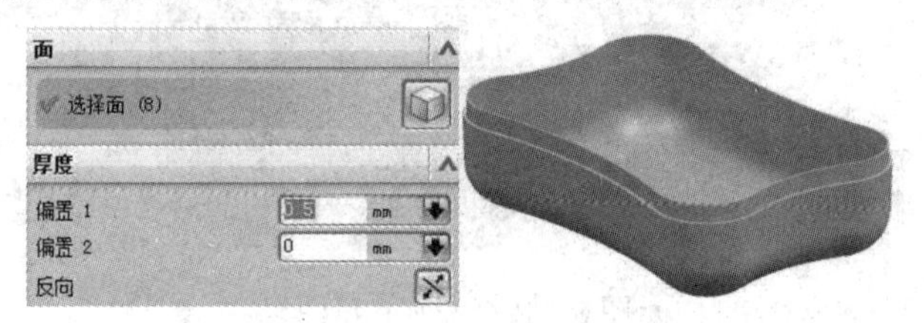

图 6.1.14 加厚曲面

选择“插入”→“组合”→“求和”命令，将加厚的止口实体与原肥皂盒实体进行合并，完成肥皂盒零件的造型。

任务拓展

分析以上用到的造型方法中，哪些造型命令可以用其他命令或造型方法来实现。

任务二 分 型

分型

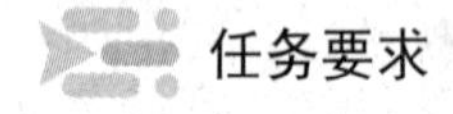

任务要求

本任务要求学生将肥皂盒零件进行分型，并将模仁拆分成如图 6.2.1 所示的动模和定模。

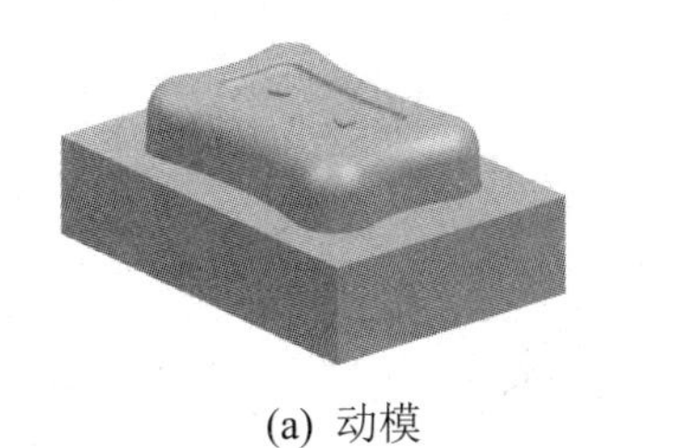
(a) 动模

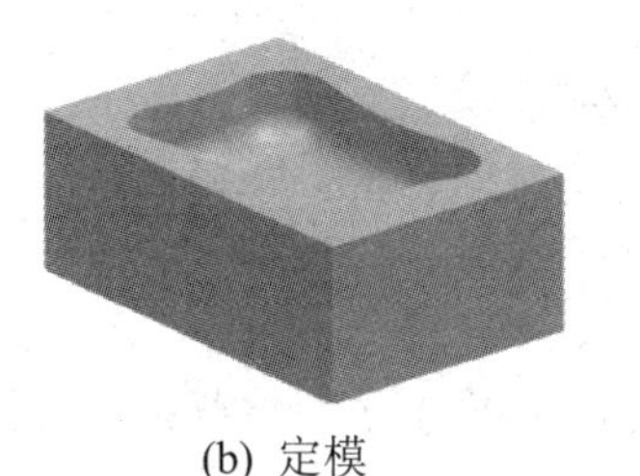
(b) 定模

图 6.2.1　动模和定模造型

任务分析

模具分型步骤通常为：创建模仁→创建分型面→分割动定模。在 UG NX 8 中，可以通过注塑模向导进行自动分型，也可以绘制分型线和分型面进行手工分型。分型面一般选取零件的最大截面，然后根据需要选择合适的曲面进行抽取和组合，最终完成分型面的选择。

知识链接

一、抽取曲面

抽取曲面是在实体上对某一个或一组面的特征进行抽取，组成一个曲面的造型方式(见图 6.2.2)。在 UG NX 8 中，选择“插入”→“关联复制”→“抽取体”命令进行抽取曲面。

(a) 实体

(b) 抽取的上表面曲面

图 6.2.2　抽取上表面曲面

二、拆分体

拆分体是利用平面或曲面对实体进行分割的操作，在自顶向下的设计中经常会用到。在自顶向下的设计中，通常先构建整体模型，再根据需要利用不同的平面和曲面将模型分割成不同的部件。在 UG NX 8 中，可以选择“插入”→“修剪”→“拆分体”命令调用所创建的拆分体(见图 6.2.3 和图 6.2.4)。

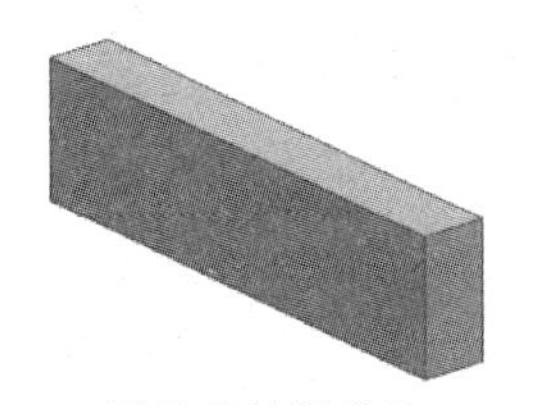
(a) 拆分前的拆分体

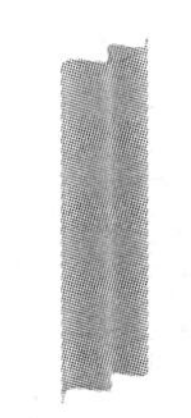
(b) 拆分面

图 6.2.3　拆分体和拆分面

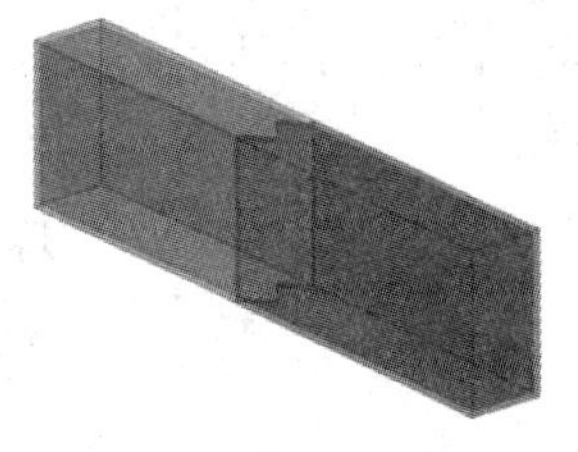
图 6.2.4　拆分后的两个实体

任务实施

一、绘制模仁

Step1 在 X-Y 平面创建草图，绘制一个关于 X 轴、Y 轴对称的矩形，长 150 mm、宽 100 mm，如图 6.2.5 所示。

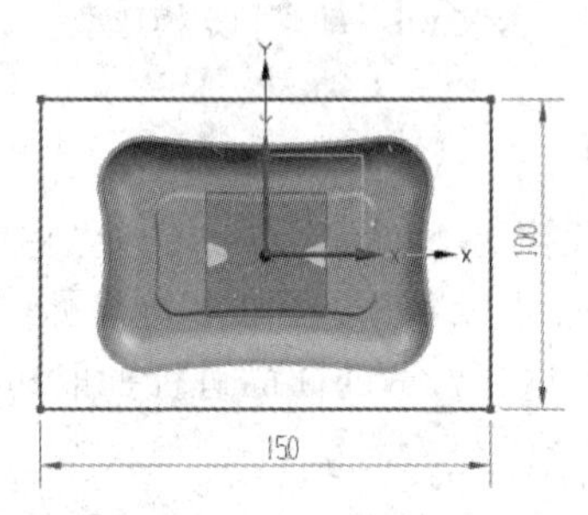

图 6.2.5 绘制模仁草图

Step2 拉伸矩形，起始高度设置为“–30”，终止高度设置为“60”，布尔运算设置为“无”，如图 6.2.6 所示。选择拉伸的长方体(模仁)，在其上右击，在弹出的菜单中选择“隐藏”(见图 6.2.7)，隐藏模仁。

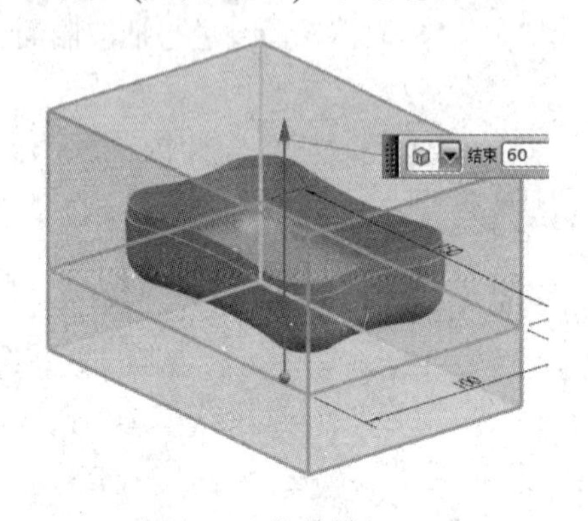

图 6.2.6 拉伸模仁

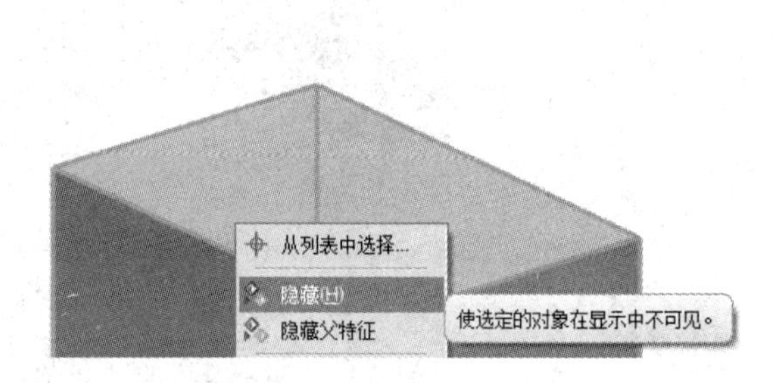

图 6.2.7 隐藏模仁

二、创建分型面

Step1 执行“抽取体”命令，抽取肥皂盒最大截面以下的曲面(止口以下)，隐藏肥皂盒实体，如图 6.2.8 所示。

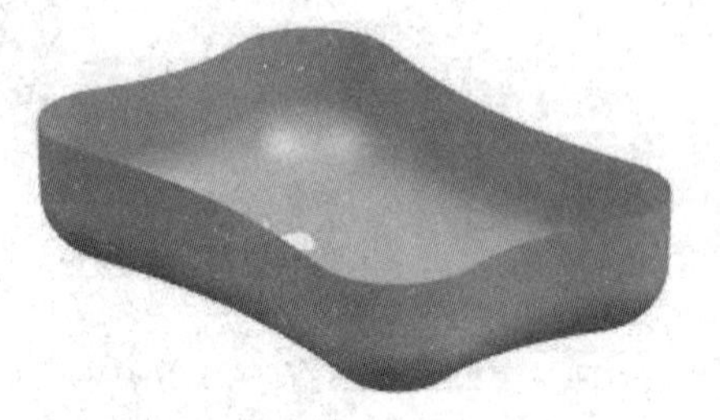

图 6.2.8 抽取分型主曲面

Step2 选择“插入”→“基准”→“基准平面”项，选择抽取面上方的边缘创建一个新的基准平面，如图 6.2.9 所示。

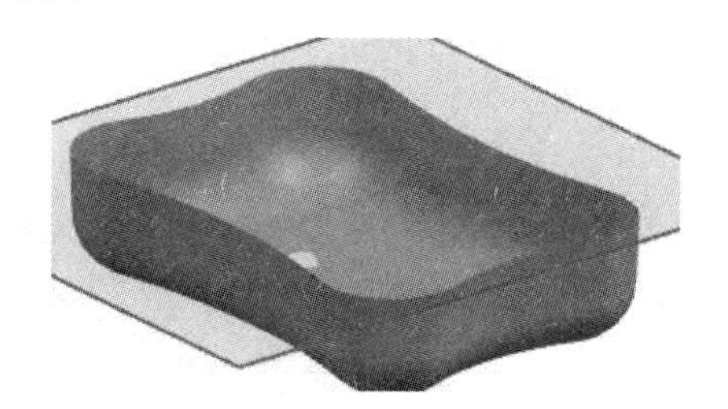

图 6.2.9 创建基准平面

Step3 在新建的基准平面上创建一个草图，并在草图上绘制一个矩形，矩形的大小要覆盖住模仁，如图 6.2.10 所示。

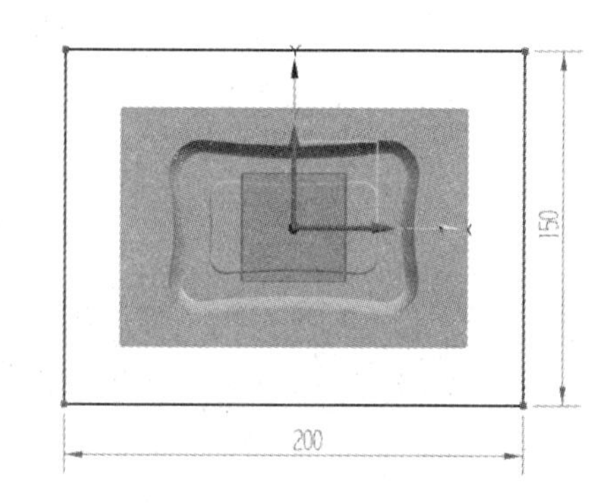

图 6.2.10 绘制分型平面外框

Step4 选择“插入”→“曲面”→“有界平面”项，分别选择绘制的矩形框以及抽取的肥皂盒曲面止口的边缘，形成分型平面，如图 6.2.11 所示。

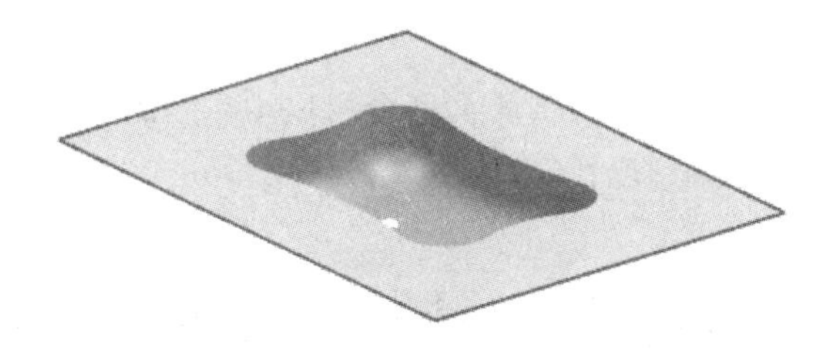

图 6.2.11 用有界平面绘制分型平面

Step5 单击底部破孔的边缘，分别执行“有界平面”命令，将所抽取曲面底部的两处破孔补好，如图 6.2.12 所示。

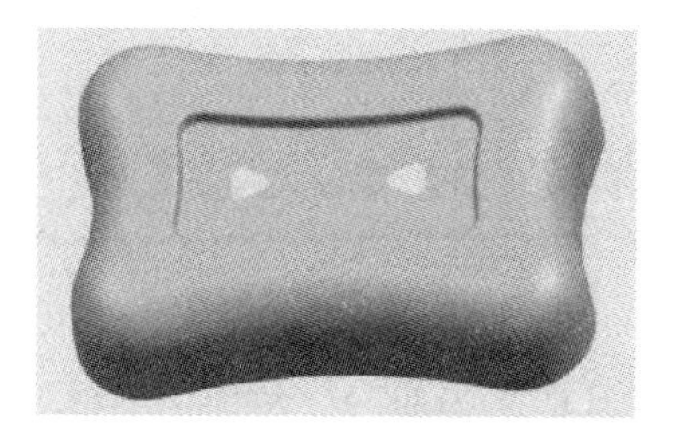

图 6.2.12 补孔

Step6 选择“插入”→“组合”→“缝合”项，分别点选抽取曲面、分型平面和补孔面，将4个面组合成为分型面，如图6.2.13所示。

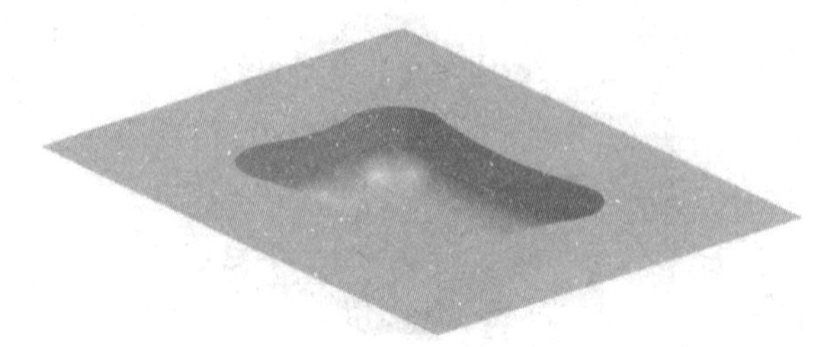

图6.2.13 完成分型面

三、分割动模与定模

利用“求差”命令，将模仁与肥皂盒实体进行求差。再选择“插入”→“修剪”→“拆分体”项，选择模仁为拆分主体，选择分型面为拆分工具，将模仁拆分成动模(上部)和定模(下部)，如图6.2.14所示，并保存。

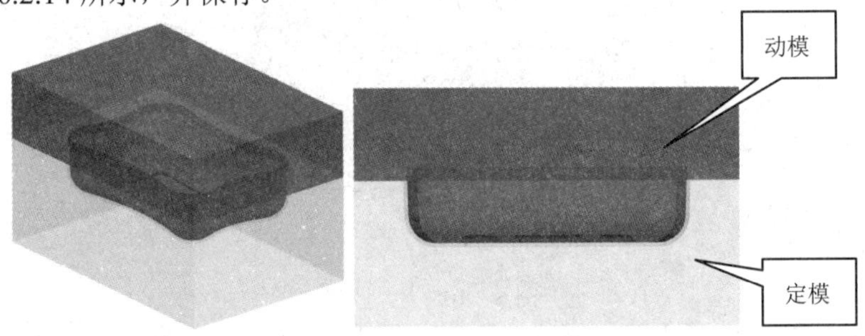

图6.2.14 动模与定模工作位置图示

任务拓展

分析在修补分型面时所使用的有界平面命令可以用学过的哪些命令来代替，不用分割体命令是否可以完成分型？如何操作？

任务三 动模数控加工

动模数控加工

任务要求

本任务要求学生将肥皂盒零件进行分型，并将模仁拆分成如图6.3.1所示的动模。

任务分析

图6.3.1所示动模为凸模，其加工主要为凸台加工。相对于型腔加工而言，凸台加工较为简单，可简单分为平面加工、陡峭面加工和曲面加工。

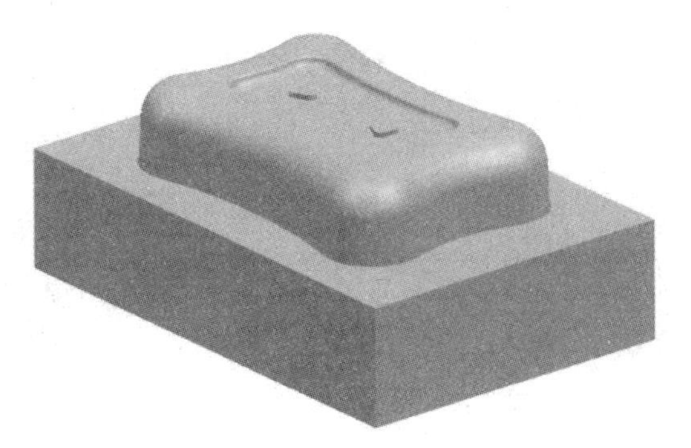

图 6.3.1 动模造型

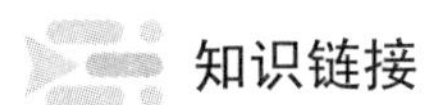

知识链接

刀具的选择与命名。在铣削的加工过程中，选择合适的铣刀非常重要，由于在一个零件的加工过程中，需要使用多把刀具，因此刀具的命名有一定的规律则便于管理和调用。

常用的铣刀有普通立铣刀、面铣刀、球刀、圆鼻刀等，其具体作用及命名规则见表 6.3.1。

表 6.3.1 常用铣削刀具类型及命名

	立铣刀	面铣刀	球状铣刀	圆鼻铣刀
形状				
用途	平面铣削 轮廓铣削 曲面开粗	大平面铣削	曲面精加工	轮廓铣削 曲面半精加工 曲面精加工
命名	以直径命名 如：D20	以直径命名 如：D50	以半径命名 如：R10	以刀具直径与底面圆角半径命名 如：D20R5

任务实施

调整模型位置与方向。将拆分好的动模与定模文件分别另存为 dongmo.prt 和 dingmo.prt，打开 dongmo.prt 文件，先将定模隐藏。由于动模的加工面向下，因此需要将动模对 X-Y 平面进行镜像，使其加工面向上，如图 6.3.2 所示。

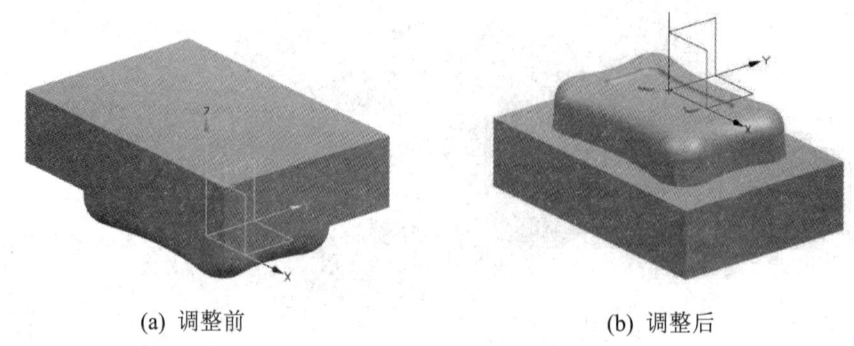

(a) 调整前 (b) 调整后

图 6.3.2 动模调整前及动模调整后

一、设定加工坐标系及加工体

Step1 单击菜单栏的“开始”下拉菜单，选择“加工”模块，在弹出的操作环境菜单中选择 cam_general 及 mill_contour 项，如图 6.3.3 所示。

图 6.3.3 操作环境选择窗口

Step2 在“导航器”工具栏中，单击“几何视图”按钮，切换工序导航器的几何视图模块，如图 6.3.4 所示。

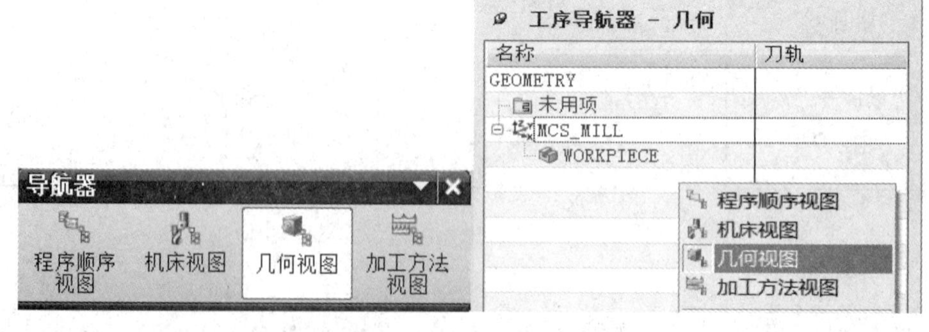

图 6.3.4 工序导航器—几何

Step3 双击导航器中的坐标系 MCS_MILL 按钮，使加工坐标系 MCS 和基准坐标系重合，“安全距离”设置为“10”，如图 6.3.5 所示。

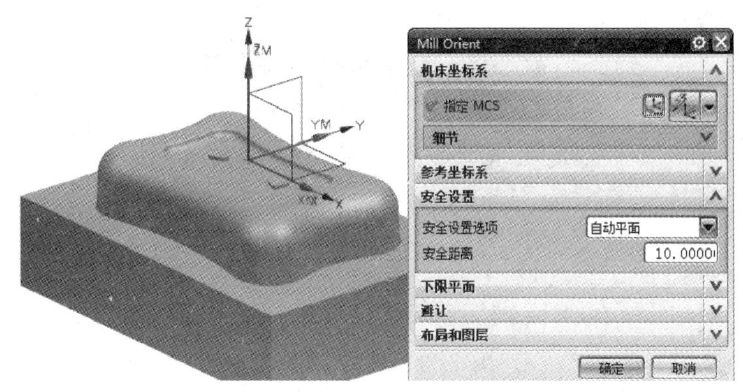

图 6.3.5　指定坐标系与安全平面

Step4　双击导航器中的工件几何体 WORKPIECE 按钮，指定整个动模零件为部件几何体，指定毛坯几何体类型为“包容块”(图 6.3.6)，ZM 方向毛坯余量为“1.5”，单击“确定”按钮完成几何体的设置。

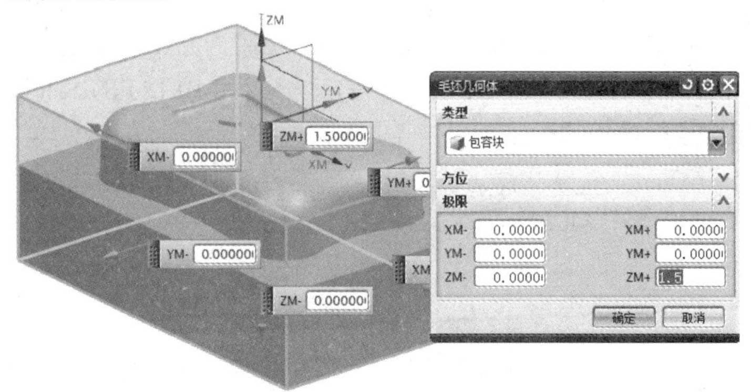

图 6.3.6　设置毛坯几何体

二、设置刀具

Step1　单击导航器工具栏中的“机床视图”按钮，再执行“插入”→“刀具”命令，新建刀具，在刀具类型下拉菜单中，选择刀具类型为 mill_planar。设置刀具名称为“D20”(见图 6.3.7)，并单击“确定”按钮。

图 6.3.7　创建刀具

Step2　在弹出的刀具参数下拉列表中设置刀具直径为“20”(见图 6.3.8)，其余参数可根据实际刀具测量后进行设置。

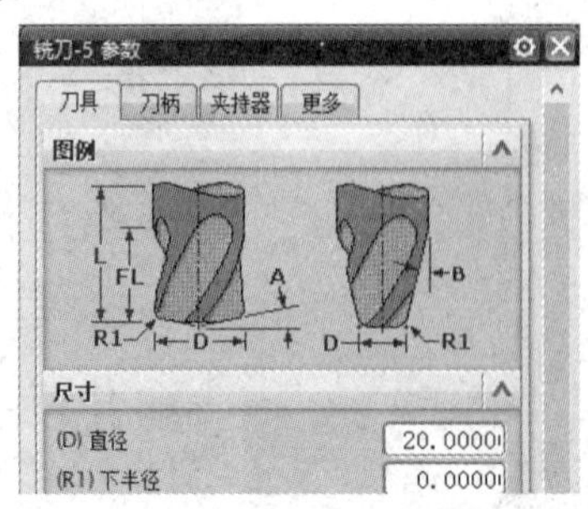

图 6.3.8 设置刀具参数

Step3 利用同样的方法，创建一把直径为 10 mm 的立铣刀，命名为“D10”。

三、创建操作——底平面加工

Step1 单击导航器工具栏中的“程序顺序视图”按钮，再执行“插入”→“工序”命令，新建加工操作，选择加工类型为 mill_planar，工序子类型为 FACE_MILLING_AREA，刀具名称为“D20”，几何体名为 WORKPIECE，加工方法为 MILL_FINISH(见图 6.3.9)，单击“确定”按钮继续进行操作的设定。

图 6.3.9 新建操作

Step2 单击“指定切削区域”按键，选择动模底平面为加工平面(见图 6.3.10)，选择“切削模式”为“跟随部件”，“毛坯距离”为“25”，“每刀深度”为“5”(见图 6.3.11)，单击“生成刀路”按钮，完成刀路的计算，如图 6.3.12 所示。

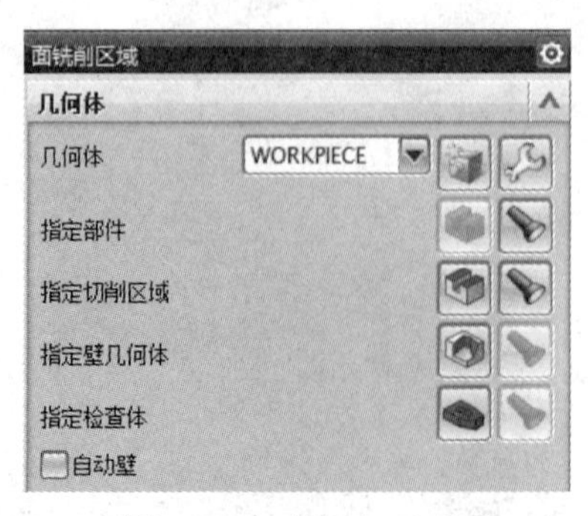

图 6.3.10 选择加工表面

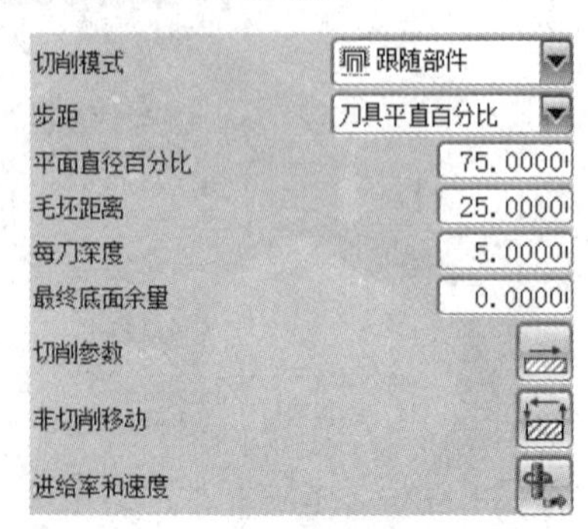

图 6.3.11 设置切削参数

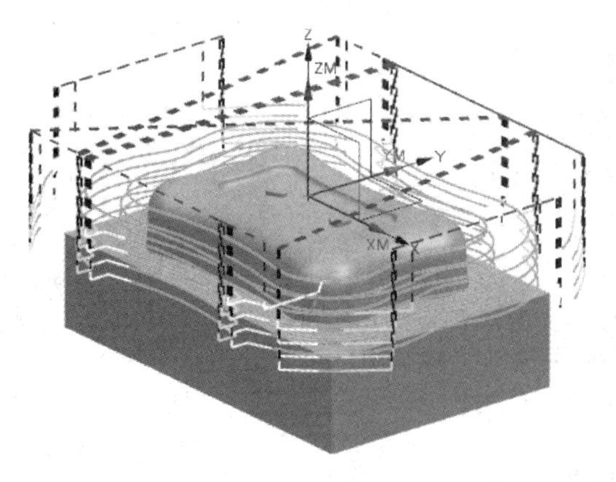

图 6.3.12　生成刀路

Step3　单击“确认”按钮，进行加工仿真，选择“3D 动态”(见图 6.3.13)，通过加工仿真，得到如图 6.3.14 所示的切削结果。至此，底平面的加工刀路设置完成。

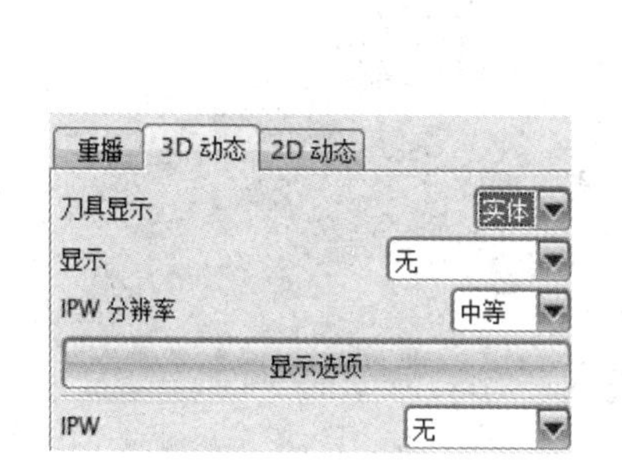

图 6.3.13　加工仿真

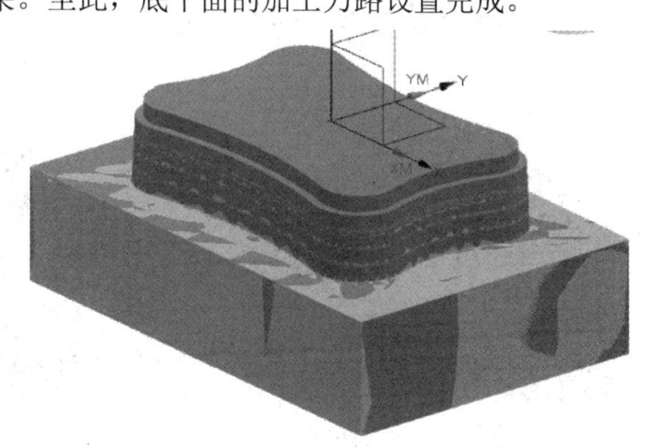

图 6.3.14　仿真结果

四、创建操作——顶面加工

Step1　在工序导航器中先复制上一个工序操作(见图 6.3.15)，然后粘贴，并双击打开刚才粘贴后的工序(见图 6.3.16)，在其中进行顶面加工的修改。

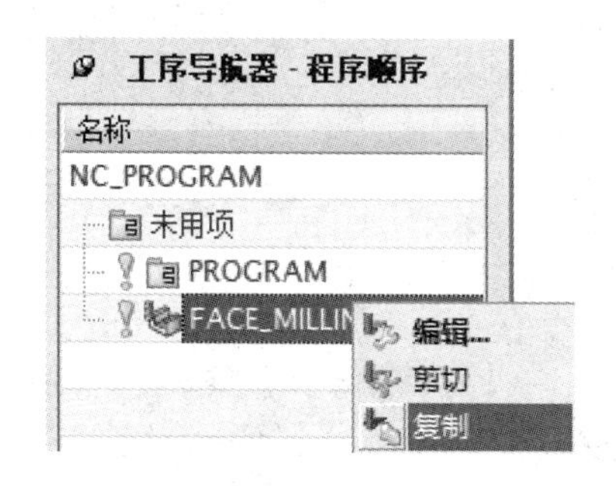

图 6.3.15　复制工序

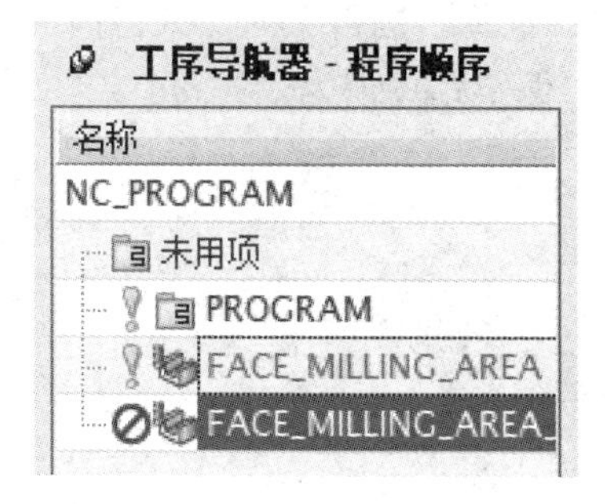

图 6.3.16　粘贴工序

Step2　将加工表面变换成顶面以及凹陷部分的两个凸起上表面，毛坯距离改成“3”，然后生成刀轨(见图 6.3.17)并验证，如图 6.3.18 所示。

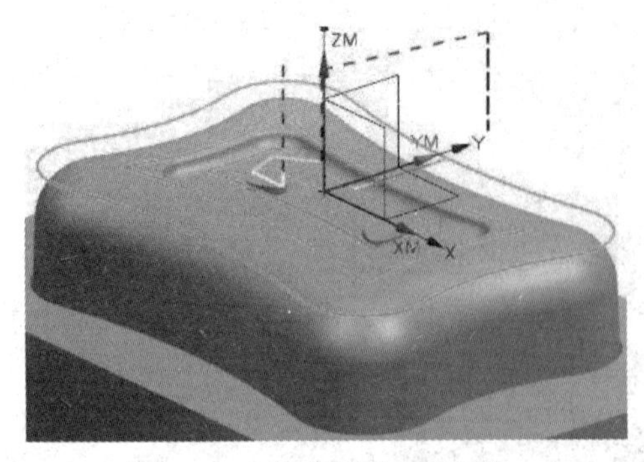

图 6.3.17　生成顶面加工刀轨

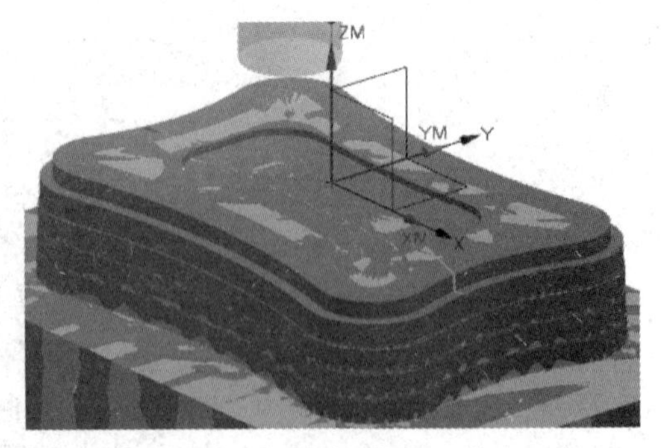

图 6.3.18　顶面刀轨加工仿真

五、创建操作——凹陷平面加工

复制上一步操作，并粘贴，双击进行修改，将加工表面换成内凹面，加工刀具更换为“D10”，毛坯距离更换为“1.5”，然后生成刀轨(见图 6.3.19)并验证，如图 6.3.20 所示。

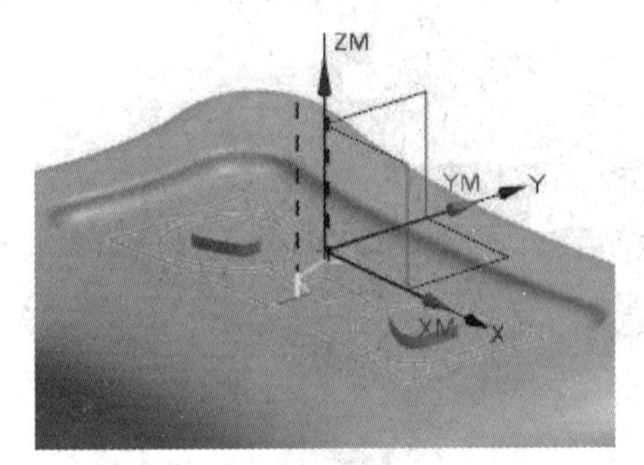

图 6.3.19　生成凹陷平面刀轨

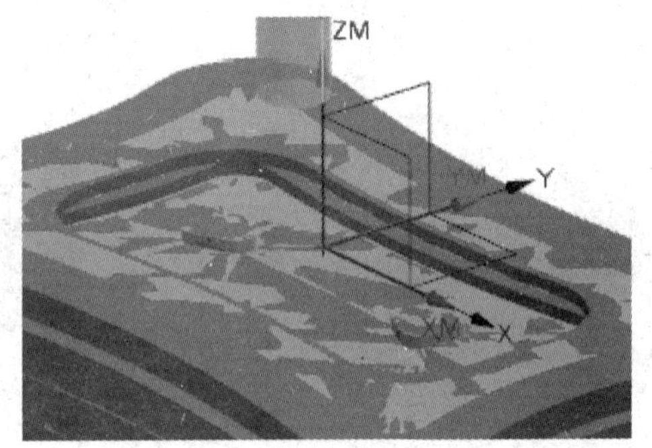

图 6.3.20　凹陷平面刀轨加工仿真

六、凹陷平面圆角加工

Step1　创建一把刀具，设置刀具的直径为“8”、下半径为“2.5”，命名为“D8R2.5”。选择“插入”→“来自体的曲线”→“抽取虚拟曲线”命令。选择抽取虚拟曲线类型为“倒圆中心线”，然后选择要加工的底面圆角，完成圆角中心曲线的选取。

Step2　选择“插入”→“来自曲线集的曲线”→“偏置”命令，选择刚生成的曲线为偏置对象，偏置距离设为“3”，结果如图 6.3.21 所示。

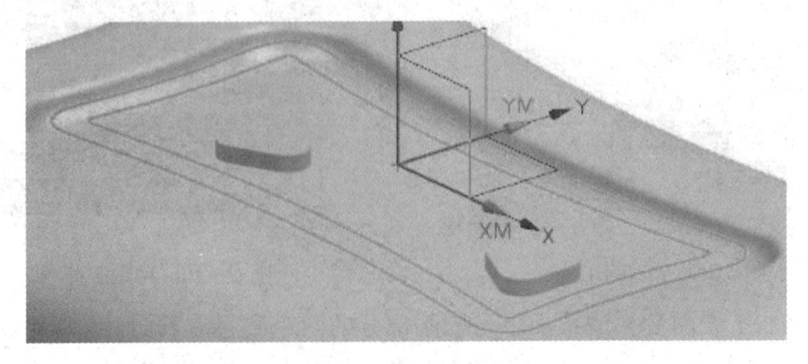

图 6.3.21　抽取虚拟曲线

Step3 单击“创建工序”命令，选择类型为 mill_contour，工序子类型为 CAVITY_MILL，刀具名为“D8R2.5”，如图 6.3.22 所示。指定切削区域为底部圆角和平面，指定修剪边界为上一步偏置的曲线，如图 6.3.23 所示。

图 6.3.22 选择曲面加工方式

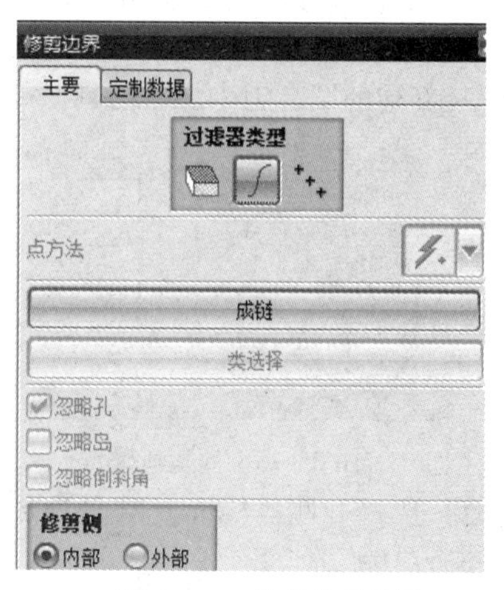

图 6.3.23 选择修剪范围

Step4 单击“生成刀轨”按钮，完成刀轨的生成，如图 6.3.24 所示。

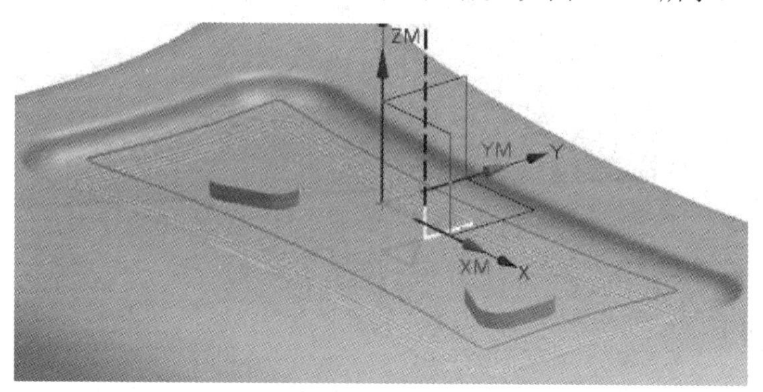

图 6.3.24 生成圆角刀轨

生成刀轨后进行仿真，结果如图 6.3.25 所示。

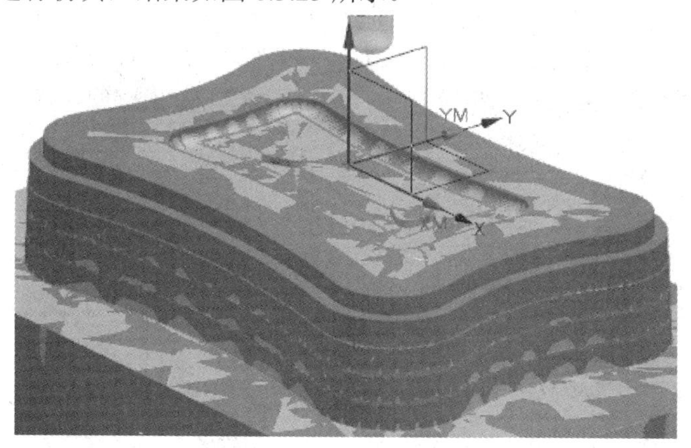

图 6.3.25 凹陷圆角加工

七、外侧陡峭壁加工

Step1 创建一把直径为 20 mm、锥度为 2° 的圆鼻铣刀，命名为“D20T2”，如图 6.3.26 所示。创建工序选择加工类型为 mill_contour，子类型为 ZLEVEL_CORNER，如图 6.3.27 所示。选择新建的圆鼻刀为加工刀具，单击“确定”按钮。

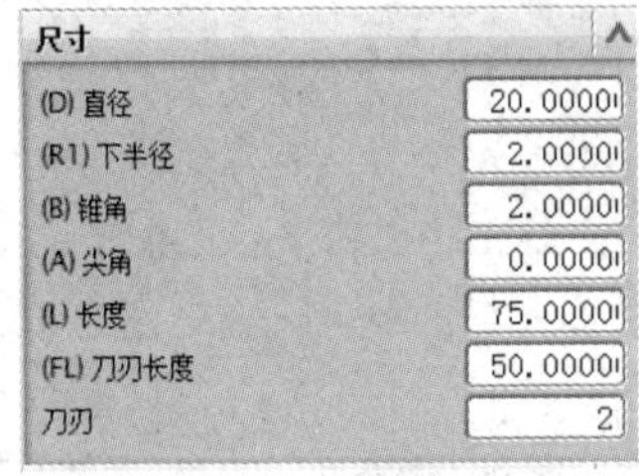

图 6.3.26　创建圆鼻刀

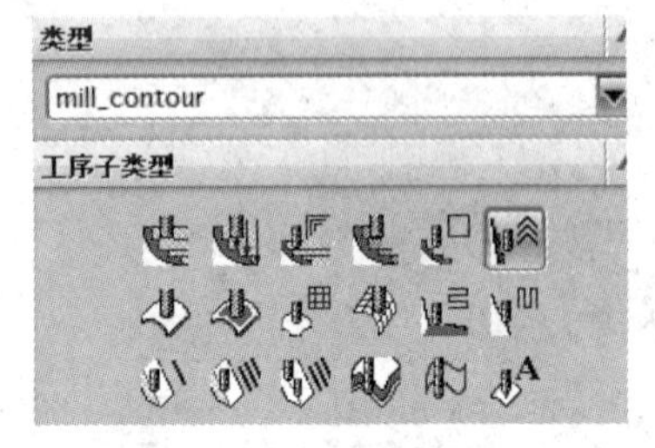

图 6.3.27　选择陡峭壁加工

Step2 选择外侧拔模面及圆角为加工表面，将切削最大深度改成“3”，生成如图 6.3.28 所示的刀轨。

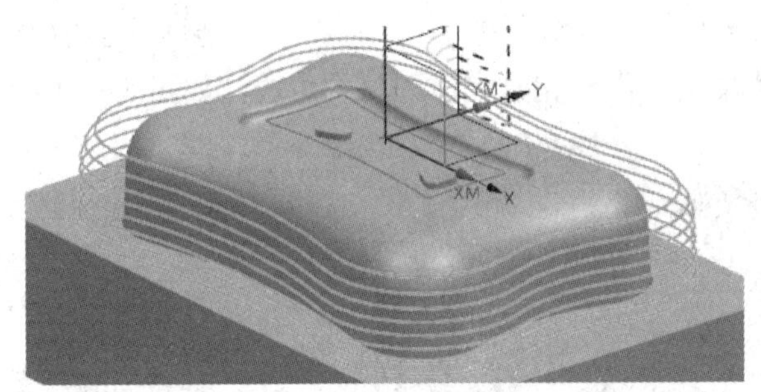

图 6.3.28　拔模面刀轨

八、外圆角加工

Step1 创建工序，选择子类型 CONTOUR_SURFACE_AREA，选择刀具“D8R2.5”，单击“确定”按钮。选择外侧圆角面为加工表面，“驱动方法”为“曲面”，单击曲面右侧“编辑”按钮(见图 6.3.29)，在弹出的“曲面曲域驱动方法”对话框中选择“驱动设置”项的“切削模式”为“往复上升”，“步距数”为“20”，如图 6.3.30 所示。

图 6.3.29　选择加工表面

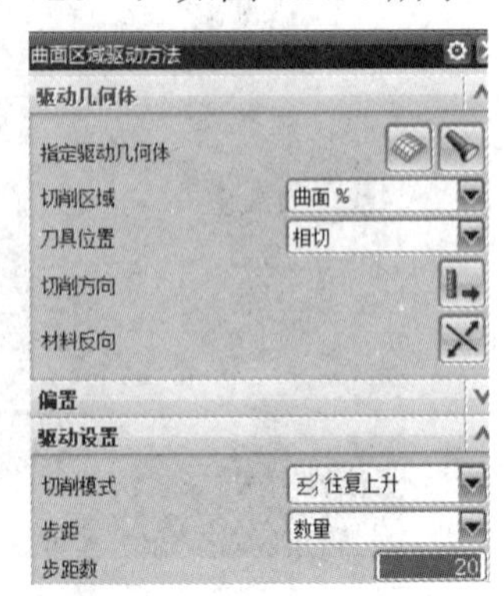

图 6.3.30　选择驱动参数

Step2　单击“生成刀轨”按钮，完成刀轨的生成，如图 6.3.31 所示。

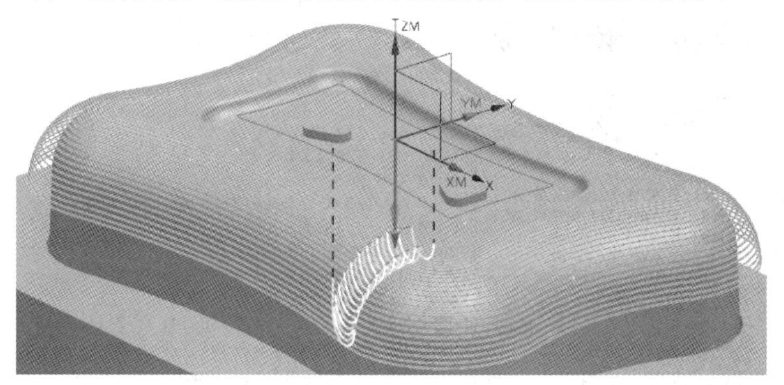

图 6.3.31　生成外圆角刀轨

Step3　使用同样的方法，可以创建一把底部半径为 2 mm 的球刀，命名为“R2”，完成凹陷部分上表面圆角的刀轨生成，如图 6.3.32 所示。

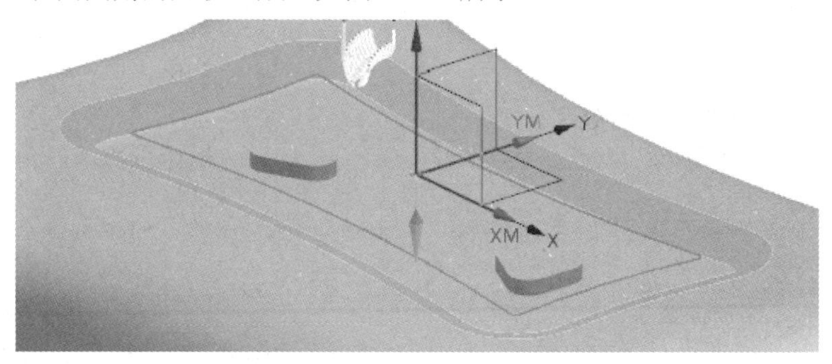

图 6.3.32　生成凹陷部分上表面圆角刀轨

九、后处理

Step1　将导航视图切换到程序顺序视图，选择所有工序(见图 6.3.33 所示)，单击右键，选择“后处理”选项。

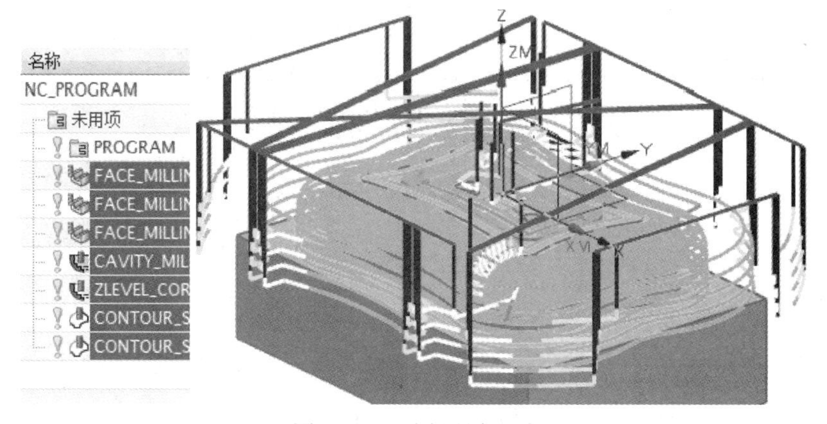

图 6.3.33　选择所有工序

Step2　在“后处理”对话框中选择 MILL_3_AXIS 三轴铣削选项，单击“确定”按钮，完成加工程序的输出，如图 6.3.34 所示。

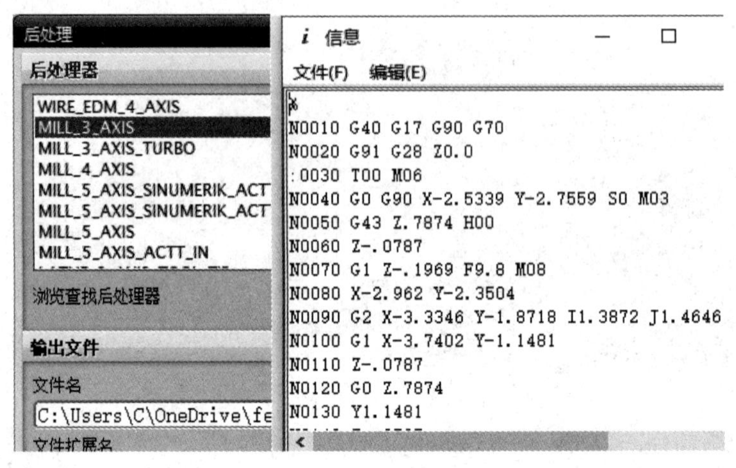

图 6.3.34 后处理

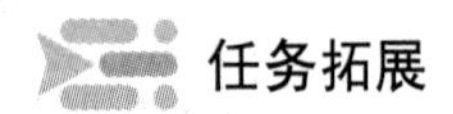

任务拓展

完成定模的刀轨生成及后处理。

项目七　曲轴连杆机构综合实例

曲轴连杆机构是发动机实现工作循环，完成能量转换的主要运动部分，它由机体组、活塞连杆组和曲轴飞轮组三部分组成。在做功冲程中，由燃烧产生的热能将活塞往复运动转变为由曲轴带动的旋转运动，对外输出动力；在其他冲程中，则依靠曲柄和飞轮的转动惯性、通过连杆带动活塞上下运动，为下一次做功创造条件。

本项目要求学生了解曲轴连杆机构的工作原理，并能熟练完成各组成零件的建模与工程制图；能正确实现曲轴连杆机构的虚拟装配与运动仿真；能胜任零件的数控加工，进而完成曲轴连杆机构的加工制造工作。

曲轴连杆机构的 3D 装配图和 2D 装配图分别如图 7.0.1 和图 7.0.2 所示。其中，机构组成部分各零件剖面图分别如图 7.0.3～图 7.0.6 所示。

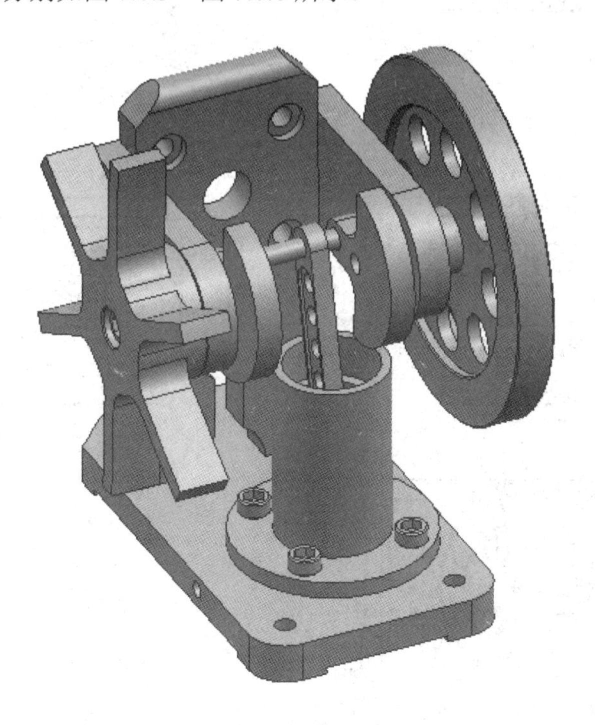

图 7.0.1　曲轴连杆机构 3D 装配图

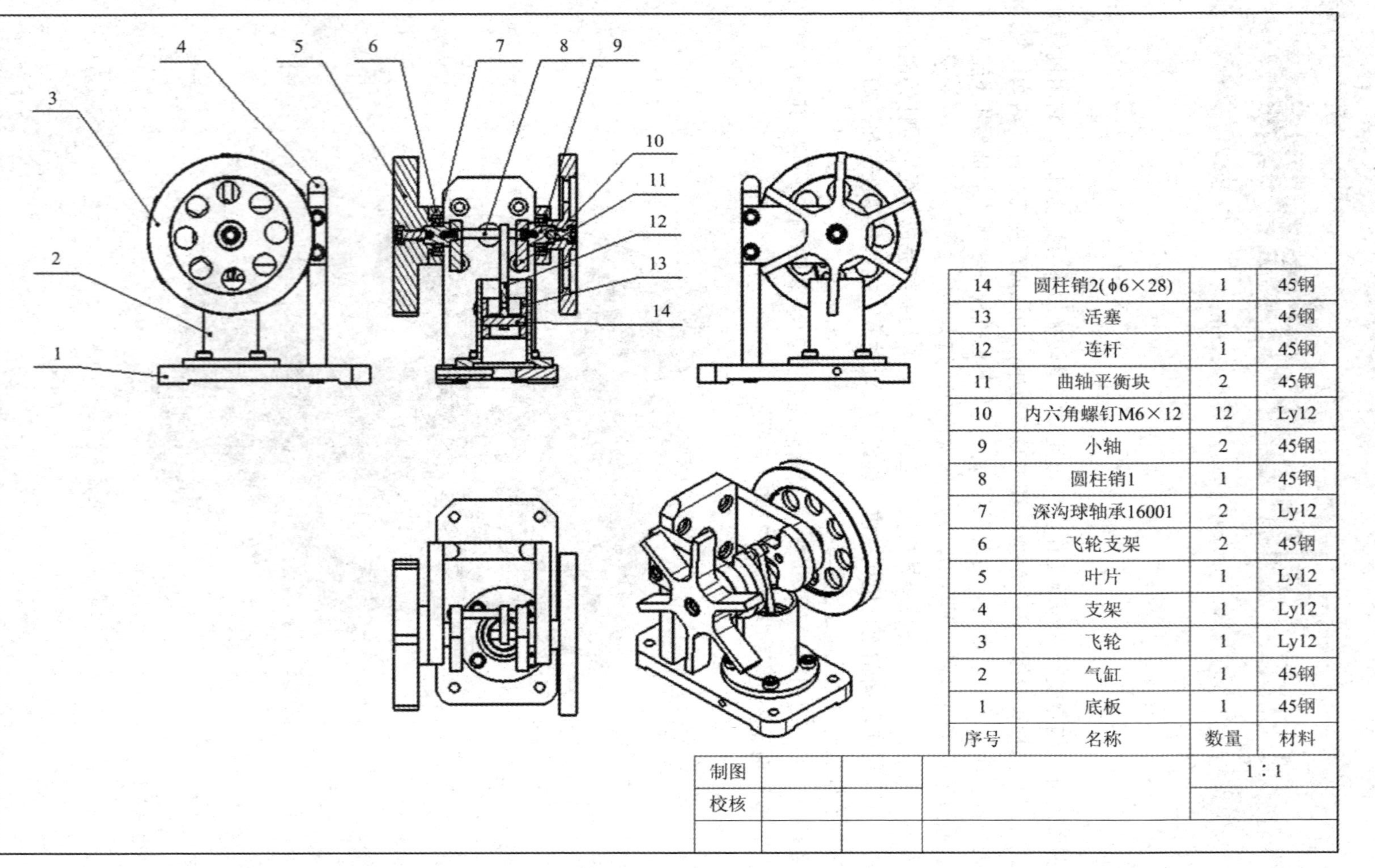

序号	名称	数量	材料
14	圆柱销2(φ6×28)	1	45钢
13	活塞	1	45钢
12	连杆	1	45钢
11	曲轴平衡块	2	45钢
10	内六角螺钉M6×12	12	Ly12
9	小轴	2	45钢
8	圆柱销1	1	45钢
7	深沟球轴承16001	2	Ly12
6	飞轮支架	2	45钢
5	叶片	1	Ly12
4	支架	1	Ly12
3	飞轮	1	Ly12
2	气缸	1	45钢
1	底板	1	45钢

制图				1：1
校核				

图 7.0.2 曲轴连杆机构 2D 装配图

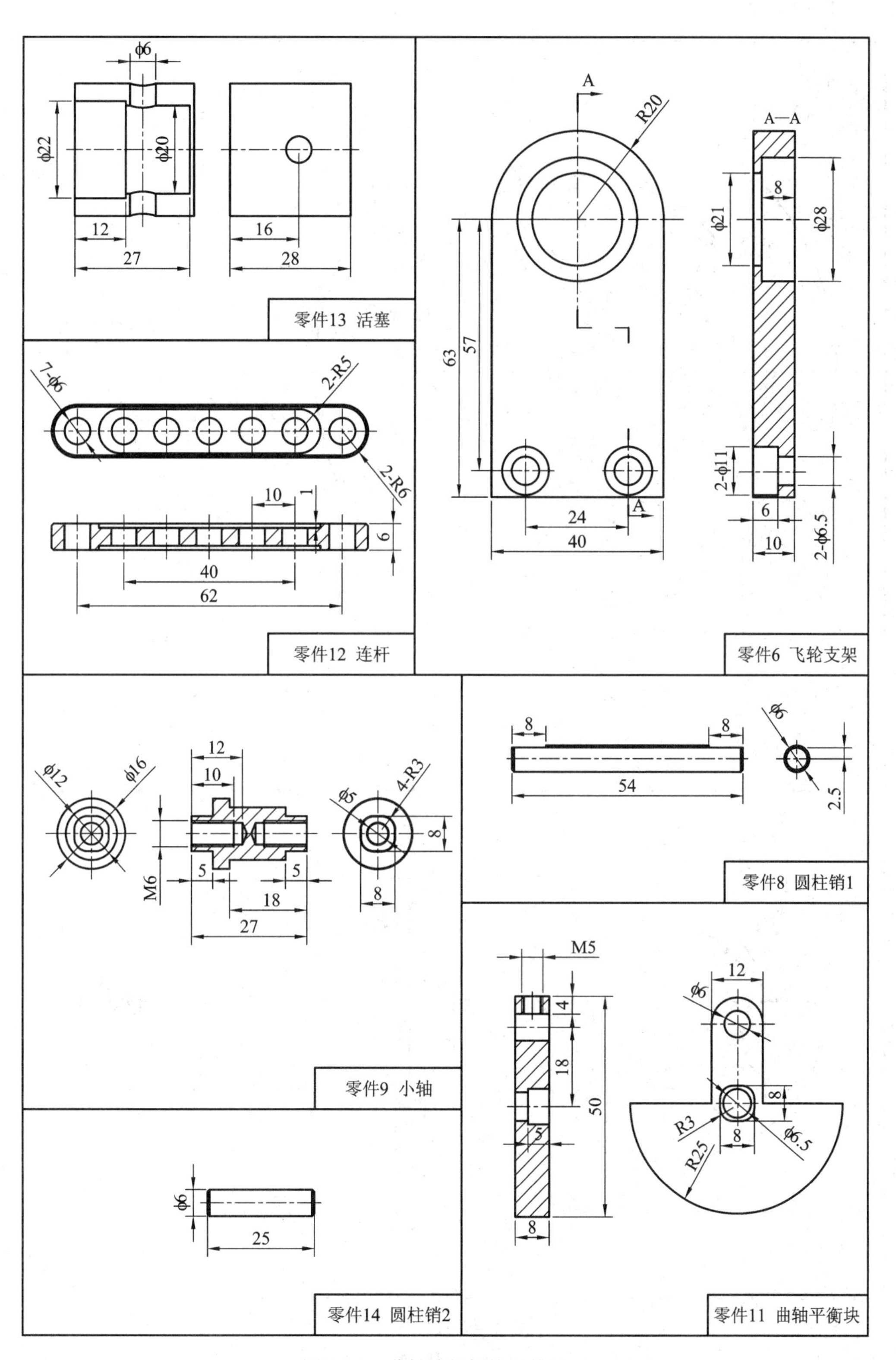

图 7.0.3　曲轴连杆机构零件图(1)

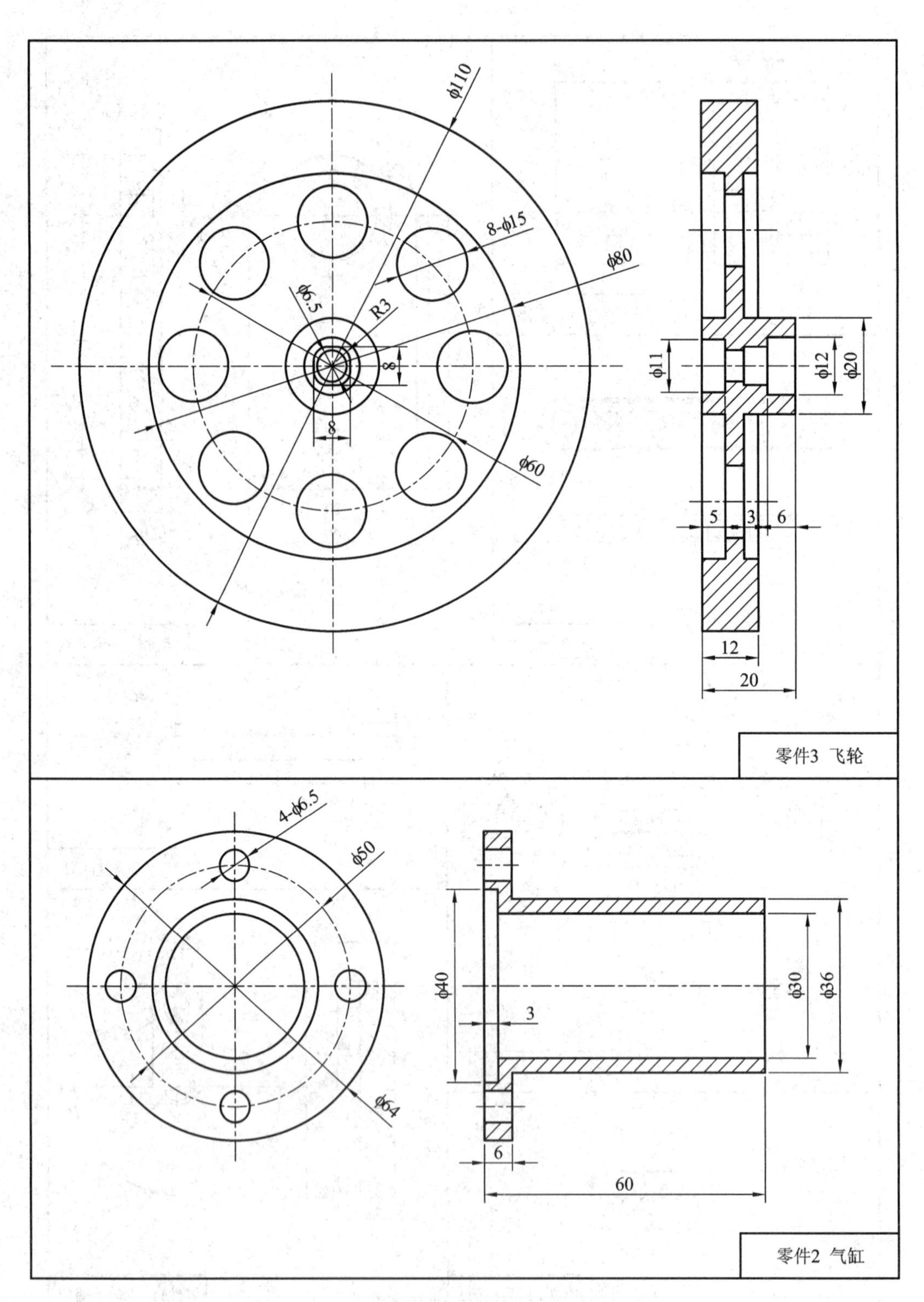

图 7.0.4 曲轴连杆机构零件图(2)

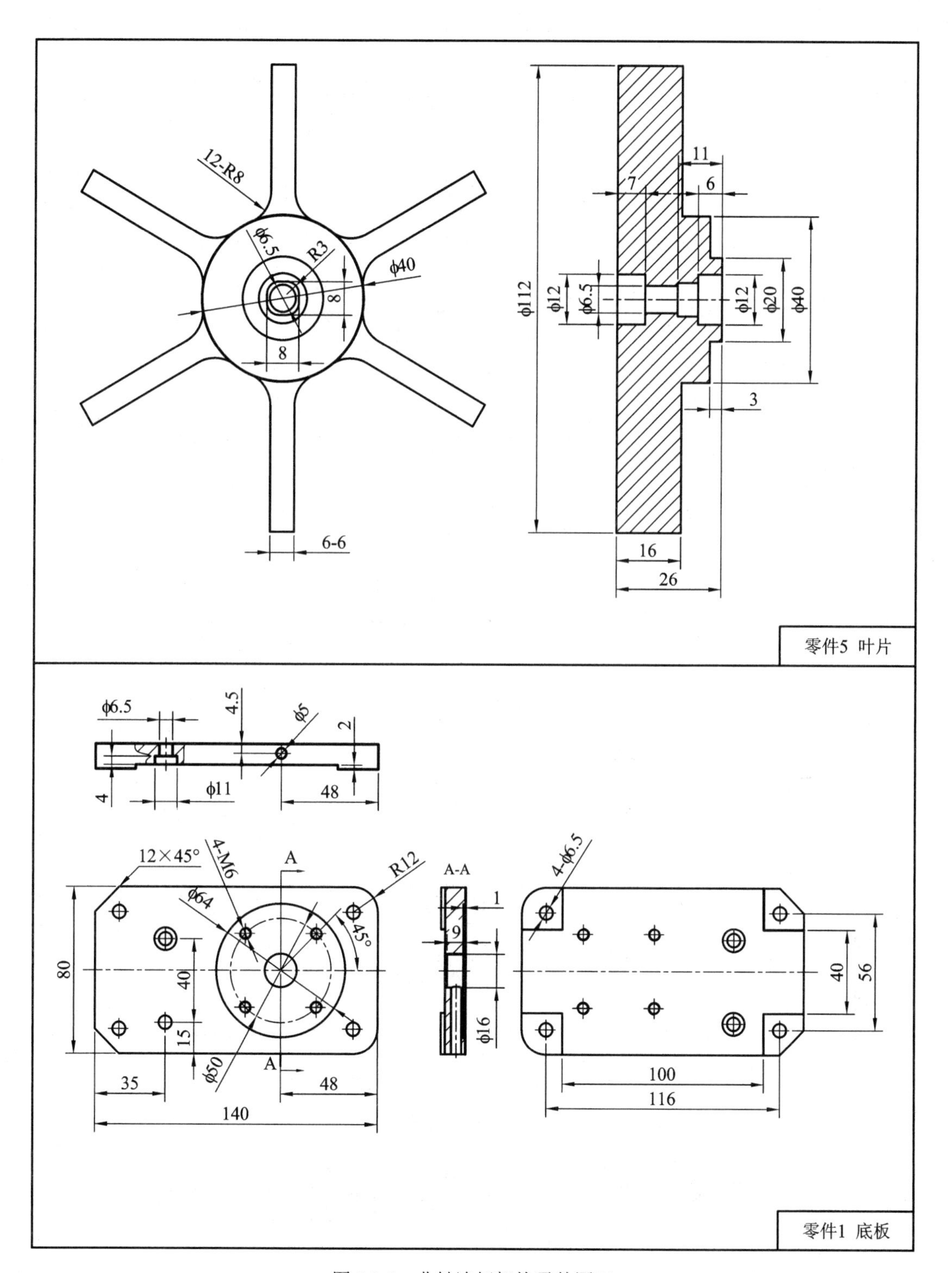

图 7.0.5　曲轴连杆机构零件图(3)

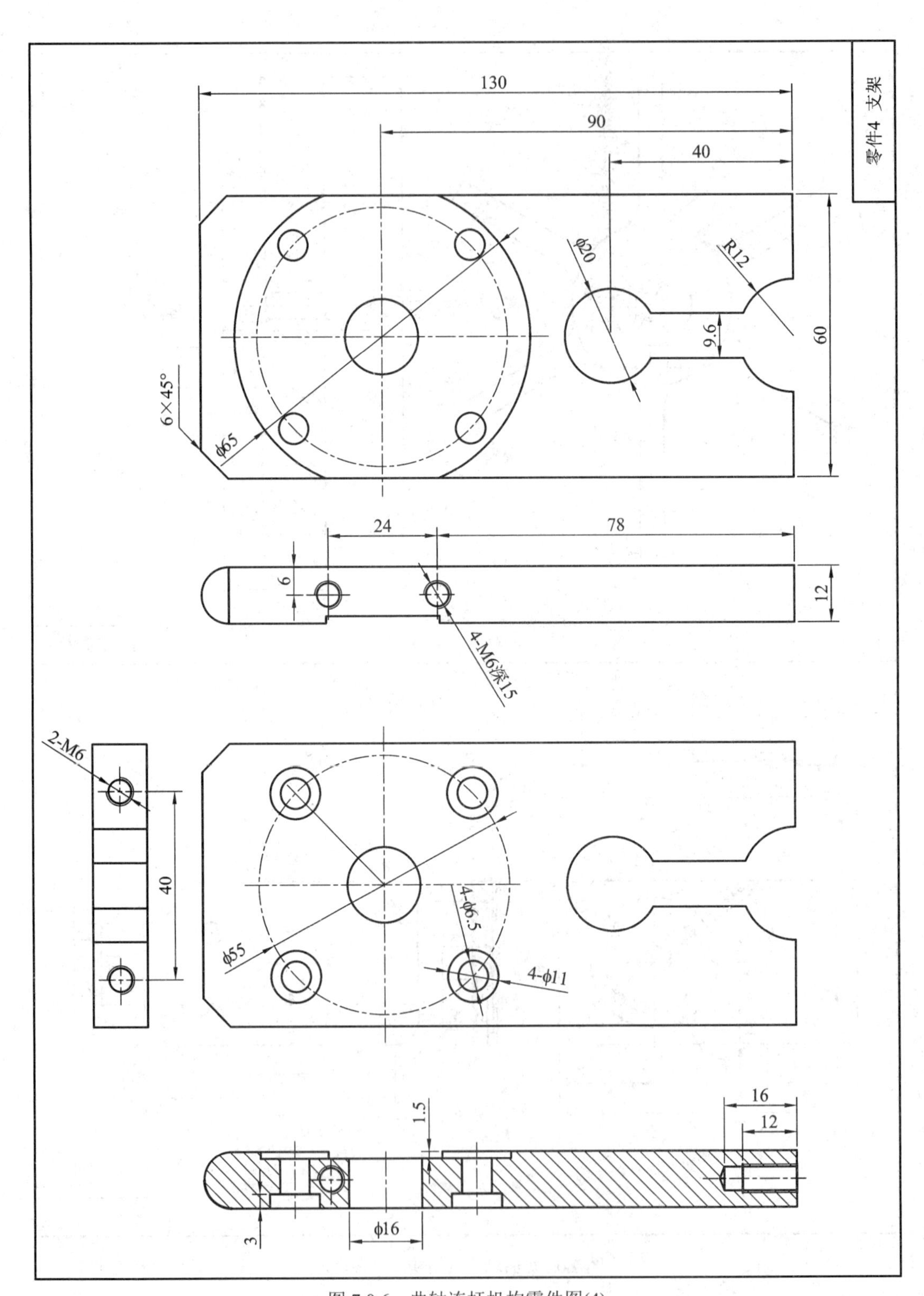

图 7.0.6　曲轴连杆机构零件图(4)

任务一　零 件 造 型

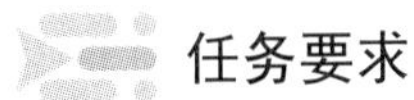

任务要求

通过对本任务的学习，要求学生能根据零件图纸的尺寸要求，合理选择相应命令菜单，完成各组成零件的建模工作。

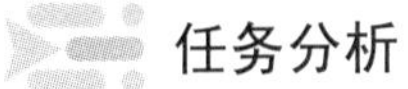

任务分析

曲轴连杆机构由底板、支架、飞轮、叶片、气缸等部件组成，各零件结构相对简单，主要由拉伸、回转、阵列等基本命令组成。要求学生读懂零件图结构要求，按照零件特征生成原则和方法即可完成任务。

任务实施

根据零件图尺寸要求，参考给出的造型步骤完成零件建模。

Step1　零件 1：底板的创建步骤见图 7.1.1。

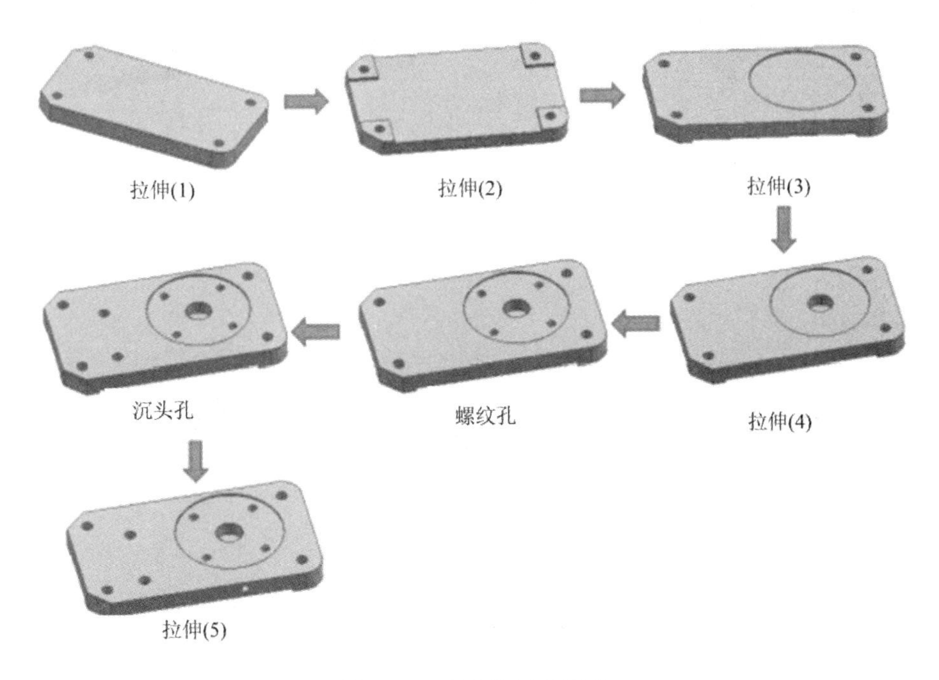

图 7.1.1　底板的创建步骤

Step2 零件 2：气缸的创建步骤见图 7.1.2。

图 7.1.2 气缸的创建步骤

Step3 零件 3：立支架的创建步骤见图 7.1.3。

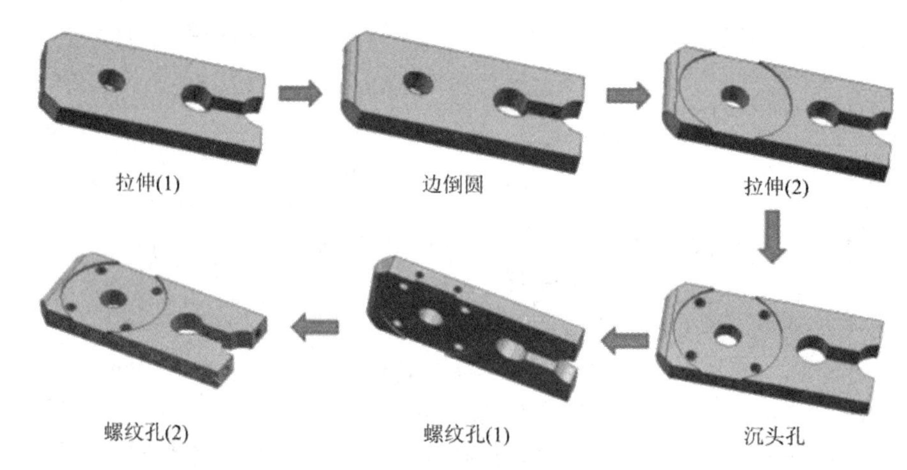

图 7.1.3 立支架的创建步骤

Step4 零件 4：飞轮支架的创建步骤见图 7.1.4。

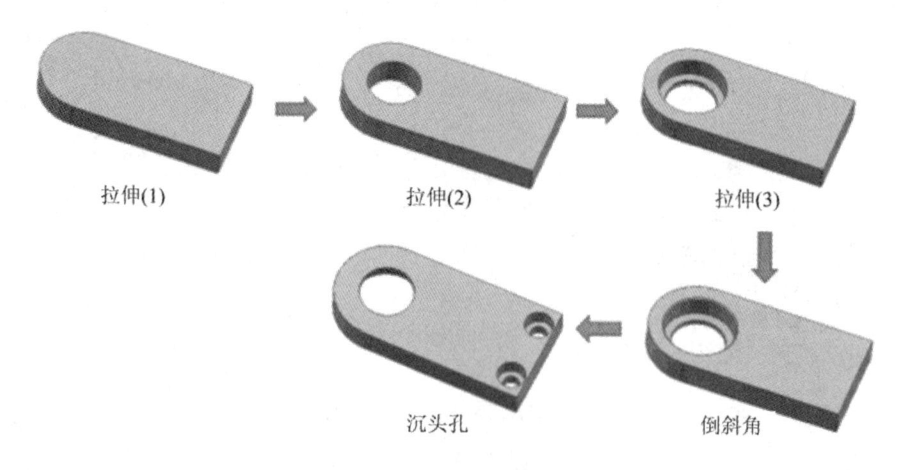

图 7.1.4 飞轮支架的创建步骤

Step5　零件 5：曲轴平衡块的创建步骤见图 7.1.5。

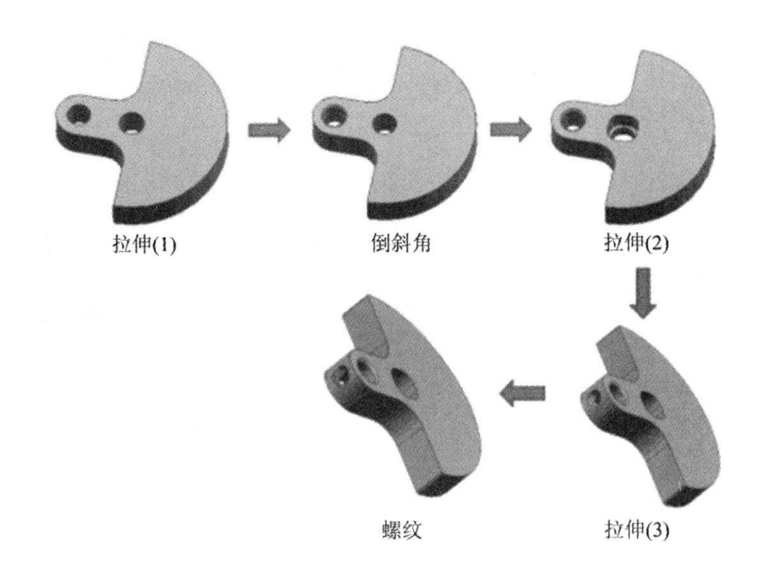

图 7.1.5　曲轴平衡块的创建步骤

Step6　零件 6：飞轮的创建步骤见图 7.1.6。

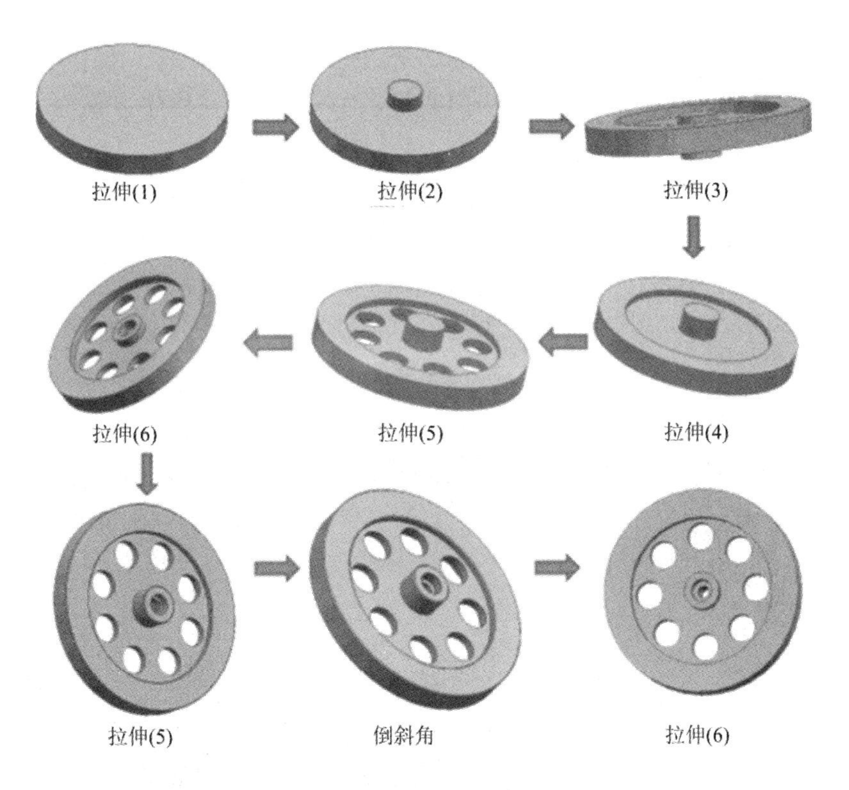

图 7.1.6　飞轮的创建步骤

Step7 零件 7：叶片的创建步骤见图 7.1.7。

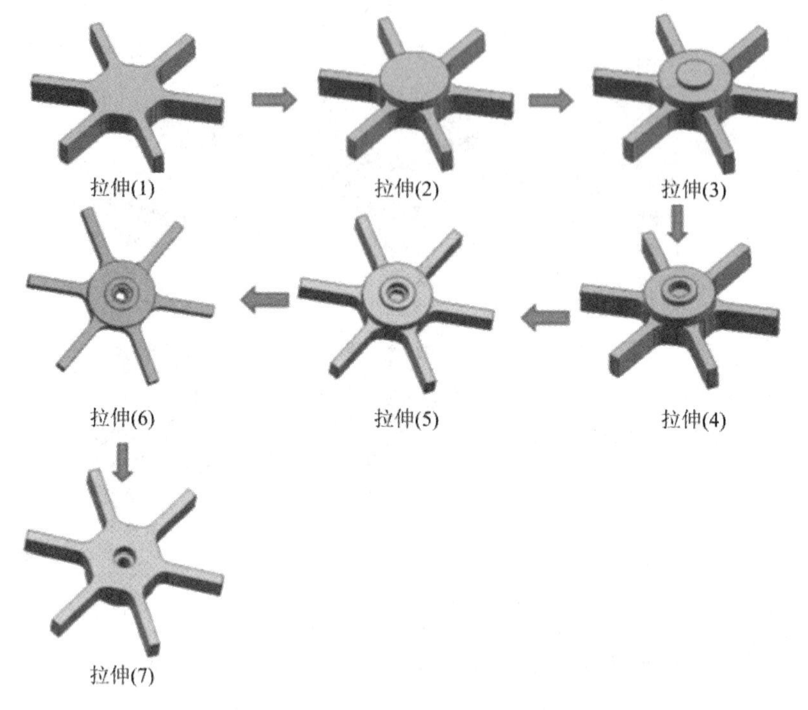

图 7.1.7 叶片的创建步骤

Step8 零件 8：连杆的创建步骤见图 7.1.8。

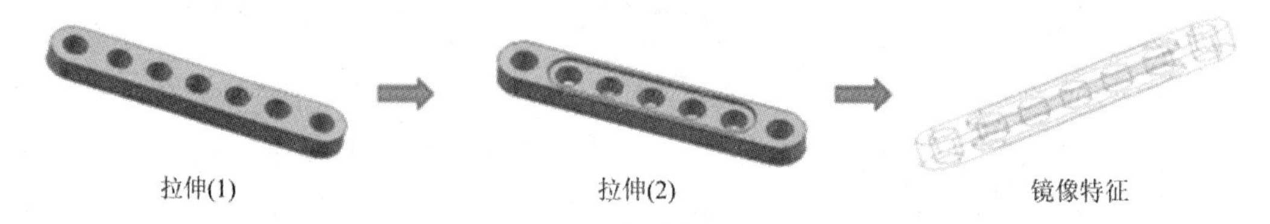

图 7.1.8 连杆的创建步骤

Step9 零件 9：活塞的创建步骤见图 7.1.9。

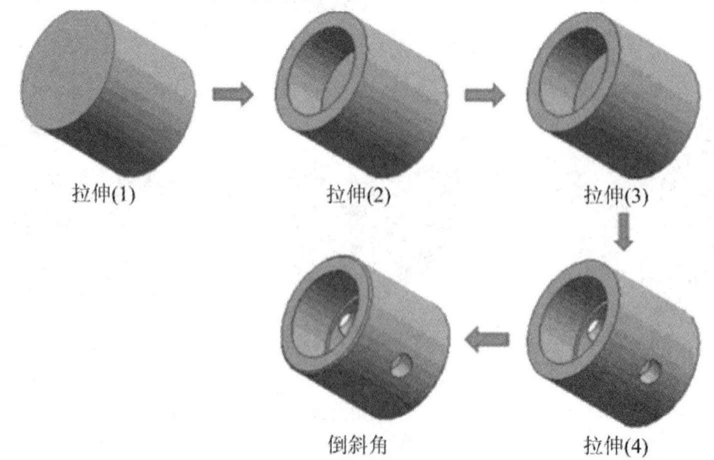

图 7.1.9 活塞的创建步骤

Step10 零件 10：小轴的创建步骤见图 7.1.10。

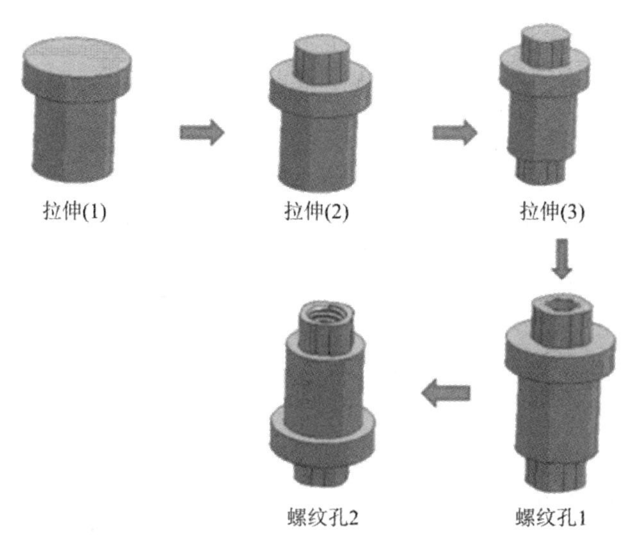

图 7.1.10 小轴的创建步骤

Step11 零件 11：圆柱销 1、圆柱销 2 的创建步骤略。

任务二 工 程 制 图

工程图

任务要求

通过对本任务的学习，要求学生在读懂零件图的基础上，能合理选择图形的表达方式，并完成典型零件的工程制图工作。

任务分析

曲轴连杆机构中的活塞、小轴等零件具备典型轴类零件的特征，在工程制图时，在基本视图的基础上应优先采用全剖视图、半剖视图、移出视图等表达方式。底板、支架、气缸等零件由于其具有较多孔特征，在工程制图时应优先采用旋转剖视图、阶梯剖视图等表达方式。最后根据零件需要附加主要标注、技术要求、标题栏等内容使零件图符合相关制图要求。

任务实施

根据零件的特点，参考给出的工程图完成零件制图。气缸工程图如图 7.2.1 所示，飞轮支架工程图如图 7.2.2 所示，圆柱销工程图如图 7.2.3 所示。

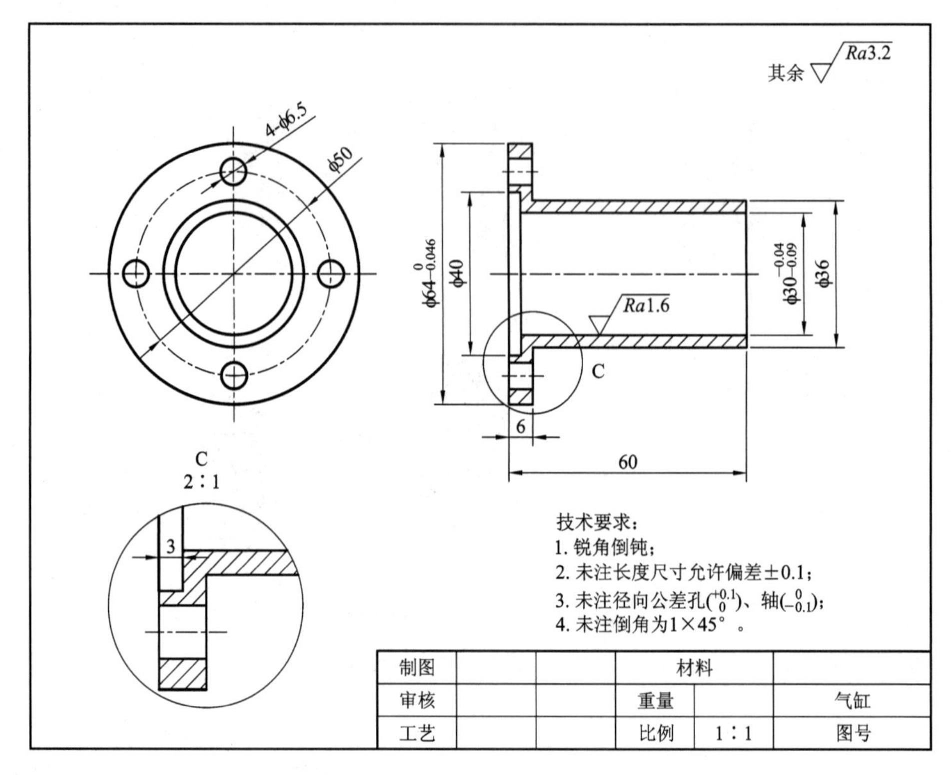

图 7.2.1 气缸工程图

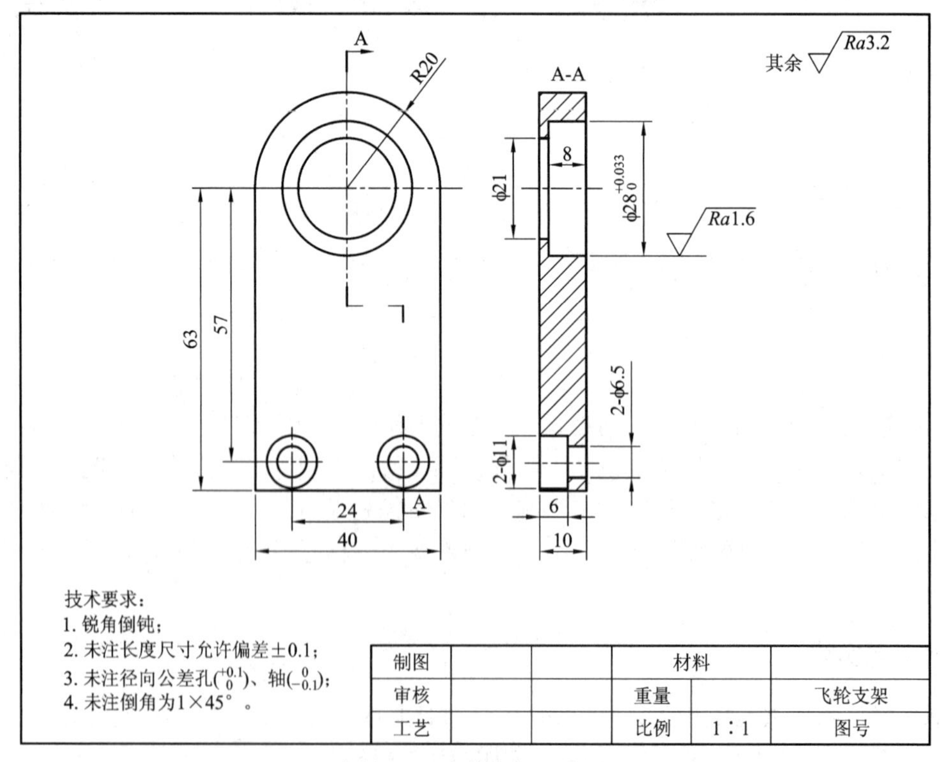

图 7.2.2 飞轮支架工程图

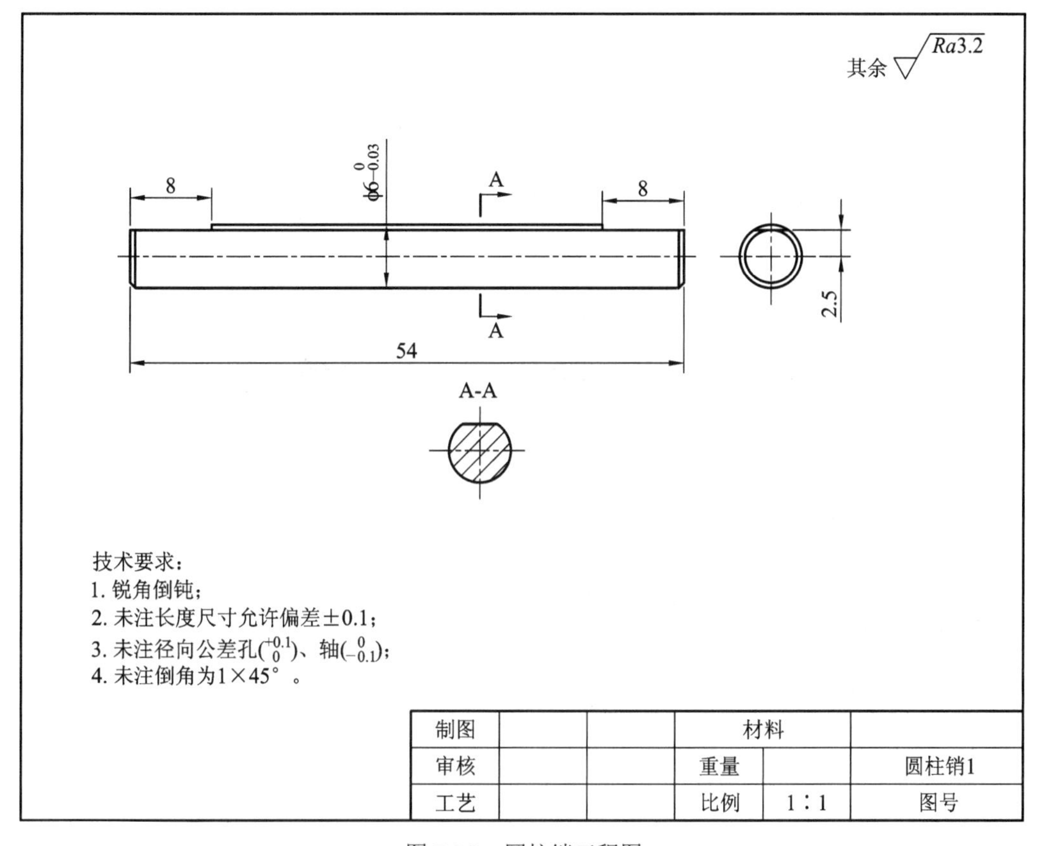

图 7.2.3　圆柱销工程图

任务三　虚拟装配

虚拟装配

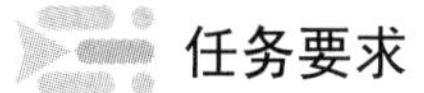

任务要求

通过对本任务的学习，要求学生在理解曲轴连杆机构的装配原理的基础上，能正确使用各类装配约束定位各零部件间的空间位置关系，通过配对条件、连接关系等将零件组装成完整的产品模型并根据组件结构需要合理生成装配爆炸图。

任务分析

曲轴连杆机构由 14 个部件及若干连接螺钉组成，零件间结构关系简单，各零件间仅需采用“接触”“对齐”“距离”等基本约束类型即可完成零件装配。

任务实施

根据曲轴连杆机构结构关系采用由下至上的顺序进行装配工作，具体步骤参考零件装配过程图 7.3.1 来完成。

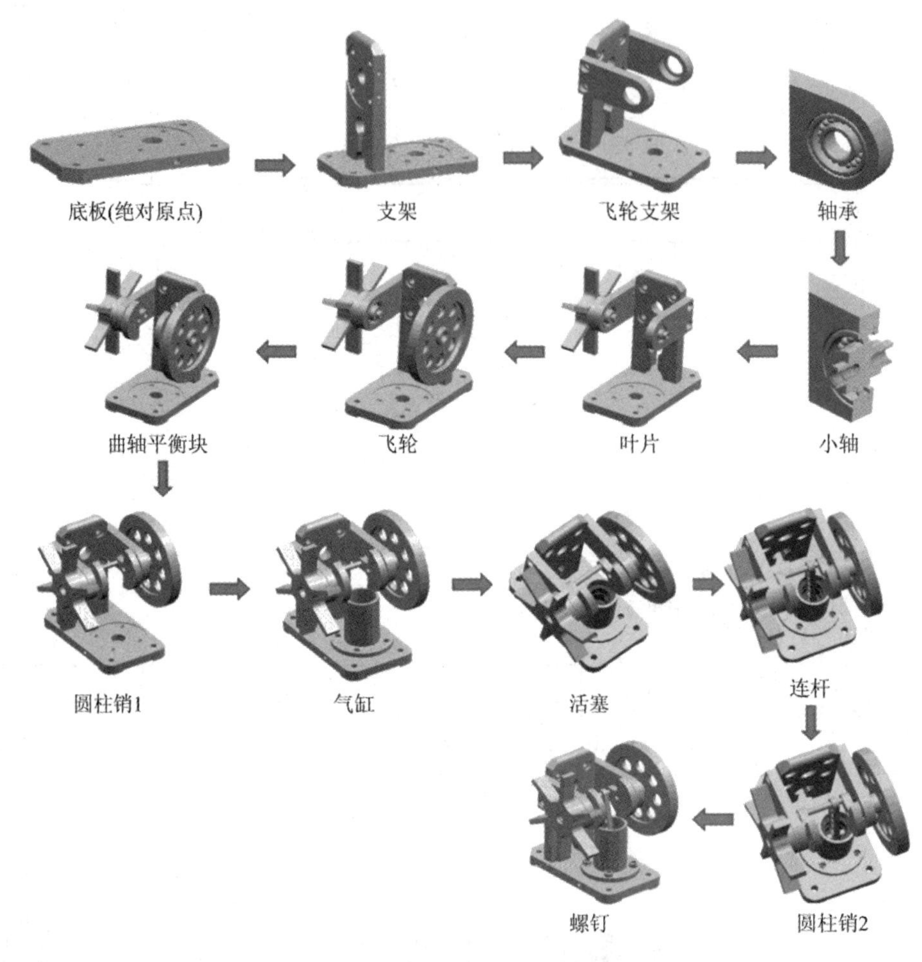

图 7.3.1　曲轴连杆机构装配过程图

任务四　运 动 仿 真

运动仿真

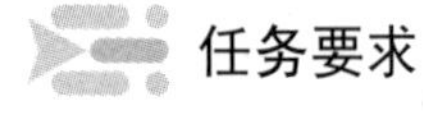

任务要求

通过对本任务的学习，要求学生在理解曲轴连杆机构工作原理的基础上，利用 UG 的运动仿真功能给三维实体模型的各个部件赋予一定的运动学特性，再在各个部件之间设立一定的连接关系，并建立一个运动仿真模型，从而实现符合曲轴连杆机构工作原理的虚拟运动过程。同时，要求学生能正确创建运动仿真模型的装配体，合理设置连杆与运动副，进行运动参数的设置，提交运动仿真模型数据，同时进行运动仿真动画的输出和运动过程的控制。

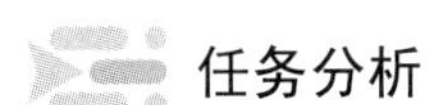

任务分析

曲轴连杆机构主要包含旋转副与滑动副两种运动模式，操作时先确定固定连杆与其他连杆，再运用旋转副与滑动副确定各构件之间的运动关系，最后指定驱动对象及解算方案，从而完成曲轴连杆机构运动仿真过程并录像输出。值得注意的是，制作运动仿真前一定要处理好装配关系，尤其是活塞与气缸的距离约束。

任务实施

Step1　创建运动仿真模型，如图 7.4.1 所示。

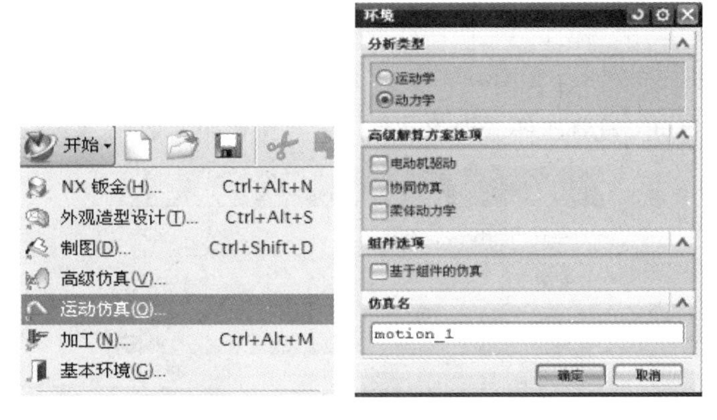

图 7.4.1　运动仿真模型的创建

Step2　设置连杆。固定连杆如图 7.4.2 所示，连杆 1 如图 7.4.3 所示，连杆 2 如图 7.4.4 所示，连杆 3 如图 7.4.5 所示，连杆 4 如图 7.4.6 所示。

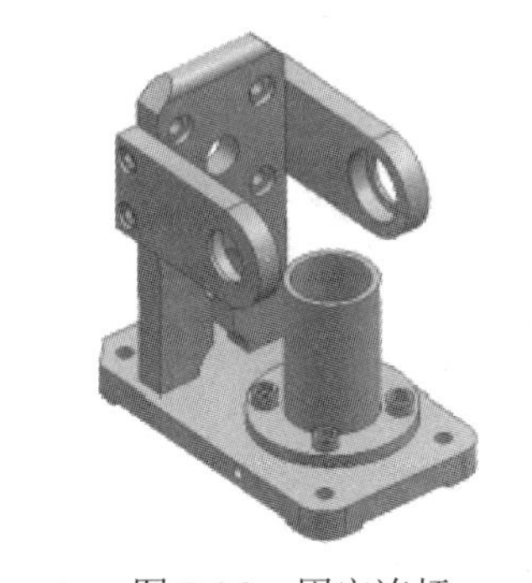

图 7.4.2　固定连杆

图 7.4.3　连杆 1

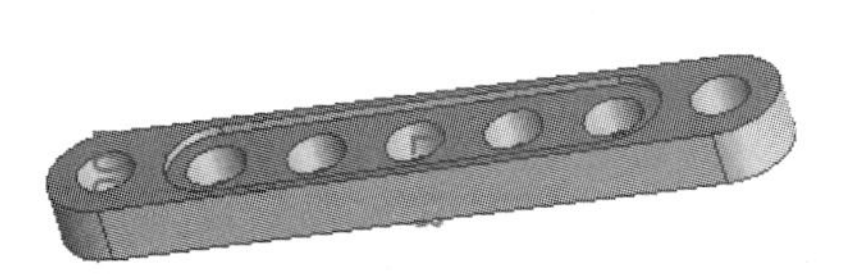

图 7.4.4　连杆 2

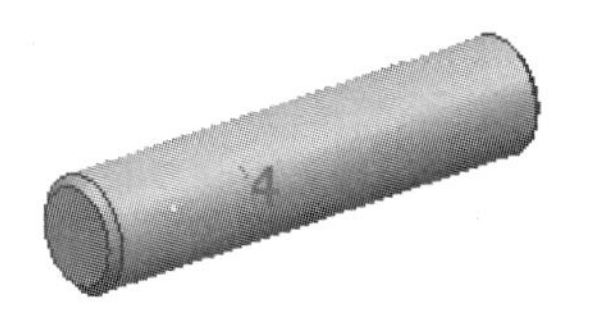

图 7.4.5　连杆 3

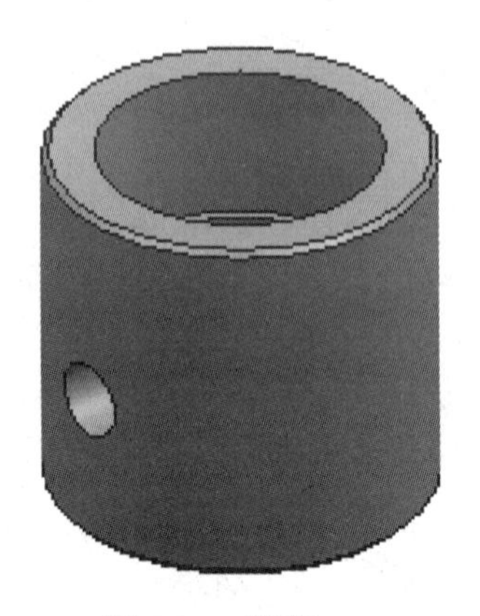

图 7.4.6 连杆 4

Step3 设置运动副。连杆 1 与固定连杆、连杆 2 与连杆 1、连杆 3 与连杆 2、连杆 4 与连杆 3 均为旋转副，连杆 4 与固定连杆为滑动副。

Step4 设置驱动。设置连杆 2 为驱动件，参数设置如图 7.4.7 所示。

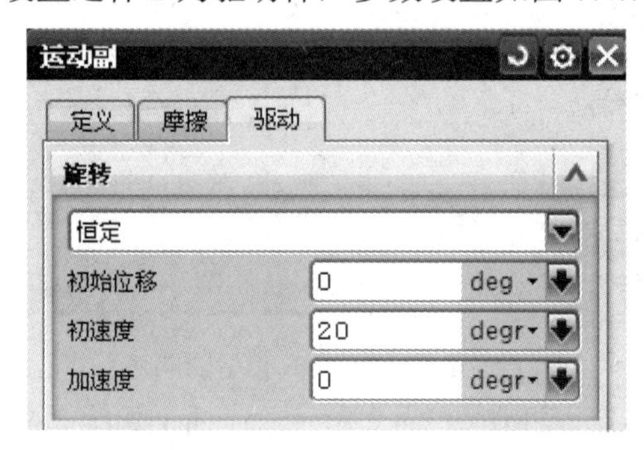

图 7.4.7 连杆 2 驱动设置

Step5 解算方案。勾选“通过按‘确定’进行解算”项，“时间”项设置为“200”，“步数”项设置为“200”，如图 7.4.8 所示。

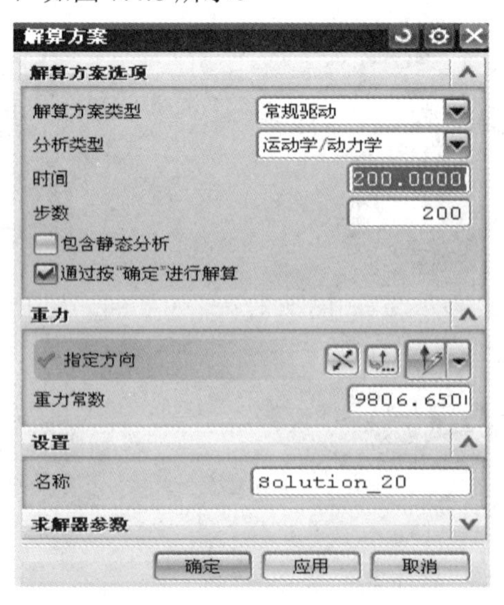

图 7.4.8 解算方案设置

Step6　动画仿真控制设置如图 7.4.9 所示。

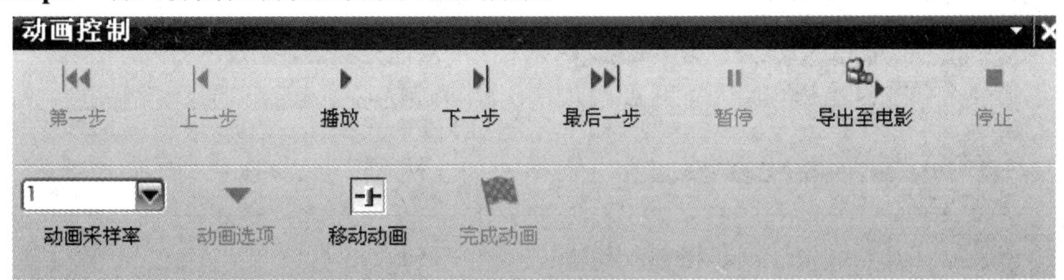

图 7.4.9　动画仿真控制设置

任务五　数 控 加 工

数控加工

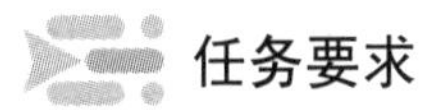

任务要求

通过对本任务的学习，要求学生能掌握数控车削与数控铣削典型零件的加工程序生成方法。前面对数控加工已作过详细介绍，本任务仅以气缸与飞轮支架部分加工特征为例，要求学生能正确分析气缸与飞轮支架的工艺特点，合理制定加工工艺，完成零件的实体加工操作。

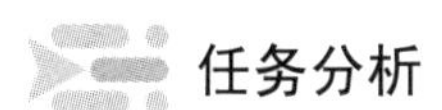

任务分析

曲轴连杆机构中各部件的结构相对简单，其中，回转体类零件采用车削加工，箱类零件采用铣削加工。气缸由外圆加工与孔加工两种方式完成，飞轮支架由平面铣、外轮廓加工及内孔加工完成。操作时应注意坐标系方向的调整、刀具类型选择及加工方法与参数设定等问题。

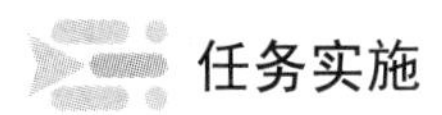

任务实施

一、气缸加工

Step1　完成气缸外轮廓建模，如图 7.5.1 所示；调入 UG 加工模块，如图 7.5.2 所示。

图 7.5.1　气缸外轮廓建模

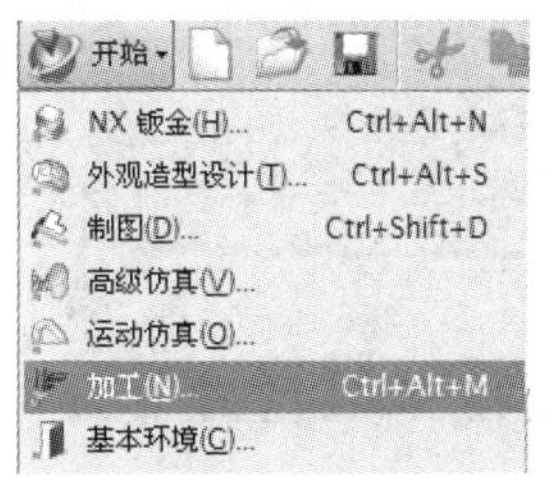

图 7.5.2　调入 UG 加工模块

Step2 选择车削(lathe)加工环境，并创建程序类型，如图 7.5.3 和图 7.5.4 所示。

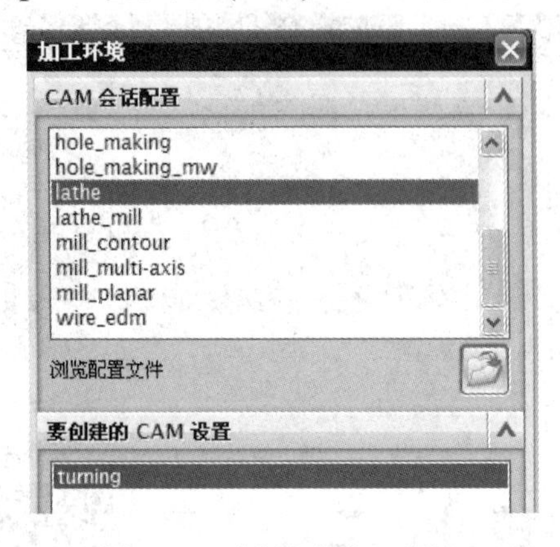

图 7.5.3 选择车削加工环境

图 7.5.4 “创建程序”对话框

Step3 根据零件要求创建刀具并设置刀具参数，如图 7.5.5 和图 7.5.6 所示。

图 7.5.5 “创建刀具”对话框

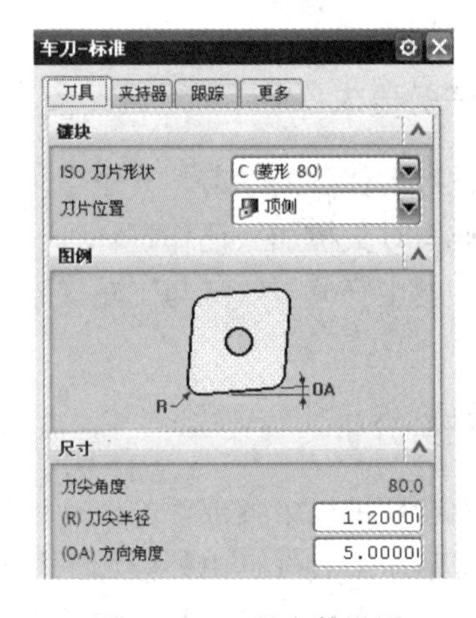

图 7.5.6 刀具参数设置

Step4 创建几何体，选取加工坐标系，确定部件几何体与毛坯尺寸，如图 7.5.7 和图 7.5.8 所示。

图 7.5.7 “创建几何体”对话框

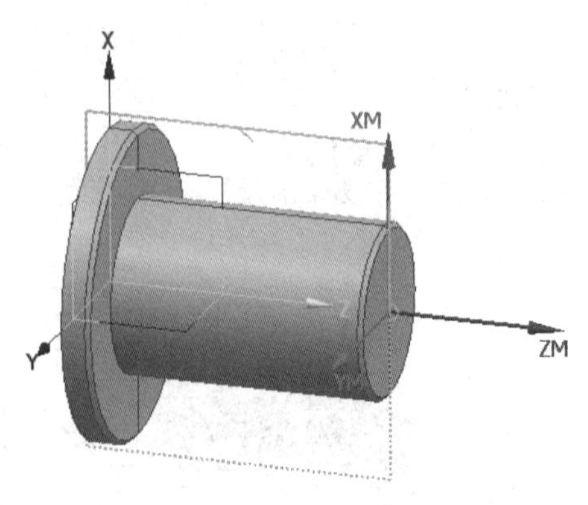

图 7.5.8 加工坐标系与毛坯创建

Step5　创建工序，选择加工方式，设置加工参数，创建刀具轨迹，模拟仿真加工，生成加工程序，如图 7.5.9～图 7.5.12 所示。

图 7.5.9　“创建工序”对话框

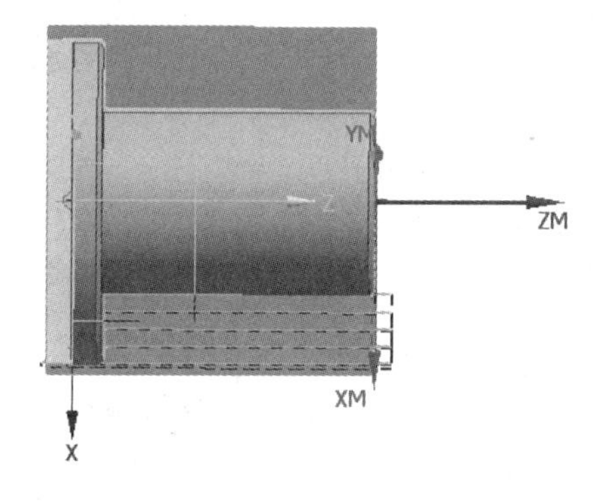

图 7.5.10　刀具轨迹

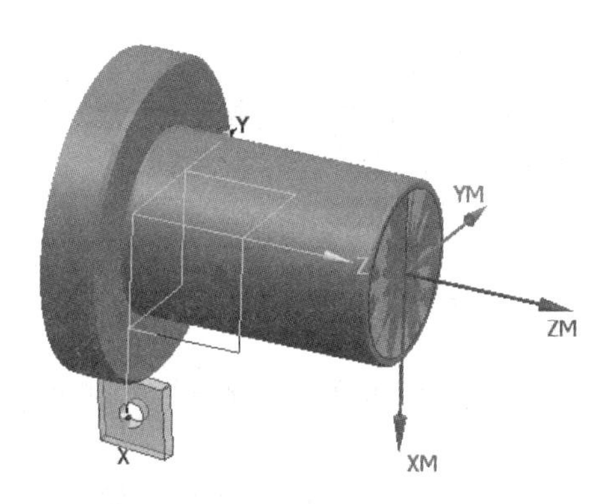

图 7.5.11　模拟仿真加工

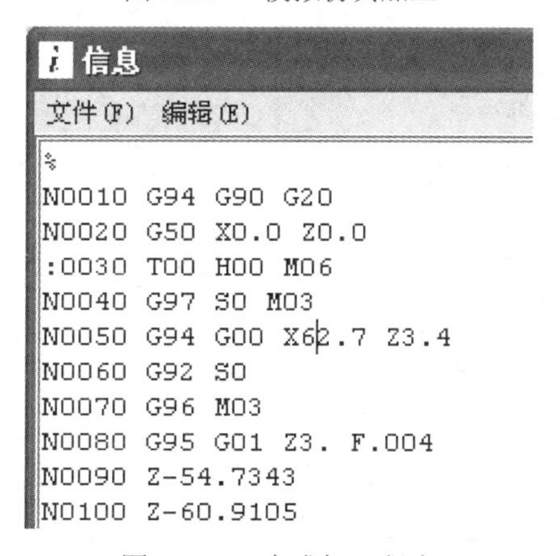


```
%
N0010 G94 G90 G20
N0020 G50 X0.0 Z0.0
:0030 T00 H00 M06
N0040 G97 S0 M03
N0050 G94 G00 X62.7 Z3.4
N0060 G92 S0
N0070 G96 M03
N0080 G95 G01 Z3. F.004
N0090 Z-54.7343
N0100 Z-60.9105
```

图 7.5.12　生成加工程序

二、飞轮支架加工

Step1 完成飞轮支架建模，如图 7.5.13 所示；调入 UG 数控铣削加工模块，如图 7.5.14 所示。

图 7.5.13 飞轮支架建模

图 7.5.14 设置数控铣削加工环境

Step2 加工坐标系的设定如图 7.5.15 所示。

图 7.5.15 设定加工坐标系

Step3　加工刀具种类与参数的设定如图 7.5.16 和图 7.5.17 所示。

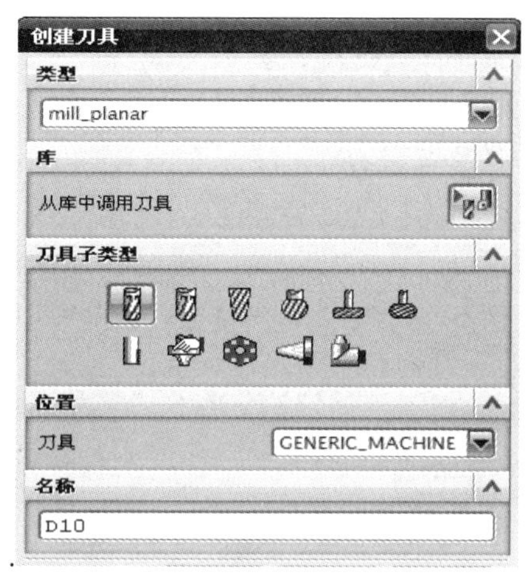

图 7.5.16　“创建刀具”对话框

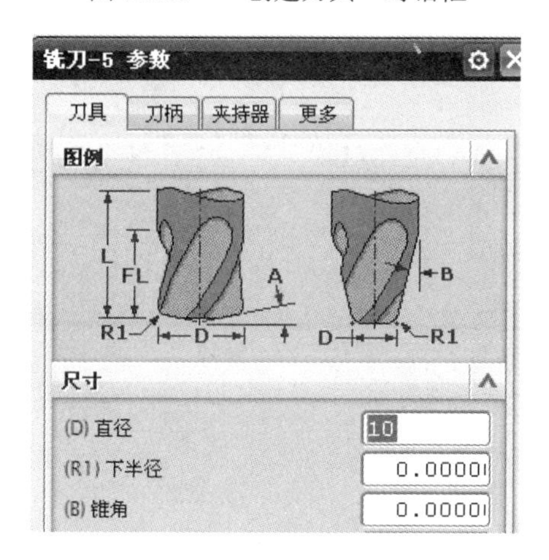

图 7.5.17　设定刀具参数

Step4　加工方法设置为平面铣，加工工序设置如图 7.5.18 所示。

图 7.5.18　“创建工序”对话框

Step5 平面铣几何体参数的设置如图 7.5.19 所示。

图 7.5.19 设置几何体参数

Step6 平面铣刀具轨迹参数的设置及生成如图 7.5.20 和图 7.5.21 所示。

图 7.5.20 “刀轨设置”对话框

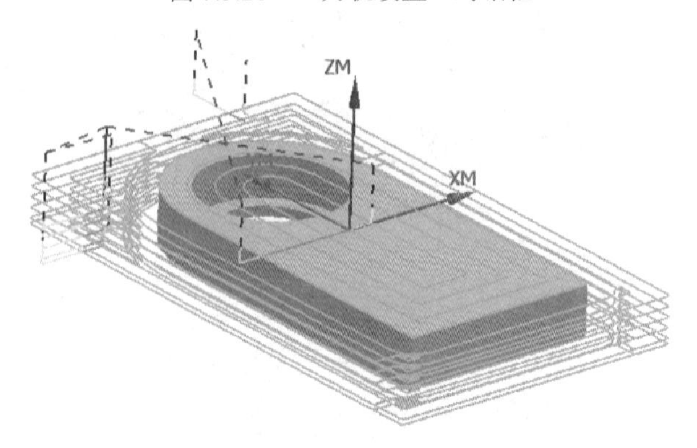

图 7.5.21 平面铣刀具轨迹